新工科建设之路 · 计算机类专业系列教材

混合架构超算并行程序设计与应用

储根深　胡长军　编著

電子工業出版社
Publishing House of Electronics Industry
北京 · BEIJING

内容简介

本书面向国产 E 级超算的体系结构和高性能计算领域，关注近年来出现的新超算硬件和新软件技术（如神威 E 级超算编程模式、DCU 编程模式）。本书涵盖神威、曙光等超算的硬件架构与编程方法，深度结合国产超算体系结构特点，以实例的形式探讨异构超算上的高性能算法设计、优化技术及高性能软件的开发和优化方法。

本书可作为高等院校计算机科学与技术、软件工程等专业本科生或研究生的教材，使其在掌握通用计算机程序设计的基础上，进一步提升在该领域的理论知识水平和程序优化实践技能，也可作为从事高性能计算和体系结构研究的科研工作者与工程技术人员的参考资料，同时也能为关注高性能计算与超算技术发展的读者提供有益参考。

图书在版编目 (CIP) 数据

混合架构超算并行程序设计与应用 / 储根深，胡长军编著. — 北京：电子工业出版社，2023.2

ISBN 978-7-121-45154-6

Ⅰ. ①混…　Ⅱ. ①储…　②胡…　Ⅲ. ①超级计算机　Ⅳ. ①TP338

中国国家版本馆 CIP 数据核字(2023)第 037390 号

责任编辑：张　鑫
印　　刷：北京七彩京通数码快印有限公司
装　　订：北京七彩京通数码快印有限公司
出版发行：电子工业出版社
　　　　　北京市海淀区万寿路 173 信箱　　邮编：100036
开　　本：787×1092　1/16　印张：15　　字数：384 千字
版　　次：2023 年 2 月第 1 版
印　　次：2023 年 8 月第 2 次印刷
定　　价：52.00 元

凡所购买电子工业出版社图书有缺损问题，请向购买书店调换。若书店售缺，请与本社发行部联系，联系及邮购电话：(010)88254888，88258888。

质量投诉请发邮件至 zlts@phei.com.cn，盗版侵权举报请发邮件至 dbqq@phei.com.cn。

本书咨询联系方式：zhangxinbook@126.com。

PREFACE

前言

超级计算机作为国之重器，在工程模拟（如洪水、地震、气象模拟等）、数据分析、国防军工、人工智能等领域发挥着重要作用。2022 年可以算是 E 级超算的元年，美国已经推出了 E 级超算。作为世界大国间科技竞争的制高点之一，我国也已经建成多台 E 级超算并开始投入使用。目前，我国的超算系统均采用完全自主的国产硬件（包括 CPU、加速器、互连网络等）打造，采用与其他国家完全不同的硬件架构和软件栈。如何在异构混合架构的超算上进行高效算法设计、程序开发和性能优化，以充分发挥超算的硬件性能，一直是工程领域和计算机高性能计算领域关心的热点问题。

基于国产超算环境的体系结构新颖、编程难、优化难、技术资料稀缺等现实情况，我们编写了本书。本书聚焦现代超算体系结构，特别侧重国产超算的异构混合架构，探索在新架构下的编程模式与创新方式，重点介绍相关体系结构、编程模型、算法设计和性能优化方法。本书以结合我国超算环境的程序优化为特色，关注近年来出现的新超算硬件和新软件技术，以及国产超算环境体系结构上的编程方法，这部分内容也是现有的体系结构相关书籍较少涉及的。

本书从超算发展和典型超算硬件架构开始介绍，过渡到软硬件性能评价指标和计算方法；核心部分是面向国产超算的编程、优化、性能分析和评价及国产超算环境下的并行异构算法设计，并结合高性能应用案例介绍超算上的软件开发和优化方法。本书共 9 章，第 1～3 章介绍超算相关背景与高性能计算的理论知识；第 4～6 章围绕异构混合架构及其上的编程方法，重点内容包括国产神威超算架构和 DCU 架构；第 7～8 章的主要内容是异构混合架构上的算法设计与算法库；第 9 章从应用角度介绍如何开发并行应用程序并优化。

本书编写团队长期面向超算环境从事并行程序开发与深度优化工作，拥有丰富的异构混合架构并行算法设计与性能优化经验。在本书编写过程中，我们充分总结了团队工作中的相关技术积累与异构编程经验，从中凝练出高质量的技术问题解决方案和通俗示例，这些形成了本书的内容。

本书可作为高等院校计算机科学与技术、软件工程等专业本科生或研究生的教材，使其在掌握通用计算机程序设计的基础上，进一步提升在该领域的理论知识水平和程序优化实践技能，也可作为从事高性能计算和体系结构研究的科研工作者与工程技术人员的参考资料，同时也能为关注高性能计算与超算技术发展的读者提供有益参考。

本书由储根深、胡长军编著。衷心感谢北京科技大学的卢旭、何远杰、蒋子涵、丁哲昭、陈添翼、杨绍雄、李慧昭、朱雨晗、唐博、董玲玉等同志，他们是异构编程技术领域的行家里手，也是本书内容的贡献者，没有他们，也就没有本书的问世。本书的出版得到了北京科技大学研究生教材建设项目资助，在此表示感谢。

无论是超算技术，还是异构架构上的编程和算法，都还处在快速发展之中。由于编者水平有限，加之编写时间仓促，书中肯定有不完善之处，请广大读者批评指正。

编　者

2022年10月于北京

CONTENTS

目录

第 1 章　绪　　论

1.1　高性能计算应用需求和意义

超级计算机（Supercomputer，简称超算）作为国之重器，在科学计算（如生物大分子模拟预测、新药物研制、核反应堆模拟、新材料研究、地震模拟、气象模拟）、国防军事（如密码破译、先进武器开发）、人工智能（如大规模机器学习训练）、动画渲染及可视化等领域发挥着越来越重要的作用。同时，各行各业的发展也对计算资源提出了越来越高的要求。例如，在目前火热的人工智能领域，发展出了如 GPT3、DALL·E、悟道等大语言模型及如 Google 的 DeepMind 团队推出的用于蛋白质预测的 AlphaFold 2，由于它们的计算资源需求巨大，所以其模型训练无法在单机或者小规模计算集群上完成，必须转到超算上进行（微软公司专门为人工智能应用建造一台超算）。再如，全流域（如全长江流域）的洪水预报，对精度和实时性有着高要求，计算量巨大且要求能快速完成计算，因此也需要超算的支持。

计算流体力学（CFD）是科学计算领域的典型代表，下面从 CFD 的几个具体实例来看应用领域对计算能力更强的超算的需求。复杂外形湍流的数值模拟一直是 CFD 领域的研究热点、难点。常见的湍流数值模拟方法有直接数值模拟（DNS）、大涡模拟（LES）和雷诺平均 Navier-Stokes 模拟（RANS）等，如图 1-1 所示。三种方法中，DNS 的计算精度是最高的，其可以刻画出三维湍流流场的细节，然而 DNS 的计算需求也是巨大的。假设问题的积分尺度为 L，相应的雷诺数为 Re_L，则 DNS 要求的空间离散尺度和时间离散尺度分别达到 $\mathrm{Re}_L^{9/4}$ 和 $\mathrm{Re}_L^{1/2}$ 数量级。实际工程中遇到的问题通常是 $\mathrm{Re}_L > 1.0\times10^6$，因此要求的网格量应该满足 $N_g > 1.0\times10^{13}$，而大型飞机边界层流动的 DNS 模拟要求 $N_g > 1.0\times10^{15}$，庞大的网格量对网格划分、网格存储、网格离散计算的硬件和软件都提出了很高的要求。例如，对核反应堆内一个 $\mathrm{Re}=100000$ 的湍流问题，参考 Pope 的分析方式，假设在一小时内完成模拟，DNS 方法需要的浮点计算能力为 1.1ZFLOPS，即使借助 E 级超算也无法完成。Edword 等人在 2009 年估计，以当时的高性能计算机发展速度，到 2080 年才有可能进行民航客机全机的 DNS 模拟；即使是进行 LES 模拟（高雷诺数下壁面建模的 LES 时间成本大约是 DNS 的 1/100），也要等到 2045 年。

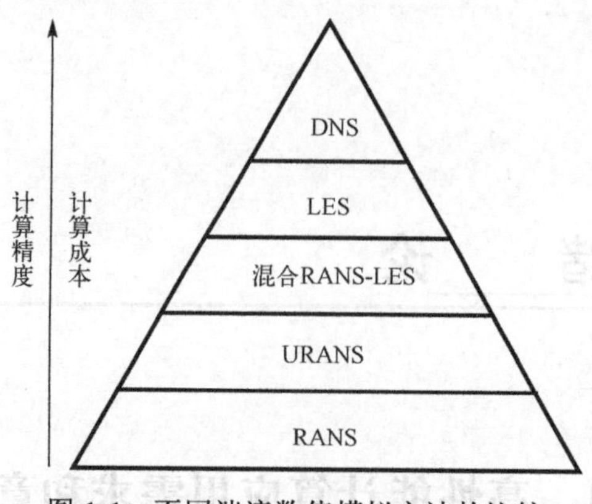

图 1-1　不同湍流数值模拟方法的比较

各行各业、各专业领域巨大的计算需求，造就了对有更强大计算能力超算的需求的日益增加，同时也催生了超算计算能力的不断攀升和体系结构的演化。2022 年，超算已经有了超过 **E** 级的计算能力（E 级计算能力为每秒可进行百亿亿次浮点运算），世界上各超算大国仍在研究和建造计算能力更强的超算（如是现有 E 级计算能力 10 倍的超算）。

1.2　混合架构超算发展趋势

从 2012 年泰坦（采用 CPU+英伟达 Tesla GPU 架构）到天河 2 号（采用 CPU+志强 phi 加速卡），再到神威·太湖之光（SW26010 异构），以及目前世界追逐的 E 级超算（如 Frontier E 级超算采用 CPU+GPU 混合架构），目前，无论是欧美还是中国，其超算无一例外都是采用异构混合架构的。CPU+加速计算硬件的异构混合架构是目前 E 级超算乃至未来 10E 级超算发展的主旋律，也是进一步突破超算计算能力的关键。例如，神威·太湖之光超过 95%的计算性能都由加速硬件提供。因此，为了发挥面向异构混合超算的强大计算能力和提升应用的计算性能，了解和学习超算异构混合硬件的基础体系架构、其上的编程方法和优化方法及必要的算法设计，十分有必要。

1.3　如何进行异构混合架构上的程序设计

有了计算能力强大的超算硬件后，那么如何“指挥”这样一个大型机器为我们所用呢？这就需要我们了解超算的内部构成，了解硬件（包括计算硬件、网络硬件等）的体系结构，了解其上的编程方法，了解如何让程序在超算上运行得更快。用领域专业的语言说就是，需要了解超算的体系架构、并行编程方法与各种并行算法及贴合硬件体系结构的性能优化技术。通过了解相关体系架构和编程方法，可以驱动超算开展大规模计算任务；通过一系列高效并行算法和优化技术，可以发挥异构混合计算硬件的优势，充分发挥硬件的计算能力，进一步提升软件和应用的计算效率。这是高性能计算领域最重要的一个研究方向，同时也是本书的核心内容。具体如下所述。

1. 熟悉超算体系结构

对体系结构特性的了解，可以直接指导上层算法和软件的高效实现与优化。对现代异构混合计算硬件的多级存储结构（内存、L2 cache、L1 数据 cache、L1 指令 cache、可编程的片上小缓存等），需要了解其存储空间大小、访存带宽与延迟及访存特性（如 GPU 上 shared memory 的 bank 冲突）等。对超算的计算节点，需要了解其内部互连方式及特性。对用于计算的计算单元，需要了解其内部寄存器分布、计算部件、任务调度方式、访存模式与特性及相关指令。知道这些硬件特性后进行上层算法和软件优化可以直接"榨取"到更多的"油水"。

2. 熟悉并行编程方法与并行算法

并行编程方法与并行算法是进行高性能计算应用和算法库实现的重点，也是不可跳过的环节。基于超算硬件，需要了解超算厂商提供的用于驱动硬件进行高效计算的 API 接口，如 HIP、CUDA、OpenMP、神威的 CRTS 等。面向异构混合架构的并行算法设计，是在硬件特性的基础上结合并行编程模型而诞生的产物，十分考验算法设计者的创新能力。其需要结合硬件特性，设计巧妙的计算任务划分算法（包括负载均衡设计、任务调度设计等）、通信算法、高效访存方法等，以高效地操作数据在不同存储单元间"流动"（如通过片上缓存进行数据重用或者预加载等），这也是充分发挥超算硬件的计算能力的关键。

3. 贴合硬件体系结构的性能优化技术

基于超算硬件体系结构，结合超算上的编程模型与算法实现，开展算法的性能优化，是进一步提升应用软件性能的关键。这需要了解程序的性能分析评价指标和性能分析方法，开展程序性能建模。在此基础上，开展高效访存模式、高效数据传输模式、计算指令、任务调度优化等内容研究。

1.4 本书的内容和安排

虽然超算硬件的发展十分迅速，但是关于超算上编程的技术资料相对较少，导致在超算上进行异构混合架构编程的门槛很高，特别是面向国产异构硬件的编程与性能优化。本书主要面向在国产超算上进行应用软件开发和基础算法库开发的人员，提供基础编程指导。

本书围绕国产超算异构混合体系架构、编程方法与编程模型、异构并行算法设计与优化等进行展开。本书共 9 章。第 1 章为绪论部分，介绍高性能计算背景和异构混合超算的发展趋势。第 2 章以国际国内超算为主题，介绍超算的发展历史和目前超算的基本架构。针对典型异构混合架构超算，介绍其硬件架构；针对超算编程问题，介绍相关的编程接口和编程语言。第 3 章介绍异构混合架构上的性能分析理论，讨论相关性能分析的指标和影响程序性能的因素；并针对性能瓶颈，讨论如何提高性能指标。第 4 章围绕 CPU 上的高性能程序设计，介绍 OpenMP、MPI 并行编程模型及面向 x86 CPU 的向量化并行优化技术；并针对大规模应用的计算性能及扩展性场景，介绍相关的性能分析工具。第 5 章以典型片上异构的神威超算为主题，介绍其硬件架构、编程和优化方法，并提供了相关的编程示例。第 6 章以节点内异构的 CPU+DCU 硬件为基础，结合示例讨论其上的编程方法和优化方法。第 7 章重点讨论在异构混合架构超算上，如何进行高效的并行算法设计。第 8 章介绍高性能计算领域的相关算法库及使用方法。第 9 章从具体应用出发，介绍面向异构混合架构超算的应用移植和优化方法。

当然，书中的部分内容，也不局限于国产超算异构平台。例如，MPI、OpenMP 编程、性能指标与分析方法，是相对通用的；关于 DCU 上的编程方法与性能优化部分，也很容易迁移到相关硬件平台（如主流的 GPU 平台）。

第 2 章　异构混合架构概述

2.1　国际国内超算现状

超算主要用于解决具有挑战性的科学计算问题，通常是指一类访存带宽高、计算速度快、存储量大的计算机。1976 年，美国 Cray Research 公司制造出首台运算速度达每秒 2.5 亿次的超算 Cray-1，之后多国都相继投入超算的研发中。为了设计出性能更强大的高性能计算机，近年来，多国频繁启动国家层面的研发计划，在计算效率方面的竞争越来越激烈，目前在 E 级计算上的竞争已呈白热化趋势。

超算与传统计算机不同，这类大规模并行计算机通常由大量计算节点组成，典型的组成结构如图 2-1 所示，每个计算节点配有一个或多个 CPU（中央处理单元），计算节点之间一般由高速互连网络进行连接，用来支持多个 CPU 并行处理。此外，由于 CPU 极高的计算速度需要快速检索存储的数据和指令，大多数超算都具有非常大的存储容量及快速的 I/O 能力。现代的超算还会配备一些异构计算单元，如 GPU（图形处理单元）等，用于加速计算。

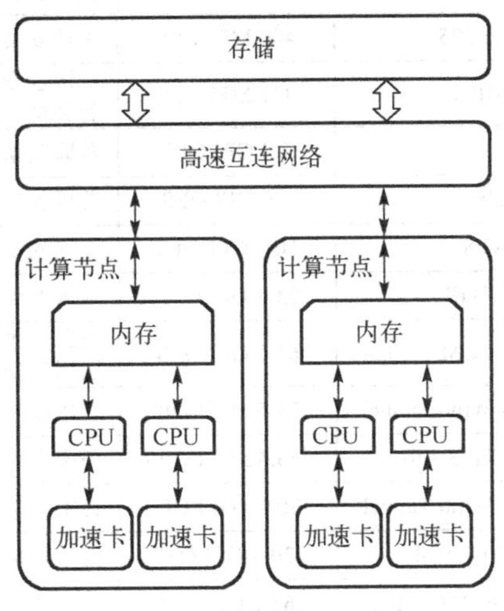

图 2-1　超算典型的组成结构

超算的性能关键体现在计算能力上，超算的发展主要是 HPC 系统中节点的计算能力和系统调度、通信速度的提高，每个计算节点一般都采用纯 CPU 或 CPU+加速卡的异构架构，随着各类计算硬件技术的成熟与相关应用需求的增加，未来超算系统将会引入更多异构硬件。

另外，现代超算并不仅仅是通过大量 CPU 和加速卡堆砌而成的，体系架构的设计、高速的互连网络和精妙的存储阵列等硬件系统也是同样重要的组成部分。近年来，随着计算能力的飞速发展，超算的可扩展性、建设成本、系统的可靠性和能耗方面也都受到了极大的挑战，亟待逐一突破。

2.1.1 超算发展历程

高性能计算技术的发展，与超算硬件及其计算能力的发展密不可分。超算发展的时间线如表 2-1 所示。1960 年，Sperry Rand 为美国加州罗兰士利物摩亚国家实验室建造的 UNIVAC Livermore Atomic Research Computer（LARC），被认为是最早的超算。1964 年，由 Seymour Cray 设计的 CDC 6600 成为当时最快的超算，它每秒可以执行 300 万次浮点运算，比同时代计算机大约快 10 倍，同时标志着从锗到硅晶体管的过渡。硅晶体管可以更快地运行，并且在超算的设计中引入制冷系统可以解决过热问题[1]。

表 2-1 超算发展的时间线

年 份	国 家	超 算 型 号	计 算 性 能	安 装 地 点
1960	美国	UNIVAC LARC	250 KFLOPS	美国加州罗兰士利物摩亚国家实验室
1961	美国	IBM 7030 Stretch	1.2 MFLOPS	美国新墨西哥州洛斯阿拉莫斯国家实验室
1964	美国	CDC 6600	3 MFLOPS	
1969	美国	CDC 7600	36 MFLOPS	美国加州罗兰士利物摩亚国家实验室
1974	美国	CDC STAR-100	100 MFLOPS	
1975	美国	Burroughs ILLIAC IV	150 MFLOPS	美国加州 NASA 恩斯研究中心
1976	美国	Cray-1	250 MFLOPS	美国新墨西哥州洛斯阿拉莫斯国家实验室
1981		CDC Cyber 205	400 MFLOPS	多地安装
1983	美国	Cray X-MP/4	941 MFLOPS	美国新墨西哥州洛斯阿拉莫斯国家实验室，波音公司
1984	苏联	M-13	2.4 GFLOPS	苏联莫斯科计算机科学研究学院
1985	美国	Cray-2/8	3.9 GFLOPS	美国加州罗兰士利物摩亚国家实验室
1989	美国	ETA10-G/8	10.3 GFLOPS	美国佛罗里达大学
1990	日本	NEC SX-3/44R	23.2 GFLOPS	日本府中市 NEC 府中厂
1993	美国	Thinking Machines CM-5/1024	65.5 GFLOPS	美国新墨西哥州洛斯阿拉莫斯国家实验室；美国国家安全局
	日本	Fujitsu Numerical Wind Tunnel	124.50 GFLOPS	日本国家宇航实验室
	美国	Intel Paragon XP/S 140	143.40 GFLOPS	美国山迪亚国家实验室
1994	日本	Fujitsu Numerical Wind Tunnel	170.40 GFLOPS	日本国家宇航实验室
1996	日本	Hitachi SR2201/1024	220.4 GFLOPS	日本东京大学
	日本	Hitachi/Tsukuba CP-PACS/2048	368.2 GFLOPS	日本筑波市筑波大学电算物理中心
1997	美国	Intel ASCI Red/9152	1.338 TFLOPS	美国山迪亚国家实验室
1999	美国	Intel ASCI Red/9632	2.3796 TFLOPS	
2000	美国	IBM ASCI White	7.226 TFLOPS	美国加州罗兰士利物摩亚国家实验室
2002	日本	NEC 地球模拟器	35.86 TFLOPS	日本地球模拟器中心
2004	美国	IBM Blue Gene/L	70.72 TFLOPS	美国能源部，IBM

续表

年　份	国　家	超 算 型 号	计 算 性 能	安 装 地 点
2005	美国	IBM Blue Gene/L	280.6 TFLOPS	美国能源部，NNSA，LLNL
2007	美国		478.2 TFLOPS	
2008	美国	IBM Roadrunner	1.105 PFLOPS	美国新墨西哥州洛斯阿拉莫斯国家实验室
2009	美国	ORNL 美洲虎	1.759 PFLOPS	美国橡树岭国家实验室
2010	中国	天河一号	2.566 PFLOPS	国家超级计算天津中心
2011	日本	RIKEN 京（K-Computer）	10.51 PFLOPS	日本国立理化学研究所
2012	美国	IBM Blue Gene/Q	16.325 PFLOPS	美国劳伦斯利福摩尔国家实验室
	美国	ORNL Titan	17.59PFLOPS	美国橡树岭国家实验室
2013	中国	天河二号	33.86 PFLOPS	国家超级计算广州中心
2016	中国	神威·太湖之光	93.01 PFLOPS	国家超级计算无锡中心
2018	美国	Summit（顶点）	143.50 PFLPOS	美国橡树岭国家实验室
2020	日本	Fugaku （富岳）	442.01 PFLPOS	日本国立理化学研究所
2022	美国	Frontier	1.102 EFLOPS	美国橡树岭国家实验室

Seymour Cray 被誉为“超级计算机之父”。Cray 于 1972 年离开 CDC 公司，创办了自己的公司 Cray Research，并于 1989 年再次成立 Cray Computer，其目标始终是研制出超一流的超算。Cray 是一名电气工程师，他参与了公司制造计算机的方方面面。在 CDC 工作期间，他亲手设计了 Cray 系列计算机的全部硬件和操作系统，其中的作业系统更是他用机器码编写出来的。他将几个常见的处理器连接起来，使它们一起工作，以一种廉价的方式获得能与大型机媲美的计算能力，这后来也成为超算的一般原型。他还通过巧妙的设计缩短了信号的绝对传输距离，有效提高了机器的执行速度。Cray 一直努力为科学界创造出最快的计算机，始终首选科学编程语言 FORTRAN 编程，并针对诸多严谨的科学应用（如微分方程、矩阵运算、流体动力学、地震分析等）优化机器。

Cray 的开创性成就之一是 1976 年研制的 Cray-1，它成为当时世界上最快且最成功的超算，也是世界上第一台向量流水处理巨型机。1983 年推出的 Cray X-MP，将两台 Cray-1 计算机连接起来，使其各自的性能提高了三倍左右。发布于 1985 年的 Cray-2，采用了液冷技术，成为继苏联 M-13 之后第二快的超算。

20 世纪 80 年代的 Cray-2 只有 8 个 CPU，而到了 90 年代，开始出现了搭载上千个 CPU 的超算。日本自 20 世纪 80 年代中期开始研发超算，在运算速度方面可以与美国一决高下。例如，富士通在 1993 年研发的名为“数值风洞”（Numerical Wind Tunnel）的超算系统，共使用 166 个矢量处理器，在 1994 年获得 TOP500 榜单第一名。Hitachi SR2201，使用了 2048 个处理器，通过快速三维 Crossbar 网络实现互连。Intel Paragon 使用了数千个 Intel i860 处理器，成为 1996 年 6 月 TOP500 榜单的冠军。值得一提的是，Intel Paragon XP/S 140 处理器的节点间通过二维网格互连，允许程序运行于不同的节点上，数据通信使用 MPI（Message Passing Interface）接口。随后几年发布的 Intel ASCI Red 系列，包括超 9000 个计算节点，更突破了 1 TFLOPS 的计算能力。

21世纪的前10年，超算的计算能力持续增长。2002年，日本NEC发布了一台名为“地球模拟器”(Earth Simulator)的超算，拥有35.86 TFLOPS的计算能力，共使用640个节点，每个节点包含8个专用的向量处理器。随后，IBM的Blue Gene系列超算发布并迅速“普及”，可使用数万个处理器，2005年发布的Blue Gene/L和2012年发布的Blue Gene/Q均夺得当年TOP500榜单第一名。

值得一提的是，到了2014年，位列2002年TOP500榜首的“地球模拟器”已经跌出了TOP500榜单，超算计算能力的发展与新机器的出现可谓迅猛[2]。自2008年起，陆续有来自大学、研究院和工业界的学者对实现百亿亿次级系统的技术挑战进行讨论，自此，多国也相继参与了这场实现E级算力的竞争中。

2.1.2 超算发展现状

在超算领域，有一个对超算进行评估的TOP500榜单，就像世界上各个大学的排名一样，这个榜单每隔半年就会更新一次。历史上，这个榜单很长一段时间都被美国、日本和欧洲国家霸榜。自21世纪以来，来自中国的超算开始出现在这个榜单的前列。2013年6月，中国国防科技大学研制的“天河二号”超算在Linpack基准测试中以33.86 PFLOPS的性能，占据了榜单第一的位置。

在2022年6月的最新TOP500榜单中，位于榜首的是美国能源部下属橡树岭国家实验室的Frontier，其最大峰值性能达到了1.102 EFLOPS，成为第一台问世的E级超算；排名第二的是日本国立理化学研究所计算科学中心的Fugaku（富岳），曾连续四次登顶榜单；排名第三的是芬兰欧洲高性能计算中心的LUMI，是欧洲最大的超算；中国国家超级计算无锡中心的神威·太湖之光（Sunway TaihuLight）则排名第六。前十名中，美国占了5名，中国占了2名，其他超算主要分布在欧洲和日本等地，如表2-2所示。

表2-2　部分超算Top500榜单（2022年6月）

排名	超算系统	国家	核心数	最高性能（PFLOPS）	能耗（kW）
1	Frontier	美国	8730112	1102.00	21100
2	Fugaku	日本	7630848	442.01	29899
3	LUMI	芬兰	1110144	151.90	2942
4	Summit	美国	2414592	148.60	10096
5	Sierra	美国	1572480	94.64	7438
6	Sunway TaihuLight	中国	10649600	93.01	15371
7	Perlmutter	美国	761856	70.87	2589
8	Selene	美国	555520	63.46	2646
9	Tianhe-2A	中国	4981760	61.44	18482
10	Adastra	法国	319072	46.10	921

超算是一个国家综合国力的体现，中国和美国是TOP500榜单中上榜数量最多的国家。如图2-2所示，在2022年6月发布的TOP500榜单中，中国以173台的数量遥遥领先，位列第一；美国以128台的数量位列第二。中美两国超算的上榜总数占据了TOP500榜单总

数的 60%左右。日本、德国和法国的超算上榜数量位列第 3、4、5 位，分别是 33 台、31 台和 22 台。

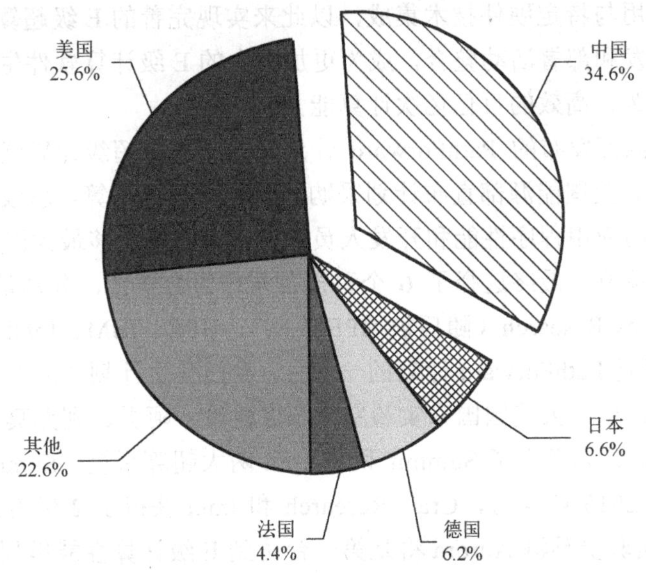

图 2-2　各国超算在榜数量占比

以往世界上较快的超算可以解决每秒千万亿次浮点运算（每秒 10^{15} 次浮点运算，缩写为 PFLOPS）需求的问题，虽然这些 PFLOPS 级超算系统非常强大，但每秒百亿亿次浮点运算（每秒 10^{18} 次浮点运算，缩写为 EFLOPS）即 E 级（Exascale）计算能力将成为超算计算能力的下一个里程碑，因为它将提供一种更强大的解决问题能力。具备 E 级计算能力的超算称为 E 级超算。E 级超算能够更加真实地模拟科学计算问题和国家安全相关的问题，如精细医学、地球空间科学、材料制造、能源问题、未知材料发现、探索中的物理学和宇宙的基本理论等。目前 E 级超算的“军备竞赛”尤为激烈。

1．美国

美国是高性能计算领域的传统强国，也是第一个启动 E 级超算研究项目的国家。2008 年，一篇题为《E 级计算研究：实现 E 级超算系统面临的技术挑战》的文章讨论了一些从 Petascale 到 Exascale 级别将面临的挑战性问题[3]，包括功耗、存储、并发性、可扩展性和系统弹性等多个方面，至今被引用超过 1000 次。该文章的一些作者参加了在美国达拉斯举办的 SC’08 会议，他们在会上对文章进行了分享，讨论了高性能计算相关的研究议题可能承担和面临的最突出的挑战，并对未来十年的发展形势做出了预测。这篇文章的研究内容也成为后续美国能源部部署 E 级计算计划（Exascale Computing Initiative，ECI）和 E 级计算项目（Exascale Computing Project，ECP）的一个重要组成部分。

美国能源部和国家核安全局（NNSA）于 2016 年共同领导了 E 级计算计划，目标是加快 E 级计算生态系统的发展。该计划有三个主要组成部分。一是确定项目核心应用程序的开发内容，包括美国能源部生物科学与环境研究项目和美国国家核安全局基础能源科学项目。二是 E 级系统采购的项目和设施，包括 ALCF-3（Aurora）、OLCF-5（Frontier）和 ASC

ATS-4（El Capitan），这些成为美国目前已经构建的三大 E 级超算体系。三是启动一个为期 7 年的 E 级计算项目，该项目的目标是在 DOE 超算上提供专门的应用程序、软件产品和其他成果，将这些应用与特定硬件技术集成，以此来实现完善的 E 级超算系统。总而言之，该计划将研究、开发和部署活动整合，成为更加强大的 E 级计算软件生态的一部分，以确保美国能够拥有持久、高效的百亿亿次计算能力。

期间，美国能源部发布的 PathForward 计划是推动美国超级计算能力向前发展的关键一步。2018 年 4 月，美国能源部宣布计划采购三台百亿亿次超算，总成本高达 18 亿美元，该计划寻求能够提高应用程序性能和开发人员生产力，同时能够最大限度地提高 E 级系统的能效和可靠性的单位，最终选择了 6 个科技公司作为合作者，分别是 AMD（Advanced Micro Devices）、Cray Research（随后被 HPE 收购）、HPE、IBM、Intel 和 NVIDIA。

CORAL-2 项目是 PathForward 计划的一部分，专门负责计划中的 E 级超算系统的早期关键硬件研发活动，由三大美国国家实验室——橡树岭、阿贡、利弗莫尔合作完成。

最初的 CORAL 计划诞生了 Summit 和 Aurora 两大超算系统，Summit 超算于 2014 年由 IBM 启动制造；2015 年 4 月，Cray Research 和 Intel 获得了 2 亿美元用于构建 Aurora 超算。计划伊始，实验员预测 Aurora 将是第一台达到 E 级计算性能里程碑的超算，最初的 Aurora 计划由 Cray Research 使用 50000 多个单插槽节点进行搭建，配置 Intel 的 Knights Hill 系列 10nm 多核处理器，由 25GB/s 的 Omni-Path InfiniBand 网络互连结合在一起。然而由于 Intel HPE 在 2017 年 11 月宣布取消 Knights Hill 系列处理器，致使 Aurora 不得不让位于 Aurora 2。在 2019 年 HPE 收购 Cray Research 后，Intel 选择采用当下大火的 CPU+GPU 异构架构来设计 Aurora，这台更新后的超算将配备 2 个 Intel Sapphire Rapids Xeon SP 处理器和 6 个 Ponte Vecchio Xe HPC GPU 加速卡，这台 E 级超算预计将于 2023 年正式投入使用。

由于 Aurora 交付的推迟，Frontier 成为了第一个问世的 E 级超算。美国能源部在 2019 年首次宣布计划在田纳西州搭建百亿亿次超算系统 Frontier，它是由超算制造商 HPE、Cray Research 和芯片制造商 AMD 合作生产的。该系统基于最新的 HPE Cray EX235a 架构，配置针对 HPC 和 AI 优化后的第三代 AMD EPYC CPU 和 AMD Instinct 加速卡。这台 E 级超算的主要目标是使科学家能够开发用于能源、医学和材料的新技术。2022 年 6 月，美国橡树岭国家实验室的 Frontier 系统登顶 TOP500 榜单，凭借 1.102 EFLOPS 的 HPL 得分成为第一台真正的 E 级超算。

2. 日本

日本也是超算强国之一，早在 20 世纪 80 年代中期，日本就已经开始自主研发超算，期间研发的“地球模拟器”、“RIKEN 京”和“富岳”超算曾登顶 TOP500 榜单。

日本着手研究 E 级超算的计划可以追溯到 2010 年的高性能计算机研发研讨会（SDHPC），第一届 SDHPC 讨论了与数值计算库、编程语言、中间件、系统软件和硬件开发等有关的议题，并且预测了五年内高性能计算机系统的发展情况，以及应该为它们做的研究和开发工作。

2011年，日本发布了计算能力超过8.1 PFLOPS的超算“RIKEN京”，整机使用了6万个SPARC64 VIIIfx处理器，成为当年的TOP500冠军。“RIKEN京”超算要比日本9年前发布的“地球模拟器”快60倍。

2014年，日本文部科学省（MEXT）启动了Post-K开发项目，富岳超算就是该项目的成果之一。该项目的主要研究内容包括两大部分，一是继“RIKEN京”之后开发更加强大的超算，二是面对社会和科学问题进行应用开发并通过超算来关注这些问题。该项目的宗旨是解决日本的各种社会和科学问题，同时促进科学技术和工业制造的发展，建设一个更加安全可靠的国家，实现具有世界最高水平的低能耗、计算能力强、具有用户友好性和便利性等先进特性的综合性超算。

富岳超算由日本国立理化学研究所和富士通公司共同开发和改进，自2014年起正式启动相关研发工作。研发项目初期，处理器架构的设计是一个关键问题。日本国立理化学研究所分析了不同架构的可行性，基本思路是由通用CPU和专用计算单元组成。在早期对技术可行性进行评估时，他们认为专用加速卡的开发虽然在技术上可行，但是开发和生产成本过高，泛用性有限，加上早期10纳米制程技术仍存在一定程度的不确定性，一度考虑采用GPU作为加速单元的替代方案。然而，自2016年起，随着7纳米制程技术的逐渐成熟，富士通最终成功研制出基于ARM架构的专用于HPC的ARM A64FX处理器，由于ARM V8可扩展向量集中实现了半精度浮点运算，使得富岳能够更加广泛地应用于人工智能领域。这台超算最终于2020年5月完成硬件安装，并于同年6月在Linpack、HPCG、Graph500和HPL-AI四项基准测试排名中均夺得第一，这也是第一次基于ARM架构的超算能挤进TOP500榜单前十名，并且直接成为榜首。

3. 欧洲

法国、芬兰、瑞士、意大利等欧洲国家同样在超算的建设上投入了大量资金。在2022年6月的TOP500榜单中，芬兰EUROHPC/CSC的LUMI以152 PFLOPS的成绩登上了第三名。法国GENCI-CINES的Adastra也以46.1 PFLOPS的成绩成为第10名，是欧洲第二强大的超算。值得一提的是，LUMI和Adastra与位于榜首的Frontier的设计相同，都是基于HPE Cray EX235a架构，搭载AMD EPYC 64C 2GHz处理器和AMD Instinct MI250X GPU，这也从侧面反映出AMD的芯片在TOP500榜单中占据一定的主导地位。

此外，2018年，欧盟31个国家和3家私人机构联合制定了欧洲高性能计算联合（EuroHPC JU）项目，期望通过合作、汇集资源和分享专业知识，构建领先的欧洲高性能计算领域的超算生态系统，并在全球超算竞赛中领跑。

EuroHPC JU项目主要有以下三个关键性的目标。

第一个目标是开发自主的、可持续的高性能计算技术，如开发低功率微处理器（EPI SGA2），搭建可以为用户提供复杂模拟需求的HPC数据中心（HEROES），以及实现一个创新的量子计算与HPC技术混合的计算设备（HPCQS）。

第二个目标是开发超算上运行的应用程序、算法和相关软件，如药物设计（LIGATE）、疾病建模（MICROCARD）和航天工程模拟（NextSim），以及其他在能源、气候等领域的研究项目。

第三个目标是扩大应用规模，为更多欧洲的公共机关和私人用户提供 HPC 服务。

截止到目前，EuroHPC JU 项目已经将 5 台超算分别部署在保加利亚、捷克、芬兰、卢森堡和斯洛文尼亚；还有 3 台超算正在意大利、葡萄牙和西班牙建设，并计划在未来建造更多的超算系统。

2.1.3 我国超算发展现状

自 1983 年国防科学技术大学成功研发出第一台“银河一号”亿次计算机后，我国在超算领域的发展势头便十分迅猛。进入 21 世纪，我国的超算一直处于世界领先水平。

改革开放以来，在超算领域，从跟跑，到并跑，再到领跑，我国超算事业的发展可以说是一个艰难曲折的过程，西方对关键技术、先进产品等方面实施的技术封锁历来是制约我国超算发展的重要手段。

在“银河一号”研发成功后，为了与西方国家竞争巨型计算机市场，同时也为了打破其他国家在超算领域对我国的严密封锁，我国抓紧研发新一代亿级超算，终于在 1992 年研制出了“银河二号”，进一步缩小了我国与西方国家在超算水平上的差距。1993 年，“曙光一号”超算研制成功，计算能力突破了每秒 6 亿次，这也是我国第一台全对称共享存储多处理机（Symmetric Multi-Processor，SMP）。

21 世纪以来，我国最强计算能力的超算，在 2003 年 6 月的 TOP500 榜单中排名第 51 位，同年 12 月上升到第 14 名，2004 年上升到第 10 名，2005 年达到第 5 名。2009 年 10 月，中国研制的第一台千万亿次超算“天河一号”在湖南长沙亮相，全系统峰值性能为 1.206 PFLOPS，位列同日公布的中国超算前 100 强之首，也是当时世界上最快的超算。天河一号的研制成功使中国成为继美国之后世界上第二个能够研制千万亿次超算的国家。2013 年 6 月，“天河二号”超算再一次荣登 TOP500 榜首，峰值性能超过 33.8 PFLOPS，成为当时世界上最快的超算。

2016 年，中国发布“神威·太湖之光”超算，采用国产 SW26010 芯片（SW64 指令集），位于同年的 TOP500 榜单第一名，也是世界上第一个峰值性能超过 100 PFLOPS 的系统。神威·太湖之光的计算能力主要由自主研发的 SW26010 异构众核处理器提供，一个芯片核组中包括管理处理单元（Management Processing Element，MPE）和计算处理单元（Computing Processing Element，CPE），一个核组中有 260 个计算核心，单个 SW26010 处理器可以提供超过 3TFLOPS 的峰值计算性能。近年来，在神威·太湖之光系统上开展了大量开发和优化应用的研究工作，重点关注地球空间建模、海洋建模、原子模拟和相场模拟等应用领域。

我国在 2003 年后多次跻身全球高性能计算 500 强，我国研制的超算也曾多次夺得 TOP500 榜首，标志着我国在超算领域已经走在了世界前列[4]。

到了 2022 年，中国的超算神威·太湖之光和天河二号，则分别以 93 PFLOPS 和 61.4 PFLOPS 的成绩排名第 6 位和第 9 位，相比之前排名均有所下滑。

总体来说，经过几十年的发展，我国超算已经取得了一定成绩，但仍面临着不小的挑战。如今，多国正处于 E 级超算系统研发的竞争中，我国也在开发百亿亿次超算系统。我国已经完成了神威、天河、曙光三套 E 级机原型系统的研制，在原型系统的研究基础上，目前（2022 年年底）正在或者已经完成了部分 E 级超算的研发。例如，神威 E 级超算已经在 2021 年完成了组装与部署[5]，但未参加 TOP500 排名。

2.2 典型的混合架构计算机

超算的超级主要体现在它的处理速度上，超算之所以能够做到如此之快，主要在于超算的规模庞大，普通的家用计算机可能只有一个 8 核 CPU，而超算是一个由许多互连的计算节点组成的集群，每个计算节点配有专门的多核处理器。一个由数千甚至数万个拥有几十个核心的通用或专用处理器通过一定的手段互连而成的运算中心，其计算速度自然会大大提高。

异构计算硬件在高性能计算领域已经成为主流，未来的超算系统会越来越依赖异构架构来满足功耗和性能上的要求。CPU 擅长运行操作系统指令和执行传统的、复杂的串行任务；而加速计算硬件（如 GPU、SW26010 从核）往往更加专注于计算，一般提供了数量众多的众核（many-core）处理器或计算单元，具有强大的计算能力和高访存带宽，可以在庞大的数据集上执行计算密集型的任务。将 CPU 和加速计算硬件集成在同一个集成电路上或通过互连硬件将其集成到一个节点上，就构成现代超算广泛采用的**混合异构架构**。下面以欧美、日本和我国的经典超算为代表，分别介绍现代超算的典型混合异构架构。

2.2.1 CPU+GPU 架构：以 Frontier、Summit、Aurora 为代表

1. Frontier

Frontier 安装在美国橡树岭国家实验室（OLCF），占地 372 平方米，由 74 个 Cray EX 机柜组成。这台超算基于 HPE Cray EX235a 架构，整机共有 9408 个节点，每个节点由 1 个 AMD Epyc 7A53 CPU 和 4 个专用 AMD Instinct MI250X GPU 组成，如图 2-3 所示，整机 GPU 核心总数达到了 37632 个，峰值性能达到了 1.1EFLOPS，是世界上第一台每秒浮点运算次数超过百亿亿次的超算。

AMD Instinct MI250X GPU 采用 AMD 的 CDNA 2 架构，可以提供高达 47.9 TFLOPS 的双精度浮点计算性能（FP64），并配有 128GB HBM2e 内存，可以大幅提升人工智能、数据分析、高性能数值模拟领域的应用计算速度。AMD 第 3 代 Infinity Fabric 架构将 AMD Instinct GPU 和 AMD EPYC CPU 连接起来，提供了高带宽、低延迟的一致性互连结构，进而实现 CPU 和 GPU 之间的内存共享。

Frontier 为每个节点的 CPU 配有 512GB 的 DDR4 内存，在整个节点上共有 512GB 的 HMB2e 内存（其中每个 GPU 有 128GB）。整机共有 9.2 PB 内存（包括 4.6 PB 的 DDR4 和 4.6 PB 的 HBM2e），还有 37 PB 的节点内本地存储空间。系统内部的存储层通过 PCIe Gen4

链路连接计算节点的本地存储设备，以提供超过 75 TB/s 的峰值读取速度和超过 35 TB/s 的峰值写入速度。

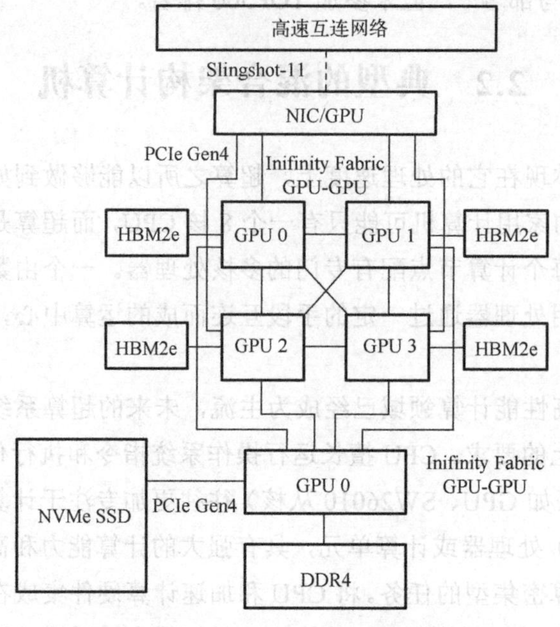

图 2-3 Frontier 节点内组成架构

Frontier 还拥有一个高达 700PB 的中心级存储系统 Orion，这是一个基于 Lustre 的中心级文件系统，基于 Cray ClusterStor E1000 存储系统开发，是世界上最大、最快的单文件 POSIX 并行文件系统，如表 2-3 所示。OLCF 介绍 Orion 全局文件存储系统具有 3 个存储层次，其中，元数据层由 NVMe SSD 组成，容量为 10PB；HDD 存储层由 PMR 硬盘组成，容量为 695PB；性能层由 NVMe SSD 组成，容量为 11.5PB，并提供每秒超过 200 万次随机 I/O 操作（IOPS）的读写性能。

表 2-3 Frontier 存储系统与 I/O 性能

存储系统	性能		组成
	读	写	
37PB 节点内本地存储	66 TB/s	62 TB/s	SSD 存储
11PB 性能层	9.4 TB/s	9.4 TB/s	SSD 存储
695PB 存储层	5.2 TB/s	4.4 TB/s	HDD 存储
10PB 元数据	2M TPS		SSD 存储

Frontier 的每个节点之间通过 HPE 的 Slingshot-11 进行互连，提供超过 100 GB/s 的网络带宽。Slingshot 网络还具有自适应路由、拥塞管理和服务质量保证等特性。

与此同时，Frontier 不仅是目前最快的超算，还是最高效的。Frontier 的功耗只有 21MW，其测试和开发机 Crusher 以每瓦 52.23 GFLOPS 的性能超过了日本的 Preferred Networks MN-3 系统，在 Green500 上占据领先地位。

2. Summit

Summit 是 IBM 为美国橡树岭国家实验室开发的超算，linkpack 基准测试的峰值计算性能为 148.6PFLOPS，从 2018 年 11 月到 2020 年 6 月一直位居 TOP500 榜单第一。自发布以来，Summit 已经用于大量民用科学研究，包括医学、能源、宇宙学和气候科学等领域。

Summit 共有 256 个机架，占地 873 平方米。整机共有 4608 个节点，每个节点采用 CPU+GPU 的异构混合方案，搭载 2 个 IBM POWER9 CPU（22 核心）和 6 个 NVIDIA Tesla GPU，提供大约 40 TFLOPS 的理论双精度浮点计算能力。NVIDIA Tesla GPU 有 80 个 1.3GHz 流式多处理器（Stream Multiprocessor，SM），还包括 640 个张量核（Tensor Core），可以提供高效的矩阵计算操作。

在存储方面，每个节点的 CPU 共有 512GB 的 DDR4 同步动态随机存储器（Synchronous Dynamic Random Access Memory，SDRAM），GPU 共有 96GB 的 HBM2 存储，以及 1.6 TB 的非易失性 RAM，可用作突发缓冲区或扩展性内存。CPU 插槽之间通过 IBM 的 X-BusTM 连接，提供 64GB/s 的连续访问带宽。每个插槽有 8 个内存通道用于连接 256GB 的 DDR4 内存，提供 340GB/s 的峰值内存带宽。

为了实现异构混合架构，节点内的 POWER9 CPU 和 NVIDIA Volta GPU 之间，以及连接到同一 CPU 插槽的 GPU 之间，均通过 NVIDIA 的 NVLink 连接，传输速率为 50GB/s，提供高速率的节点内数据传输效率。节点之间使用 Mellanox 的双轨 EDR InfiniBand 互连，形成胖树网络拓扑结构，提供了高数据吞吐量，节点之间的理论带宽可达 25GB/s。节点内组成架构和互连方式如图 2-4 所示。

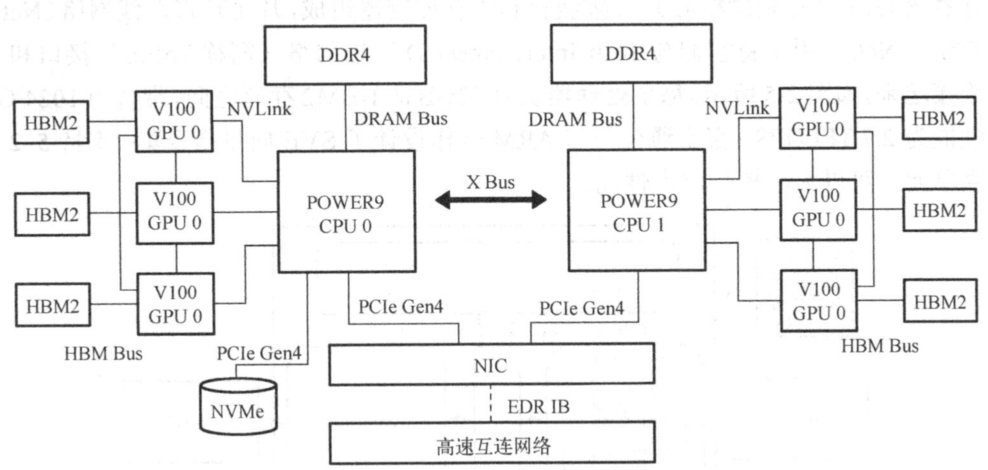

图 2-4 Summit 节点内组成架构和互连方式

3. Aurora

Aurora 是美国将要发布的下一台 E 级超算，是 Intel 公司与美国能源部、阿贡国家实验室和 HPE 合作研发的 E 级超算，预计性能将超过 2 EFLOPS，该计算机将建设在阿贡国家实验室。Aurora 的目标是推动科研的进步，实现药物反应预测、航天建模仿真及宇宙学理论研究等领域的突破。

Aurora 将采用专为人工智能和 HPC 设计优化的全新 Intel 技术，搭载下一代 Intel 至强可扩展处理器，每个处理器有多达 40 个内核，配有 8 个 256GB 的 DDR4 内存，采用 10 纳米制程技术，基于 PCIe Gen 4 进行互连，I/O 容量增加至 64 条 PCIe 4.0 通道。

Aurora 预计由 200 多个机柜组成，使用 Cray Researoh 的 Slingshot 高性能可扩展互连技术，并建设针对 Intel 架构进行优化的 Shasta 软件堆栈。

2.2.2 ARM 架构：日本富岳

富岳（Fugaku）超算安装在神户的日本国立理化学研究所计算中心，初始（2020 年 6 月）配置使用了 158976 个 A64FX CPU，2020 年 11 月升级后增加了处理器的数量，峰值计算性能超过 442 PFLOPS，研究人员期望它可以用于人工智能、大数据分析和新型冠状病毒等相关领域的研究中。

富岳通过连接大量专用 CPU 来提高计算性能，处理器使用的是富士通设计的 48 核芯片 A64FX，通过高密度的安装实现 CPU 之间的快速通信，富岳也是历史上第一台基于 ARM 架构登顶 TOP500 榜单的超算。

富岳的一个机架中安装了 192 个 CPU 内存单元（CPU Memory Unit，CMU），机架前侧和后侧各有 96 个 CMU，机架后面配有用于互连的高速通信连接装置，正面配有液冷管道和高速通信网络。

在 A64FX CPU 的架构中，一个处理器上有 4 个 CMG，每个 CMG 由 13 个核心（12 个是计算核心，1 个是辅助核心）、二级缓存和内存控制器组成，片上环形总线网络（Network on a Chip，NoC）用于将它们与 Tofu Interconnect D 互连网络（简称 TofuD）接口和 PCIe 接口连接起来，如图 2-5 所示。每个处理器上有 32GB 的 HBM2 存储空间，带宽为 1024 GB/s，浮点性能为 2.7 TFLOPS。富士通公司与 ARM 合作设计了 SVE 向量指令集，支持 512 位浮点运算单元，可以大幅提高浮点性能。

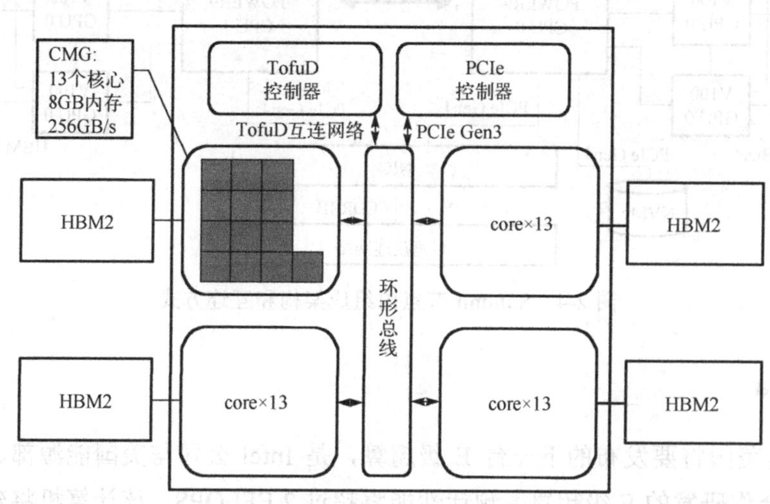

图 2-5　富岳节点内组成架构

富岳是 2020 年 6 月 Green500 的冠军，能源效率为 21.11GFLOPS/W，研究人员开发了高效的流路结构液体冷却单元，以实现低流量的高效液体冷却，有效提高了冷却性能。另外，高密度安装的设计减少了电源单元和 CMU 之间的功率损耗，达到了降低功耗的目的。

2.2.3 CPU+DCU：曙光超算

2018 年，曙光发布了 E 级原型机，采用 CPU+DCU 加速卡的方案，每个节点搭载 2 个海光 CPU 和 2 个国产海光 DCU 深度计算加速器。单节点使用 25GB/s 的高速网络，通过 6D-Torus 高维互连。在冷却系统方面，曙光 E 级原型机采用了先进的浸没式液体相变冷却技术。

E 级超算曙光 8000 预计于 2023 年投入使用。整机采用硅立方结构，原型系统是 1 个硅立方单元，每个硅立方单元包括 6 个硅元，共 32 个超节点；每个超节点包含 8 个节点对，节点对内部包含两个节点，组成结构如图 2-6 所示。

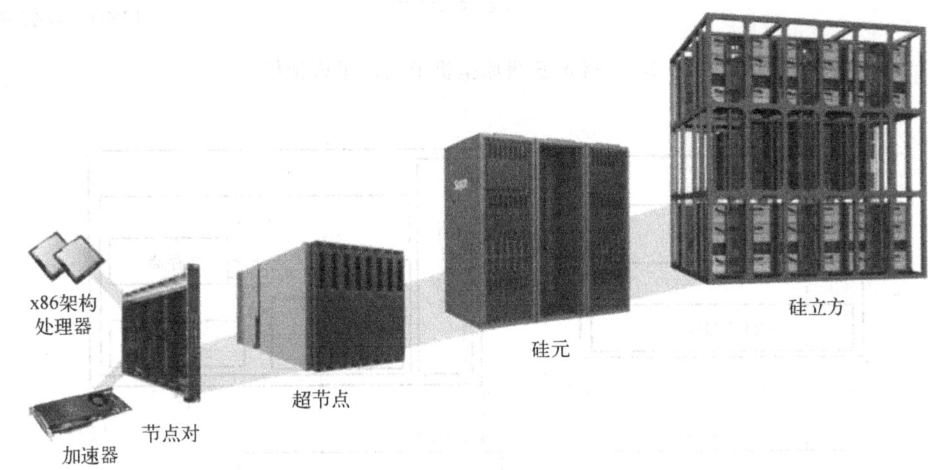

图 2-6 曙光 E 级原型机组成结构

曙光 E 级原型机 CPU 采用 NUMA（Non Uniform Memory Access，非统一访存）架构，每个节点内有 4 个内核（DIE），每个 DIE 中有 2 个 CPU Complex（CCX），每个 CCX 有 4 个核心（Core），因此每个 DIE 共有 8 个 Core。每个 DIE 之间通过 GMI 总线互连，并且每个 DIE 通过 PCIe 3.0 16x 总线连接一个深度计算器（Deep Computing Unit，DCU），节点内组成架构如图 2-7 所示。每个 DIE 都能访问节点内的 4 个 DCU，但是跨 DIE 访问需要通过 GMI 总线和 PCIe 3.0 总线的传输路径，访问速度会比访问直连的 DCU 慢。其节点内主机端和设备端之间的访存模式如图 2-8 所示。

曙光超算的节点之间提供了高达 25GB/s 的高速网络进行通信，每个 DIE 可以独享 6.25GB/s 的带宽，或者一个 DIE 也可以通过 GMI 总线传输，最多可以使用 25GB/s 的带宽。CPU 节点间网络采用 3 层胖树拓扑结构，且支持 RDMA（Remote Direct Memory Access，远程直接数据存取）协议和 Verbs 编程。

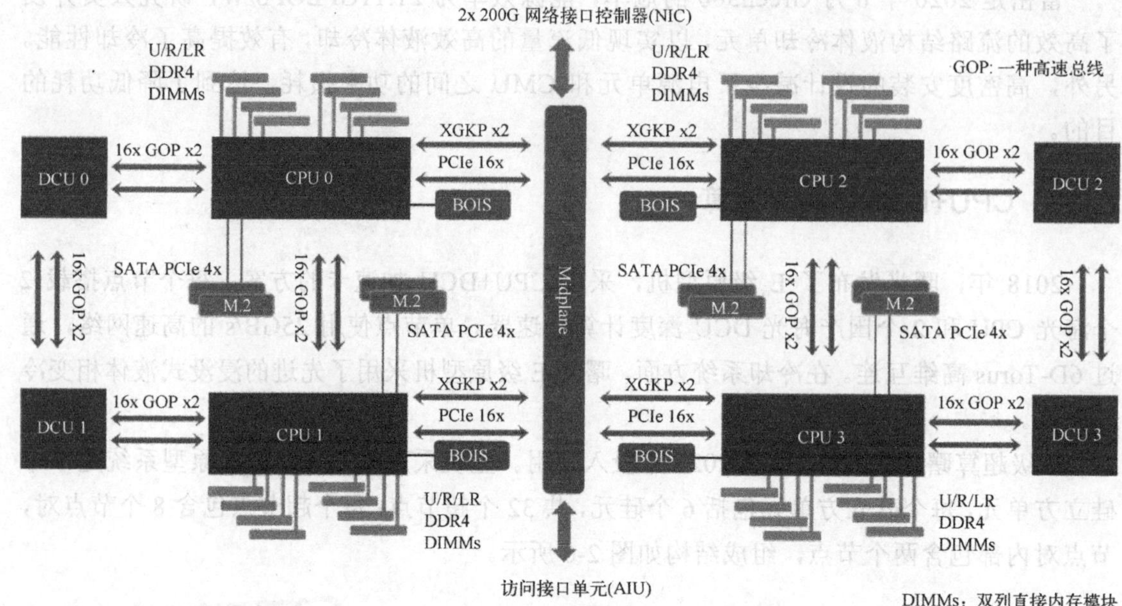

图 2-7　曙光 E 级原型机节点内组成架构

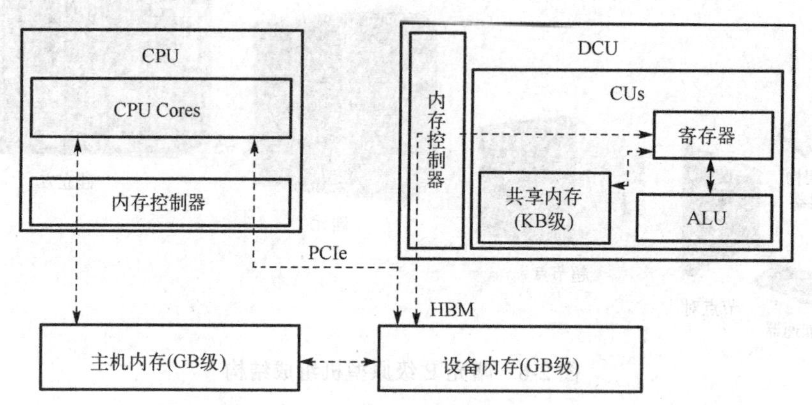

图 2-8　曙光 E 级原型机节点内访存模式

2.2.4　神威主从核架构：新一代神威超算

2017 年 6 月，神威 E 级原型机正式进入研制阶段，并于 2018 年 8 月在国家超算济南中心正式启用，新一代神威 E 级超算已经在 2021 年正式安装完成。此前，神威·太湖之光曾连续 4 次登顶 TOP500 榜单，是国内第一台完全采用国产处理器构建的 E 级超算。

新一代神威超算由超过 80000 个 SW26010P 处理器组成，硬件架构如图 2-9 所示，硬件系统由自主设计的高性能众核处理器、计算系统、互连系统、存储系统、维护系统、供电系统和冷却系统组成。值得一提的是，特定应用系统，如人工智能加速系统，可以根据特定需求灵活连接[6]。

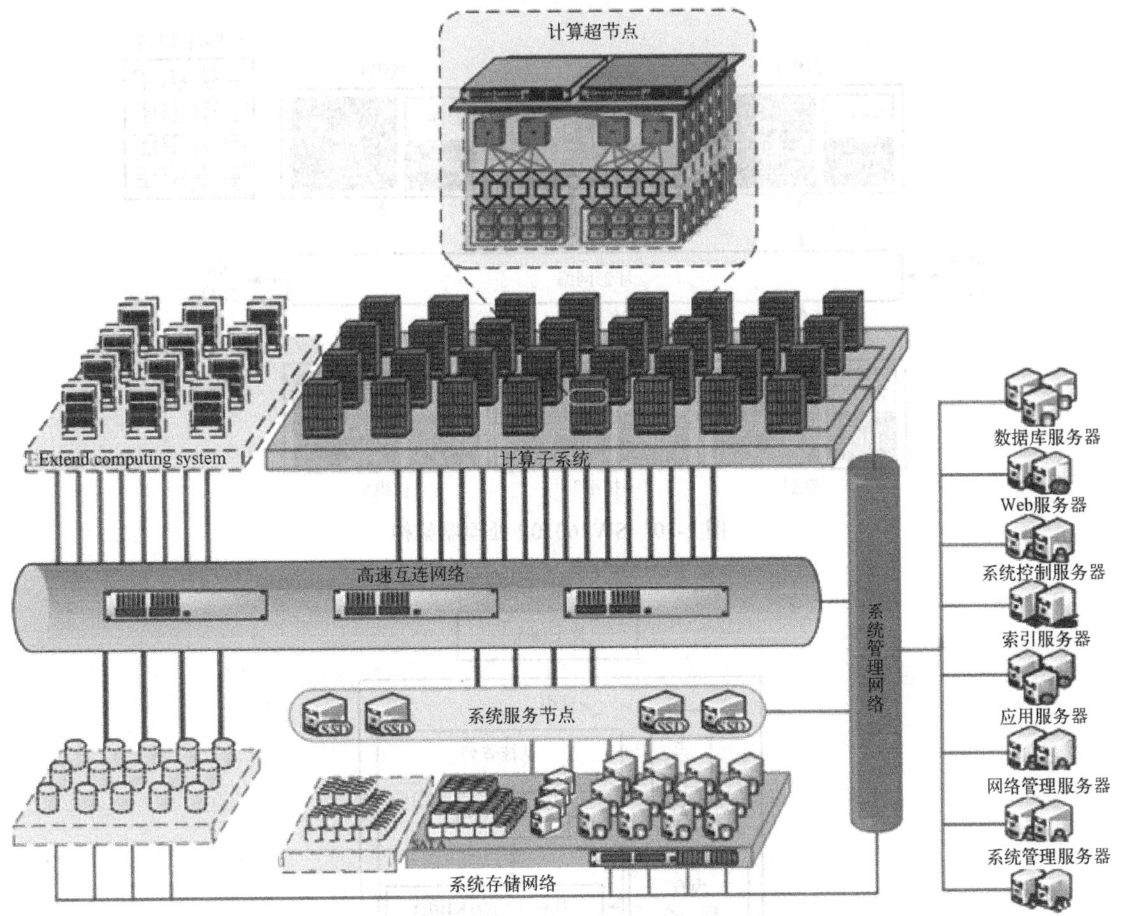

图 2-9 新一代神威超算硬件架构[6]

新一代国产众核处理器 SW26010P 采用高效的可扩展架构，如图 2-10 所示。其中，管理处理单元（Management Processing Element，MPE）或称主核，计算处理单元（Computing Processing Element，CPE）集群或称从核阵列、协议处理单元（Protocol Processing Unit，PPU），它们与内存控制器（Memory Controller，MC）等主要部件通过高带宽片上环形网络连接，实现了分布式共享内存的一致性。SW26010P 处理器共有 6 个核心组（Core-Group，CG），每个 CG 包括一个 MPE 和一个包含 8×8 排列的 CPE 阵列，可以提供超过 12 TFLOPS 的双精度浮点运算能力。其节点内主从核访存模式如图 2-11 所示。

2.2.5 新一代天河超算

2018 年 7 月，天河 E 级原型机在国家超级计算天津中心完成部署并通过了验收，标志着我国已经掌握了 E 级超算的相关技术。

在原型机的技术基础上，开发完成的新一代天河 E 级超算主要采用飞腾 CPU 和 Matrix-3000 加速器混合的架构，一个节点由 1 个 CPU 和 4 个加速器组成。飞腾 CPU 有 16 个核心，采用 ARM 指令集。Matrix-3000 加速器又称 DSP 簇，包含 6 个超节点，每个超节点又包含 4 个核心，共计 24 个核心。

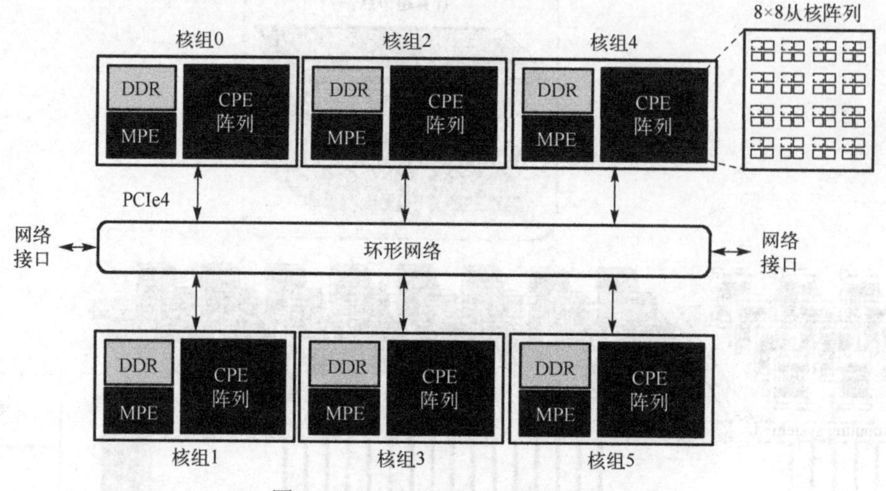

图 2-10 SW26010P 处理器架构

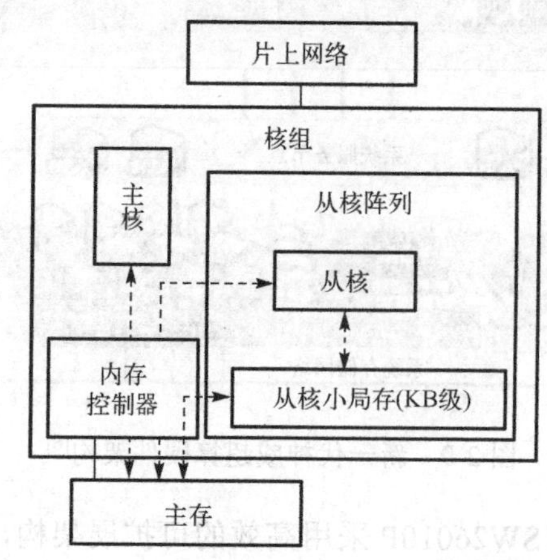

图 2-11 SW26010P 节点内主从核访存模式

Matrix-3000 是一款用于高性能计算领域的统一访存的异构处理器。与 SW26010P 处理器的 CPE 类似，其中每个加速器的核心均具有单独的执行能力，可以单独取指、访存，且可运行不同的程序。这是与 GPU/DCU 不同的，GPU/DCU 是 SIMT（单指令多线程）模式，例如，DCU 的 SIMD 中每个 ALU 上都只能执行相同的指令。

新一代天河超算和 GPU/DCU 架构的显著不同是，一般 GPU/DCU 都自带了大容量的设备内存，而飞腾 CPU 和 Matrix-3000 加速器的混合超算架构采用了统一内存，这样可以有效节省 CPU 到加速设备之间的数据复制时间。

新一代天河超算节点内部结构及内存层次分别如图 2-12 和图 2-13 所示。在加速器内部，每个 DSP 核中包含了多个向量计算单元和标量计算单元以及对应的向量存储（AM）和标量存储（SM）[7,8]。再加上用户可编程访问的全局共享片上高速缓存 GSM（Global Shared Memory）以及位于加速器外部的大容量设备内存，形成了新一代天河超算的多层级存储架构。在该架构下，其访存模式如图 2-14 所示。

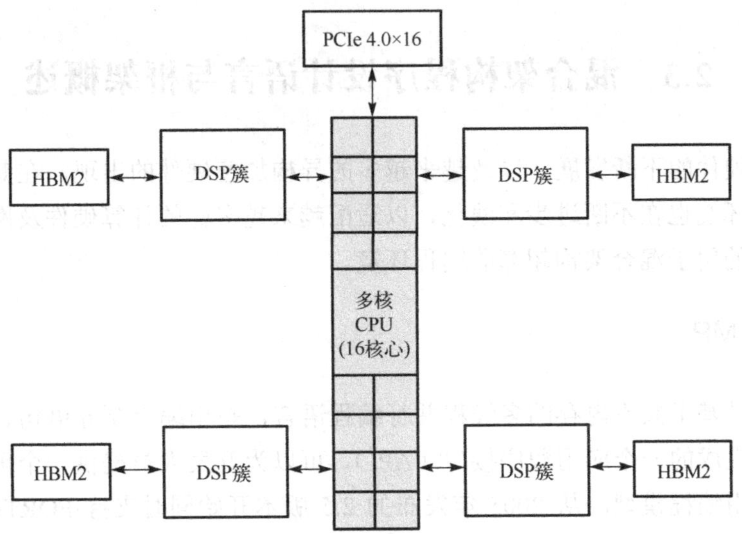

图 2-12　新一代天河超算节点内部结构

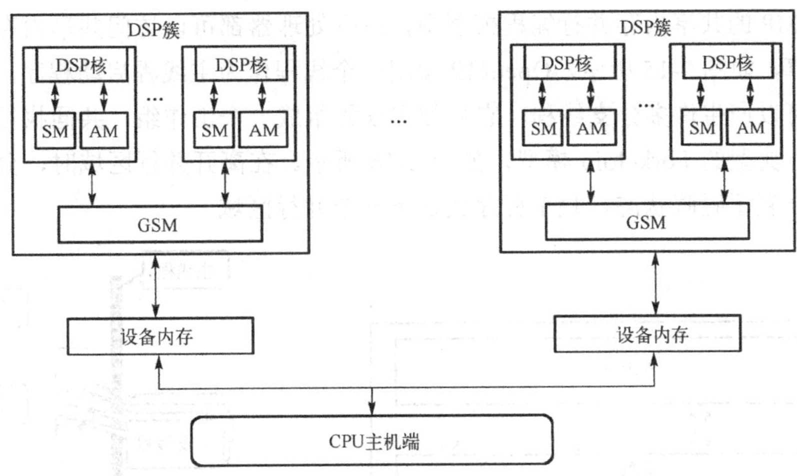

图 2-13　新一代天河超算 DSP 和 CPU 之间的内存层次

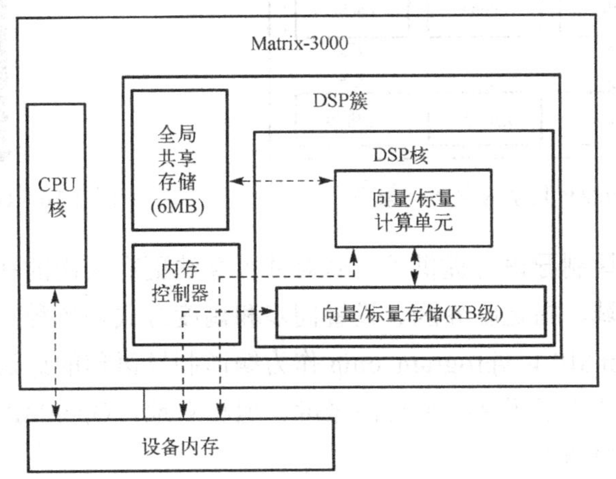

图 2-14　新一代天河超算节点内访存模式

2.3 混合架构程序设计语言与框架概述

随着超算硬件的不断发展，以及越来越多的异构加速硬件的出现，在其之上的用于驱动硬件的编程环境也在不断进步和演化，以适配越来越多样的计算硬件及网络设备。本节介绍一些典型的用于混合架构超算的编程环境。

2.3.1 OpenMP

OpenMP 是基于共享内存的多线程并行编程语言，是由编译制导语句、运行时库函数和环境变量等组成的一个应用程序接口（API），可以为开发人员提供一个可移植、可扩展的共享内存应用编程模型。从 2005 年发布的 2.5 版本开始同时支持 FORTRAN 和 C/C++ 标准。OpenMP 除关注并行化高度重复的循环体外，还引入了任务的概念。2013 年发布的 OpenMP 4.0 版本增加了对加速器的支持。

在 OpenMP 的共享内存并行编程模型中，所有处理器都可以访问共享内存并使用多个线程进行计算，如图 2-15 所示。OpenMP 使用一个线程作为主线程启动程序，主线程进入并行区域，可以产生许多分支线程，它们与主线程组成一个工作组，共同执行一段并行代码，这是一种典型的 Fork-Join 模型，如图 2-16 所示。在离开并行区域时，分支线程通常会被 OpenMP 置于睡眠状态，直至程序到达下一个并行区域。

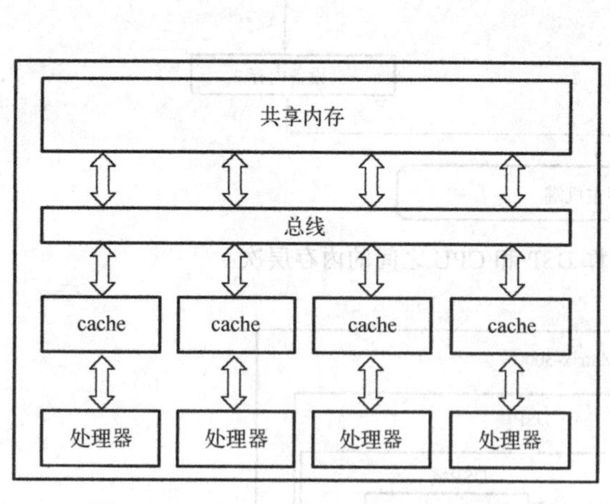

图 2-15 OpenMP 共享内存访问模型

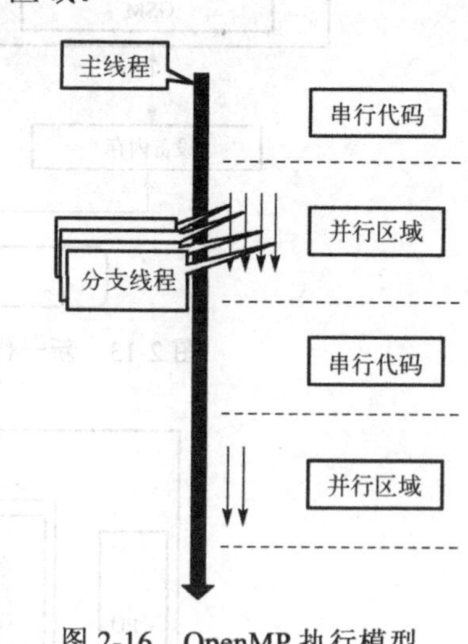

图 2-16 OpenMP 执行模型

OpenMP 使用编译制导语句提供了一套对并行算法更高层次的抽象实现，包括指定并行区域、指定循环区域、指定临界区、设置同步和调度方式等各种指令，具体制导语句及使用详见 4.1 节。OpenMP 以#program omp 作为编译制导语句的标识符，由编译器自动对程序实现并行化，有效降低了并行编程的难度。但相对地，OpenMP 并不适用于需要处理复杂同步和互斥操作的场景。

2.3.2　MPI

一般的大型计算机或巨型计算机大多采用多节点的分布式存储结构，这种结构可以扩展出大量的计算节点，分布式节点之间并行化时需要完成的通信操作，通常使用消息传递的方式实现。在并行编程中，最常用的消息传递方式是消息传递接口（Message Passing Interface，MPI）。MPI 是消息传递库的标准规范，提供了大量消息传递例程，使 MPI 进程在分布式环境中实现跨节点的数据通信。使用 MPI 进行数据通信的主要优点是可移植性和易用性，其执行模型如图 2-17 所示。基于 MPI 实现的并行程序组件，允许应用程序、软件库和其他工具在不同机器之间透明地移植。

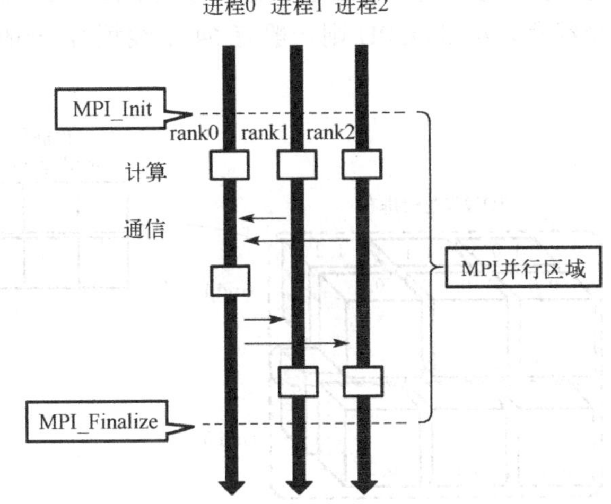

图 2-17　MPI 进程执行模型

在 MPI-1 协议中提供了多种点对点通信和集体通信的例程。点对点通信包括阻塞和非阻塞两种形式，根据数据管理及发送方和接收方之间的同步方式，可以分为标准、就绪、缓冲、同步四种通信模式。集体通信涉及通信域中多个进程的操作，包括广播（Broadcast）、散射（Scatter）、收集（Gather）和全收集（Allgather）等集合通信操作。

扩展到 MPI-2 协议，进一步增加了三个 MPI 编程模型的新特性。一是并行 I/O 接口，可以使多个进程同时对文件进行操作；二是远程内存操作，有效兼容了共享内存模型；三是动态进程管理，允许 MPI 程序启动后可以继续创建和取消新的进程。

MPI-3 协议新增了一些特性，包括非阻塞式集合通信、近邻集合通信操作，进一步扩展了共享内存机制。

目前（2022 年），最新的 MPI 标准是 MPI-4 协议，新支持或改进的功能包括 RMA/单边通信、持久化集合通信等。目前，MPI-5 协议标准也正在酝酿中。

MPI 消息传递接口为并行计算和科学应用的开发提供了丰富的通信接口。目前 MPI 协议还在不断升级中，研究人员称，未来在接口支持和混合编程等方面将会做进一步的研究和优化。

2.3.3 CUDA/HIP

CUDA/HIP 是一种异构编程模型，基于 C++扩展，它可以使用编程接口访问和操作 GPU，完成计算密集型的任务处理。CUDA/HIP 不要求程序员显式管理线程，方便其编写并行程序代码，大幅简化了编程模型。

CUDA/HIP 编程模型将大量线程组织为网格（Grid）-线程块（Block）-线程（Thread）的层次结构，如图 2-18 所示，只有在同一个线程块中的线程才能通过共享内存和线程同步进行协作计算。线程是独立的执行单元，拥有自己的程序计数器、变量寄存器和处理器状态等。线程块是一组并行任务的集合，会被分配给 GPU 的流式多处理器（Streaming Multiprocessing，SM）执行，之后线程块又会被进一步分成多个线程束（NVIDIA GPU 的一个线程束一般有 32 个线程，AMD GPU 则一般有 64 个线程），一般以线程束为单位进行调度和执行。

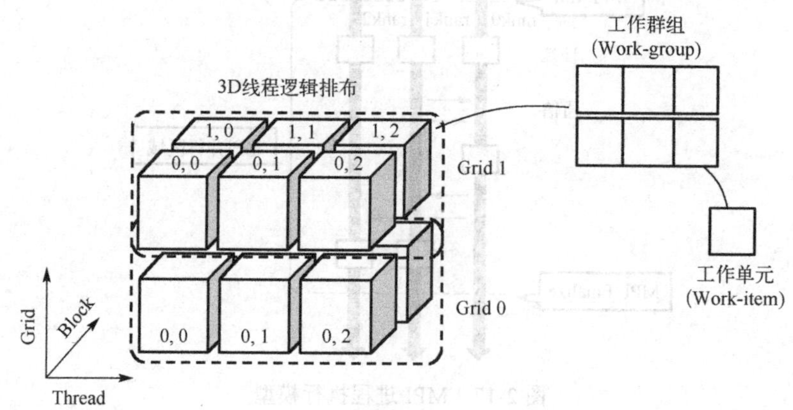

图 2-18 CUDA/HIP 线程层次结构

在 CUDA/HIP 编程模型中，主机端（Host）和设备端（Device）一般分别维护各自的存储单元，分别称为主机内存和设备内存。

一个 CUDA/HIP 程序，至少需要执行以下三个步骤：

- 将数据从主机内存复制到设备内存中；
- 主机端调用设备端核函数，加载并执行 CUDA/HIP 程序；
- 将计算结果从设备内存复制到主机内存中。

下面是一个简单的 CUDA 程序，其中简化了主机端的内存管理操作。

```
#include <cuda_runtime.h> //包含 CUDA 头文件

// 核函数
__global__ void kernel(DATATYPE* devData, DATATYPE* devRes){
    int i = blockIdx.x * blockDim.x + threadIdx.x;
    devRes[i] = devData[i] * 2.0; // 计算任务
}
```

```
main() {
    // 分配设备内存
    DATATYPE *devData, *devRes;
    cudaMalloc(&devData, sizeof(DATATYPE) * SIZE);
    cudaMalloc(&devRes, sizeof(DATATYPE) * SIZE);
    // 数据复制到设备内存
    cudaMemcpy(devData, hostData, sizeof(DATATYPE) * SIZE,
               cudaMemcpyHostToDevice);

    // 核函数
    kernel<<<DIM, BLOCK>>>(devData, devRes);

    // 计算结果复制回主机内存
    cudaMemcpy(hostRes, devRes, sizeof(DATATYPE) * SIZE,
               cudaMemcpyDeviceToHost);
}
```

Thrust 是一个提供 CUDA/HIP C++模板函数的库，与 STL 类似，其封装了主机端和设备端的多种基本类型和复杂容器的数据结构，如 vector 等；还提供了排序、规约、遍历等高速并行算法，可以使程序员能够高效地编写高性能并行程序。

2.3.4　OpenACC

和 OpenMP 类似，OpenACC 也描述了一组编译器指令，通过指定 C、C++和 FORTRAN 程序中的循环代码区域，将计算任务从主机端加载到设备端加速器上执行，从而提供跨操作系统、主机端 CPU 和设备端加速器的可移植性。

OpenACC 以编译制导的方式将指定的程序代码段加载到加速核心上执行，其余代码段仍在主程序上执行，其执行模型如图 2-19 所示，使用方式相对简单，例如，在神威系列超算上使用 OpenACC 实现异构并行程序，可以有效降低应用从核阵列对程序进行加速的编程难度。

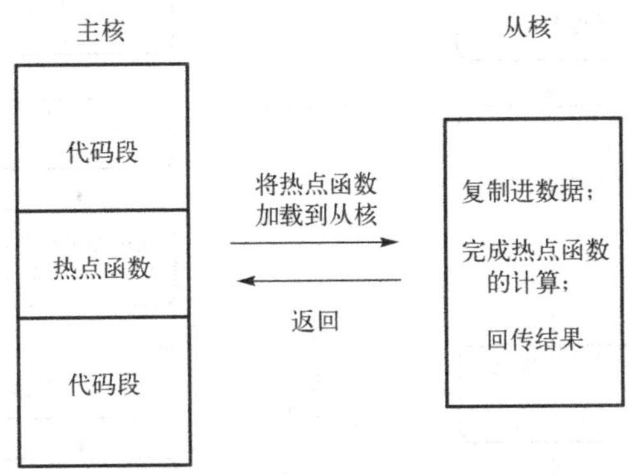

图 2-19　OpenACC 执行模型

OpenACC 编译指示的语法格式为

```
#pragma acc 编译指示 1 [子句…] 编译指示 2 [子句…] …
```

每条编译指示都需要以“#pragma acc”开头。下面展示了向量加的 OpenACC 代码示例。

```
// Vector_Addition_OpenACC.c
float* Vector_Addition(float *a, float *b, float *c, int n) {
#pragma acc kernels loop copyin(a[:n], b[0:n]) copyout(c[0:n])
for(int i = 0; i < n; i++)
    {
        c[i] = a[i] + b[i];
    }
}
```

2.3.5 Athread

Athread 加速线程库是针对神威异构众核处理器的主从加速编程模型所设计的加速库，相比 OpenACC 而言，编程难度更大，但可以灵活、快捷地对核组内的从核进行控制和调度，提供更小细粒度的并行性，能够充分发挥从核阵列的加速性能，从而深入挖掘程序的优化潜力。

与 OpenACC 的执行模型相似，使用 Athread 线程库进行加速同样是将计算任务加载到从核阵列上去执行。主核加速线程库提供了控制线程组初始化、创建、分配任务和终止环境等供主核程序使用的操作接口；而从核加速线程库则提供了从核线程标识、核组内同步和 DMA 读写等供从核程序使用的操作接口。主核和从核的整体执行流程如图 2-20 所示。

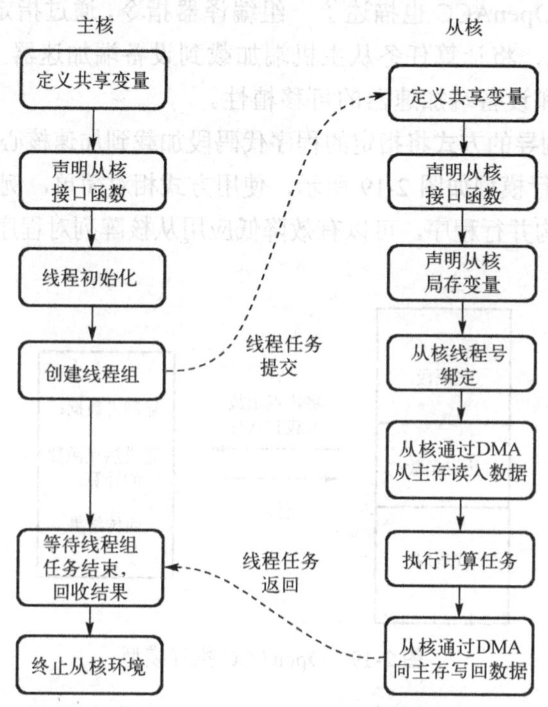

图 2-20　Athread 主核和从核的整体执行流程

2.3.6 OpenCL

OpenCL（Open Computing Language）是一个可移植到不同异构平台（如 CPU、GPU、DSP、FPGA 等）的并行语言标准，由编写 OpenCL 内核（kernel）的语言和一组控制不同设备平台的 API 组成，可对超算、云服务器、移动设备和嵌入式平台上的各种加速器进行跨平台的并行编程。

与 OpenACC 不同，开发人员需要显式地控制硬件，并全权负责并行化过程。OpenCL 程序由两部分组成：主机代码和设备代码。顾名思义，主机代码在主机端执行，并且将内核代码从主机端提交到 OpenCL 设备端执行，一般使用 C/C++编写。

OpenCL 程序一般遵循相同的编程模式，OpenCL 程序示例核函数计算代码如下。

```
// OpenCL kernel. Each work item takes care of one element of c
const char *kernelSource =                              "\n" \
"#pragma OPENCL EXTENSION cl_khr_fp64 : enable    \n" \
"__kernel void vecAdd(  __global double *a,          \n" \
"                       __global double *b,          \n" \
"                       __global double *c,          \n" \
"                       const unsigned int n)        \n" \
"{                                                \n" \
"    //Get our global thread ID                      \n" \
"    int id = get_global_id(0);                      \n" \
"                                                 \n" \
"    //Make sure we do not go out of bounds          \n" \
"    if (id < n)                                    \n" \
"        c[id] = a[id] + b[id];                      \n" \
"}                                                \n" \
                                                  "\n" ;
```

除了核心的核函数代码，在执行时，需要首先根据运行时环境匹配 OpenCL 平台，然后选择一个或多个设备来创建上下文、分配内存、创建设备的命令队列，最后进行数据传输和任务计算。对给定的上下文，应用程序可以：

- 创建一个或多个命令队列；
- 创建即将在指定设备上运行的程序；
- 创建内核函数；
- 在主机端或设备端分配内存缓冲区；
- 将数据从主机端传输到设备端；
- 将内核函数提交到命令队列并执行；
- 将数据从设备端传输到主机端。

2.3.7 oneAPI

oneAPI是Intel推出的并行编程平台和工具集，搭载了Intel编译器、高性能计算库（如MKL）、调试和性能分析工具、异构编程语言。oneAPI面向CPU、GPU、人工智能芯片、FPGA等硬件，提供了跨架构的编程语言——Data Parallel C++（DPC++）及编程环境。DPC++本质上是C++的扩展，增加对SYCL的支持，形成可以运行在OpenCL上的高级编程模型。此外，oneAPI还提供了完整的基础软件、驱动程序和调试工具等。

除了直接使用oneAPI进行编程，Intel针对高性能计算、深度学习、视觉等领域，还开发了多种配套的工具包，如oneDPL、oneMKL、oneTBB、oneDAL、oneDNN等，并实现了针对性的优化，提供了大量方便易用的编程接口，开发人员基于这些接口设计程序，可以节省程序的开发时间。

下面展示了一个使用oneMKL接口实现的oneAPI程序，通过调用数学库中的blas::axpy()函数快速实现浮点向量之间的乘加操作，并支持在不同平台上的加速计算。

```
#include <CL/sycl.hpp>
#include "oneapi/mkl.hpp"
#include "oneapi/mkl/blas.hpp"
#include <exception>

main() {
    double alpha = 2.0;
    int len = 1024;
    std::vector<double> x(len);
    std::vector<double> y(len*3);

    // 省略初始化 x、y

    // 初始化设备端信息
    sycl::device my_device;
    my_device = sycl::device(sycl::gpu_selector());

    // 异常处理
    auto my_exception_handler = [](sycl::exception_list exceptions) {
        for (std::exception_ptr const& e : exceptions) {
            try {
                std::rethrow_exception(e);
            }
            catch (sycl::exception const& e) {
                std::cout << "Caught asynchronous SYCL exception:\n"
                    << e.what() << std::endl;
            }
            catch (std::exception const& e) {
```

```
                    std::cout << "Caught asynchronous STL exception:\n"
                              << e.what() << std::endl;
                }
            }
        };

        // 创建设备端执行队列
        sycl::queue my_queue(my_device, my_exception_handler);
        // 创建主机端与设备端之间的数据缓存
        sycl::buffer<double, 1> x_buffer(x.data(), x.size());
        sycl::buffer<double, 1> y_buffer(y.data(), y.size());

        // 调用 oneMKL 中的 blas 库接口，执行 y = alpha*x + y
        oneapi::mkl::blas::axpy(my_queue, len, alpha, x_buffer, 1, y_buffer,
3);

        my_queue.wait_and_throw();

        // 打印结果
        auto y_accessor = y_buffer.template get_access<sycl::access::mode::
read>();
        std::cout << "y" << "=[" << y_accessor[0] << "]" << std::endl;
        std::cout << "[" << y_accessor[3] << "]" << std::endl;
    }
```

除本节介绍的编程语言和技术外，其他异构编程语言/标准/框架还有 OCCA、Kokkos、SYCL 等，有兴趣的读者可以参考相关书籍。

习　题

1．查询最新的 TOP500 榜单，统计超算使用的芯片类型、厂商和数量。

2．目前 TOP500 榜单，最有名的是按照浮点计算性能排行。思考是否还有其他排序标准，以及它们侧重点的区别。

3．查阅相关资料，比较 GPU、DCU 等加速设备之间的不同点及优缺点。

4．查阅相关资料，选择 3 个先进超算，比较它们针对数值模拟、机器学习等专业领域，在芯片设计、指令集等方面做出的优化。

5．访问超算中心主页，查询手册，了解超算资源的申请方式，以及计算节点的登录和使用方式。

6．完成单机的 Linpack 性能测试（建议使用 HPL），有条件可采用多机互连实现。

7．用 OpenMP、MPI 分别实现计算π值的并行程序，记录串行程序和并行程序的执行时间及使用的核数。

8．讨论 OpenMP+MPI 并行（节点内用 OpenMP，节点间用 MPI）和纯 MPI（节点内和节点间都用 MPI）并行两种方案的优劣。

9．总结本章并行编程语言各自的应用场景，包括编译器、硬件设备、是否支持分布式内存等。

参 考 文 献

1．Murray C J. The Supermen: the Story of Seymour Cray and the Technical Wizards behind the Supercomputer[M]. New York: John Wiley & Sons, 1997.

2．History of Supercomputing[EB/OL]. Wikipedia, 2019.

3．Bergman K, Borkar S, Campbell D, et al. Exascale Computing Study: Technology Challenges in Achieving Exascale Systems[J]. Defense Advanced Research Projects Agency Information Processing Techniques Office (DARPA IPTO), Tech. Rep, 2008, 15: 181.

4．张云泉. 2015 年中国高性能计算机发展现状分析与展望[J]. 科研信息化技术与应用, 2015(01): 83-92.

5．Liu Y, Liu X, Li F, et al. Closing the “Quantum Supremacy” Gap: Achieving Real-time Simulation of a Random Quantum Circuit Using a New Sunway Supercomputer[C]. Proceedings of the International Conference for High Performance Computing, Networking, Storage and Analysis. St. Louis Missouri, ACM, 2021 : 1–12.

6．Gao J, Zheng F, Qi F, et al. Sunway Supercomputer Architecture Towards Exascale Computing: Analysis and Practice[J]. Sciece China. Information Sciences, 2021, 64(4).

7．王慧丽，郭阳，屈婉霞. 基于通用向量 DSP 的深度学习硬件加速技术[J]. 中国科学：信息科学, 2019, 49: 256-276.

8. Yang C, Chen S, Zhang J, et al. A Novel DSP Architecture for Scientific Computing and Deep Learning [J]. IEEE Access, 2019, 7: 36413–36425.

第 3 章 异构混合架构性能分析理论

3.1 并行程序的时间开销

串行算法可以在单处理器上顺序地执行指令，并行算法可以在多个处理器上同时执行多个指令或处理多个数据。对并行算法，如果使用 2 倍的处理器数量，理想情况下算法的运行速度应该加快 1 倍。然而在实际情况下，由于以下这些额外的开销，并行算法的运行速度无法达到预期的目标。

进程间的通信，并行程序首先将输入划分并分配给可用的处理器；然后每个处理器处理本地的数据，并将结果返回到主程序中；最后主程序整合所有处理器的结果并产生最终结果。

负载不平衡，在并行计算中，一些计算必须在所有处理器都运行结束后才能运行，此时工作量少的处理器提前运行结束并进入空闲状态，一直等待最慢的处理器运行结束。

额外计算，对某些问题，并行程序的一部分操作可能与结果没有直接联系，一些计算结果无法与其他处理器共享以至于每个处理器都要进行一次计算，而串行算法则只需计算一次。这种串行算法和并行算法在计算上的差异称为额外计算。

不可并行的部分，并行程序设计中往往会引入一些不可并行的代码，这些串行的部分往往会导致程序在并行时整体性能的下降，这也是我们后文讨论并行扩展理论时首要考虑的因素。例如，在 OpenMP 多线程并行中，仅有主线程进行计算的部分就可能属于这种情况；或者主从模式 MPI 并行时，主进程上执行的计算任务分发也大多属于这种情况。

这些额外的开销导致并行算法的运行速度无法达到理想情况，有时甚至会慢于串行算法。因此，当增加处理器数量时，实际中的程序肯定是无法达到理想效率的。下面将具体讨论并行程序随着并行规模的增大，其运行效率是如何变化的。

3.2 相对性能

加速比（speedup）是同一个计算任务在一类计算系统和另一类计算系统（如不同处理器规模）上运行所消耗时间的比值，可以用来衡量并行系统或程序并行化的性能和效果。用符号 S 来表示加速比。针对不同场景，加速比定义中的计算系统可能不同，下面具体介绍。

1．并行度（Degree Of Parallelism，DOP）

在并行计算机上运行的程序可能在不同时间段内使用不同数量的处理器。在一个时间段内用于执行程序的处理器数量为并行度。

2．工作负载

并行度与对应时间的间隔之积为处理机要完成的工作或工作负载。

3．绝对加速比

在相同问题规模下，将最好的串行算法在一个处理器上的运行时间与并行算法在 N 个处理器上的运行时间之比，称为绝对加速比。

$$S = \frac{T_{\text{best}}}{T(N)} \tag{3-1}$$

其中，T_{best} 代表最好的串行算法在一个处理器上的运行时间，$T(N)$ 表示并行算法在 N 个处理器上的运行时间。

4．相对加速比

相对加速比是同一并行算法在单个处理器（并行度为 1）上的运行时间与在多个相同处理器（并行度为 N）构成的处理机系统上的运行时间之比。

$$S = \frac{T(1)}{T(N)} \tag{3-2}$$

其中，$T(1)$ 表示并行算法在单个处理器上的运行时间。

有时候，为了测试大规模程序的加速比，由于计算量很大，无法测试并行度为 1 时的程序运行时间，我们也可以把相对加速比定义为小规模并行度下程序运行时间与大规模并行度下程序运行时间之比。

$$S = \frac{T(M)}{T(N)} \quad (M < N) \tag{3-3}$$

其中，$T(M)$ 表示并行算法在小规模并行度（并行度为 M）下的运行时间，此时这个小规模下的测试称为“基准”。如无特殊说明，本章后续的加速比一般是指该情况下的加速比。

5．异构硬件上的加速比

如今的超算系统，大多都是异构的。我们一般会将算法移植到异构硬件（加速器）上进行加速计算。将算法在 CPU 上的运行时间，除以算法在异构加速器上的运行时间，得到的比值称为该算法在加速器上获得的加速比。

6. 线性加速比

随着处理器数量的增加，当加速比数值与处理器扩大的倍数相等时（即加速比随之线性增加），称这种情况为线性加速比，也称理想加速比。

7. 并行效率

并行效率是处理器被有效利用的部分时间的度量，并行效率为实际的加速比与理想情况下的加速比的比值。

$$E=\frac{S}{S_{\text{ideal}}} \tag{3-4}$$

其中，S_{ideal} 表示理想情况下的加速比。当加速比采用的基准是单个处理器时，$S_{\text{ideal}}=N$（N 表示并行度）。

在理想条件下，加速比为理想加速比，并行效率为 1。但实际上由于存在串行部分，加速比往往小于并行度，并行效率在 0 和 1 之间。

8. 加速比性能模型

（1）固定负载加速比性能模型与 Amdahl 定律

在许多实时应用领域，计算负载的大小常固定。在并行机中，此负载可分布到多个处理机上并行执行。一个问题的负载可表示为：$W=W_{\text{s}}+W_{\text{p}}$。其中，$W_{\text{s}}$ 代表问题中不可并行化的串行部分负载，W_{p} 表示可并行化的部分负载。当所用的处理器数目为“基准”的处理器数目的 n 倍时，对应的加速比可以表示为

$$S=\frac{W_{\text{s}}+W_{\text{p}}}{W_{\text{s}}+\dfrac{W_{\text{p}}}{n}} \tag{3-5}$$

设程序串行部分占比为 $\alpha=\dfrac{W_{\text{s}}}{W_{\text{s}}+W_{\text{p}}}$（例如，可以通过测试在基准时程序串行部分耗时的占比得出），则

$$S=\frac{1}{\alpha+\dfrac{1-\alpha}{n}} \tag{3-6}$$

这个结论称为 Amdahl 定律[1]，其表明，并行程序的最大加速比是受到程序串行部分的比例影响的，其最大的加速比也只能为 $\dfrac{1}{\alpha}$。例如，一个并行程序，其串行部分占了一半，那么无论用多少处理器核，其最大的加速比也只能为 2。通俗地说，无论用多少核，相对于单核的情况，程序最多都只能快 1 倍。图 3-1 展示了加速比与 α 的关系，其中，当 $\alpha=0$ 时，得到理想加速比；当 α 值增加时，加速比性能急剧下降。这一性质在过去很长时间内给人们造成了对并行处理悲观的印象。

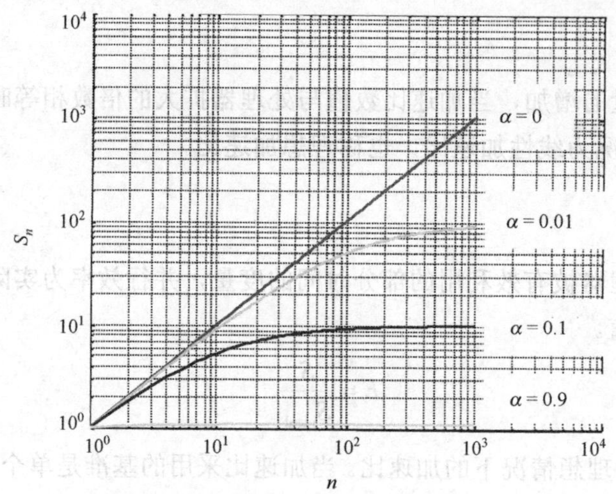

图 3-1　固定负载下加速比与α的关系

（2）固定时间加速比性能模型与 Gustafsun 定律

许多应用领域都强调精度而不是运行时间。1988 年，Gustafsun 提出了固定时间加速比模型。当并行规模扩大时，问题的规模也随着扩大，从而得到更加精确的解，使得程序运行时间保持不变。

当所用的处理器数目为基准的处理器数目的 n 倍时，加速比为

$$S=\frac{W_s+nW_p}{W_s+\dfrac{nW_p}{n}}=n-\alpha(n-1) \tag{3-7}$$

其中，$\alpha=\dfrac{W_s}{W_s+W_p}$。

这个结论称为 Gustafsun 定律[2]。其表明，增大问题规模的办法使所有处理机保持忙碌状态，在问题扩大到与可用的计算能力匹配时，程序中的顺序部分就不再是瓶颈了。这种情况下，理想的加速比为 n（程序串行部分为 0）。

（3）受限于存储器的加速比模型与 Sun-Ni 定律

大型科学计算和工程设计需要较大的存储空间，许多应用问题是存储器受限，而不是 CPU 受限或者 I/O 受限。1993 年，Sun 和 Ni 提出了受限于存储器的加速比模型，旨在存储空间有限条件下解尽可能大的问题。其加速比为

$$S=\frac{W_s+G(n)W_p}{W_s+\dfrac{G(n)W_p}{n}}=\frac{\alpha+G(n)(1-\alpha)}{\alpha+\dfrac{G(n)(1-\alpha)}{n}} \tag{3-8}$$

而 $G(n)$反映的是存储容量增加 n 倍时并行工作负载增加的倍数。当 $G(n)=1$时，即为固定负载的情况；当 $G(n)=n$，即存储器增加 n 倍，负载也增加 n 倍时，为固定时间的情形；当 $G(n)>n$时，计算负载的增加情况比存储器增加快，会有较大的加速比。

9. 可扩展性

可扩展性是指并行系统（包括软件和硬件）通过增加其资源以满足不断增长的性能和功能性的需求。它能反映应用程序是否容易扩展到大规模。

（1）强可扩展性

强可扩展性具有以下特征：

- 随着处理器数量的增加，问题的规模（工作负载）保持不变；
- 目标是更快地运行相同大小的问题；
- 在理想情况下，当处理器规模是基准测试的规模的 n 倍时，其运行时间应该为基准程序的 $1/n$，即理想的加速比应该为 n。

这时，可以定义强可扩展性下的并行效率计算方式：

$$E_n = \frac{S_n}{n} = \frac{1}{1+(n-1)\alpha} \tag{3-9}$$

其中，n 为理想加速比，S_n 为实际加速比（固定负载下的加速比）。其表明，处理器扩展的倍数越多，对应的并行效率 E_n 越低。

在进行并行程序的扩展性测试时，我们称这种遵循强扩展性的程序性能测试为强扩展性测试。

举例说明，在数值核反应堆项目（CVR 项目）中，针对反应堆关键部件材料服役性能预测的分子动力学模拟软件，固定程序的模拟规模，分别进行 520000 核与 8320000 核的性能测试，得到并行程序的执行时间为 211.09 s 和 16.58 s。那么，我们可计算分子动力学模拟程序在 8320000 核时，相对于 520000 核的相对加速比为 12.73（即 211.09/16.58）。而这种情况下理论加速比为 16（即 8320000/520000），那么可以说，相对于 520000 核，该分子动力学模拟程序在 8320000 核下的并行效率达 79.6%（即 12.73/16）。

（2）弱可扩展性

弱可扩展性具有以下特征：

- 随着处理器数量的增加，每个处理器上的问题规模（工作负载）保持不变，问题总规模随处理器数目增多而增大。
- 目标是在相同的时间内运行规模更大的问题。
- 理想情况下，相同时间内可以解决的问题是原来问题的 n 倍（n 为当前处理器数量与基准测试处理器数量的比值）。

这时，可以定义弱可扩展性下的并行效率计算方式：

$$E_n = \frac{S_n}{n} = 1-\alpha+\frac{\alpha}{n}$$

其中，E_n 也随着并行度的增加而降低。

在进行并行程序的扩展性测试时，我们称这种遵循弱扩展性的程序性能测试为弱扩展性测试。

同时需要指出的是，加速比、并行效率等并行程序性能参数都应服从于实际应用需求，不可单纯追求并行程序的性能参数，例如，省略必要的数据通信以提升程序性能，但使得程序的结果精度不满足应用需求。

3.3 绝对性能

相对性能指标，如加速比、扩展性等，能反映并行程序是否可以扩展到大规模，但是无法反映程序对硬件资源的利用水平，包括硬件的浮点计算能力是否充分利用、访存带宽是否充分利用。例如，E 级超算每秒可以处理10^{18}次浮点运算，并行扩展性无法知道程序是否充分利用了超算的高浮点运算能力。因此，本节介绍一些绝对性能指标，用于描述算法或者优化的程序对应硬件资源的利用水平。

1. 计算性能

计算机的性能有很多衡量指标，在高性能计算领域通常使用每秒执行的浮点数运算的次数（Floating-Point Operations Per Second，FLOPS），来衡量一台高性能计算机的计算性能。

（1）理论性能

理论上的性能可以由产品的硬件规格来计算。单个 GPU 的理论峰值为 GPU 加速主频乘用于计算的核心数量，再乘单个时钟周期内能处理的浮点运算次数，即

$$\text{理论性能}=\text{主频}\times\text{核心数量}\times\text{单个时钟周期内的浮点运算次数} \tag{3-10}$$

以 NVIDIA Tesla V100 为例，其主频为 1530MHz，32 位浮点数的运算核心数量是 5120 个，单个时钟周期内能处理的浮点运算次数为 2，例如，一条 FMA（Fused Multiply-Add）指令包含两次浮点计算。理论上 NVIDIA Tesla V100 的 32 位浮点数计算性能峰值是 15.7TFLOPS：

$$(1.53\times10^{9}\times5120\times2)\div10^{12}=15.7\ \text{TFLOPS}$$

（2）实际性能

在实际运算中，由于分支跳转、数据传输等原因，CPU/GPU 等硬件不可能一直处在运算状态，在实际情况下单位时间内的浮点运算次数称为有效性能。有效性能由程序运行时的浮点运算次数和时间的比值确定，即

$$\text{实际性能}=\text{浮点运算次数}\div\text{time} \tag{3-11}$$

以标量与 2048×2048 的浮点数矩阵的乘法操作为例，其实际性能为

$$\text{实际性能}=2048\times2048\div\text{time}$$

2. 访存带宽

带宽是指接口在单位时间内可以传输的数据总量，理论上等于接口位宽与工作频率的乘积。位宽是内存或显存等硬件一次能传输的数据量。

（1）理论带宽

理论带宽可以使用产品文献中提供的硬件规格来计算。例如，NVIDIA Tesla V100 使用 HBM2（双倍数据速率）RAM，内存时钟频率为 877 MHz，内存接口为 4096 位宽。可以计算出 NVIDIA Tesla V100 的峰值内存带宽理论上为 898 GB/s：

$$[0.877\times10^9\times(4096\div8)\times2]\div10^9=898\ \text{GB/s}$$

在上面计算中，将内存时钟频率转换为 Hz，乘接口宽度（除以 8，将位转换为字节），再乘 2（因为数据速率是双倍的），除以10^9将结果单位转换为 GB/s。

（2）有效带宽

在实际情况下计算机往往无法充分发挥硬件的效率，无法达到理论带宽，计算机实际运行时的带宽为有效带宽。有效带宽是通过程序的实际运行时间和数据传输量来计算的，即

$$\text{Effective bandwidth}=[(B_\text{r}+B_\text{w})\div10^9]\div\text{time} \tag{3-12}$$

式（3-12）中，有效带宽的单位是 GB/s，B_r 是读取的字节数，B_w 是写入的字节数，时间以秒（s）为单位。

例如，要计算复制一个 2048×2048 的浮点矩阵的有效带宽，可以使用下式：

$$\text{Effective bandwitdh}=[(2048^2\times4\times2)\div10^9]\div\text{time}$$

传输总量为元素的数量乘每个元素的大小（浮点数为 4 字节），再乘 2（读写各一次），再除以10^9即可获得传输的数据大小（以 GB 为单位）。数据量除以时间（以 s 为单位）得到 GB/s。

3.4 性能瓶颈

3.4.1 计算密度

冯·诺依曼体系结构的计算机，在计算过程中，往往需要将数据从内存加载到计算单元中，计算后，再将结果写回内存。由于现代计算硬件的计算速度和访存速度存在跨越数个数量级的差异（如现代 GPU 双精度浮点运算速度往往都是几十 TFLOPS，而访存也才几百 GB/s 或者才刚超过 1 TB/s），所以我们在考虑各种计算硬件上设计算法的性能时，往往有一系列评价指标，具体如下。

计算量：在给定算例下，整个算法的浮点运算次数，一般用 FLOPs 表示（其中 s 为小写，表示复数）。例如，GEMM，对两个都是 $N\times N$ 的矩阵而言，其计算量为 $2N^3$（加法和乘法算成两次浮点运算次数，不过有时将乘法和加法算成一次，因为硬件可以用一条 FMA 指令来完成乘加操作）。

访存量：算法计算时所需访问存储单元的字节大小，一般用 Bytes 表示。包括 load 的数据量和 store 的数据量。例如，GEMM，对两个都是 $N\times N$ 的矩阵而言，其访存量是 $3N\times N$。

时间复杂度：算法的时间复杂度是一个函数，定性描述该算法的运行时间。

空间复杂度：对一个算法在运行过程中临时占用存储空间大小的量度。

对给定的算法，我们可以用其计算量除以访存量，得到算法在单位访存量下所需的计算量，称之为该算法的计算密度（Arithmetic Intensity），或者称计算访存比。我们用符号AI表示计算密度。

$$\mathrm{AI}=\frac{\mathrm{FLOPs}}{\mathrm{Bytes}}=\frac{\text{计算量}}{\text{访存量}} \tag{3-13}$$

算法的计算密度是算法的固有属性，不随硬件环境、编译器环境等的改变而改变，但可能随算法中的某些参数的改变而改变。

3.4.2 访存密集与计算密集

算法的计算密度，可以反映该算法是计算密集型的还是访存密集型的。

算法的计算密度较低，表明该算法访存量很大，而计算量相对较小。这时，算法的运行时间往往受限于硬件的访存带宽。该情况下的算法为访存密集型算法。典型的如CSR格式的稀疏矩阵向量乘法（CsrMV）。

相反地，如果计算密度较高，表明该算法计算量很大，而访存量相对较小。这时，算法的运行时间往往受限于硬件的理论计算能力。该情况下的算法为计算密集型算法。典型的如稠密矩阵乘法（GEMM）。

在高性能计算领域中，一些典型算法的计算密度分布如图3-2所示。

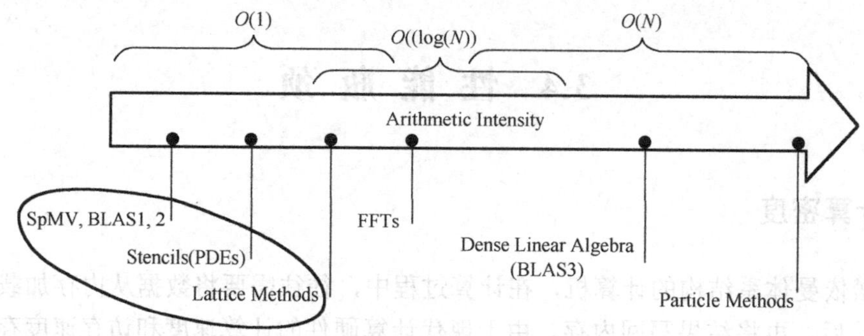

图3-2 典型算法的计算密度分布[3]

3.4.3 roofline 性能模型

roofline 性能模型是指在计算机访存带宽和计算性能双重受限的条件下，应用或算法可以达到的理论计算性能。由于其对应的曲线很像屋脊，所以称之为 roofline 性能模型。

对给定的硬件，我们将计算密度作为横坐标，理论上算法可以达到的计算速度（FLOPs/s）为纵坐标，可以得到 roofline 性能模型。roofline 性能模型可用于评估程序或算法在特定硬件上能达到的性能上界。

$$\mathrm{FLOPs/s}=\min\begin{cases}\mathrm{Peak\ FLOPs/s}\\ \mathrm{AI}\times\mathrm{Peak\ Bytes/s}\end{cases} \tag{3-14}$$

其中，AI 表示计算密度，Peak FLOPs/s 表示理论峰值计算性能，Peak Bytes/s 表示理论访存带宽。

以 NV H100 为例，其 roofline 性能模型样例如图 3-3 所示。

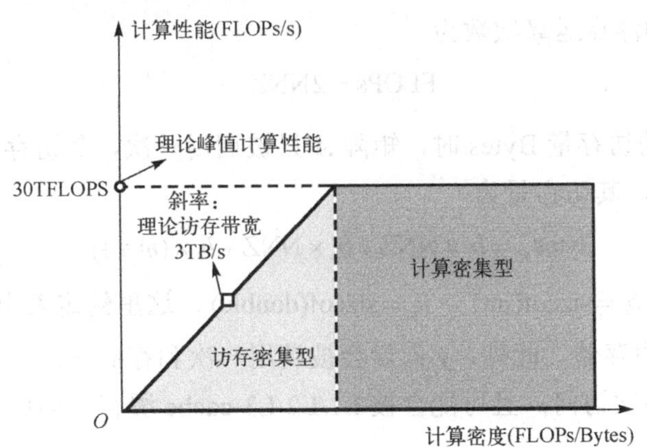

图 3-3　NV H100 roofline 性能模型样例

在算法的计算密度小于阈值（理论峰计算性能/理论访存带宽）时，算法为访存密集型，运行时间往往受限于硬件的访存带宽；在算法的计算密度大于阈值时，算法为计算密集型，运行时间往往受限于硬件的理论计算能力。

在实际应用中，算法要么是访存密集型，要么是计算密集型，且实际计算性能不会超过理论值。另外，roofline 性能模型画图时往往会将横坐标与纵坐标都取以 2 为底的对数，主要是为了方便表示和进行性能推断（如考虑摩尔定律的存在，隔代的硬件性能会翻倍，用对数会方便将两代硬件放在一起比较）。

取对数后，roofline 性能模型样例大致如图 3-4 所示。

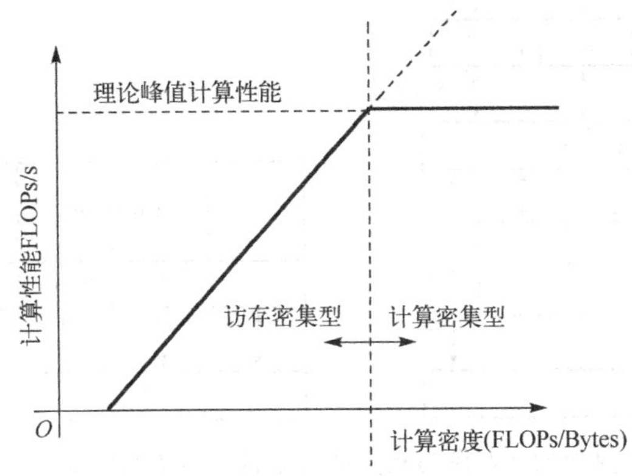

图 3-4　取对数后的 roofline 性能模型样例

3.4.4　roofline 分析示例：SpMV

我们先考虑稀疏矩阵向量乘（SpMV）的问题，讨论其计算密度的计算。SpMV 的计算公式为

$$\boldsymbol{y}=\boldsymbol{A}\boldsymbol{x}+\boldsymbol{y} \tag{3-15}$$

式（3-15）中，$\boldsymbol{A}$ 是稀疏矩阵（m 行，n 列，非零元素数为 NNZ），$\boldsymbol{x}$、$\boldsymbol{y}$ 均为长度为 n 的稠密向量。也有相关资料将计算公式表述为更一般的形式 $\boldsymbol{y}=\alpha\boldsymbol{A}\boldsymbol{x}+\beta\boldsymbol{y}$，$\alpha,\beta$ 为标量。

显然，SpMV 的浮点运算次数为

$$\text{FLOPs}=2\text{NNZ} \tag{3-16}$$

在计算 SpMV 的访存量 Bytes 时，矩阵 $\boldsymbol{A}$ 只被调用一次，其访存量是固定的。假设矩阵 $\boldsymbol{A}$ 采用 CSR 格式，其访存量为

$$\text{Bytes}_\text{A}=b_i\times\text{NNZ}+b_v\times\text{NNZ}+b_i\times(m+1) \tag{3-17}$$

式（3-17）中，$b_i=\text{sizeof(int)}$，$b_v=\text{sizeof(double)}$，这里约定索引用 int 类型存储，非零元素用 double 类型存储。此外，$\boldsymbol{y}$ 向量会被调用一次和存储一次，访存量也容易得出。但 $\boldsymbol{x}$ 向量由于会被多次访问，且可能会被 L1/L2/L3 cache 缓存，因此难以确定 $\boldsymbol{x}$ 向量实际访存量。

为此，需要一些假设，即完美 cache（perfect cache）的假设：

- 假设数据从 cache 中参与计算的速度，与寄存器文件一样快。
- 完美的负载均衡假设，不会因为某个任务（如 CUDA 某个 block 上的任务）负载多而拖慢整体速度。
- 具有充足的容量和访问带宽。

以 NVIDIA GPU 为例，图 3-5 描述了该假设前后计算架构的变化情况。

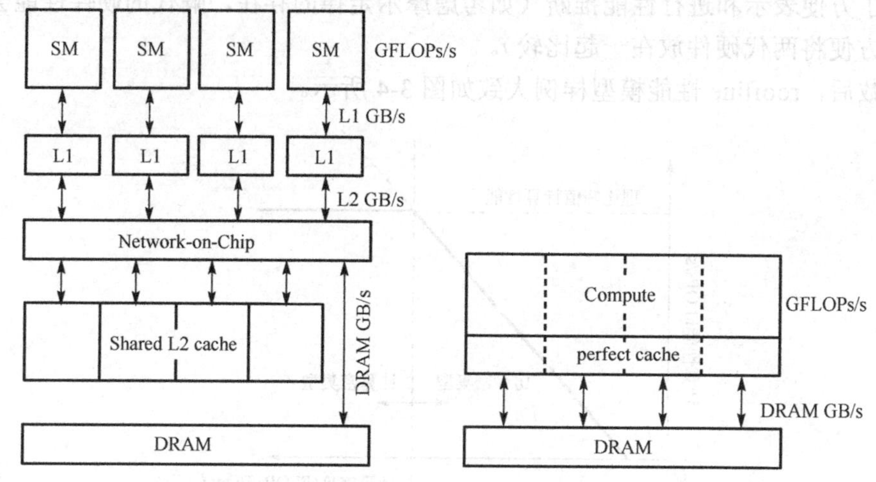

图 3-5　完美 cache 计算架构（左图为真实物理架构，右图为完美 cache 后的假设架构）

在上述 SpMV 例子中，完美 cache 假设能保证所有需要的数据都只用从 DRMA 中调用或存储一次（因为完美 cache 的作用）。这种假设下，$\boldsymbol{x}$ 向量可以被 cache 完全缓存，而不用考虑 cache 缺失时要从 DRMA 中调用的开销。此时，计算访存量只要考虑该算法的输入数据和输出数据。在该条件下，计算可得 CSR 存储格式下的 SpMV 访存量为

$$\text{Bytes}=b_i\times\text{NNZ}+b_v\times\text{NNZ}+b_i\times(m+1)+2b_v m+b_v n \tag{3-18}$$

SpMV 的计算密度为

$$I = \frac{2\text{NNZ}}{b_v(\text{NNZ}+2m+n)+b_i(\text{NNZ}+m+1)} \tag{3-19}$$

一般地，如果矩阵不是特别稀疏（即 NNZ 远大于 m 和 n），那么计算密度近似为

$$I = \frac{2}{b_v+b_i} = \frac{1}{6} \tag{3-20}$$

如果硬件提供了 FMA 指令，那么浮点运算次数应该为 NNZ，此时 $I=1/12$。无论计算密度是 1/6，还是 1/12，在大部分计算硬件上，其都会落入“访存密集型”这一类。因此，对性能优化而言，需要设计算法和好的数据加载模式，优化 SpMV 的访存性能，提升其访存带宽。

这种完美 cache 的假设，对数据重用率很低的算法，或者有数据重用但 cache 命中很高的算法而言，其对应的 roofline 性能模型的刻画会比较接近，我们可以通过不断优化去逼近机器的理论性能（计算性能或者访存带宽）。

依据机器的硬件参数（理论访存带宽和理论浮点运算能力），可以建立机器的 roofline 计算模型。对给定的算法，通过计算密度，可以判断其是计算密集型还是访存密集型，以此给高性能计算研究人员提供优化方向的参考。同时，roofline 性能模型通过给出算法的性能上限，指导优化人员进行优化，包括计算向量化、循环展开、连续访存优化、数据预取、cache 利用等优化策略，使得最终的算法不断逼近机器的理论性能。

习　题

1．实际加速比无法达到理想加速比的原因有哪些？

2．在并行度为 p 的情况下，某一并行程序的加速比是 p–1（相对于单处理器下的情况），根据 Amdahl 定律，该程序的串行负载比是多少？

3．某一并行程序在单处理机上运行时，10%的运行时间花费在不可并行化的串行函数中，90%的运行时间花费在可以并行化的函数中。问该程序在多处理机上运行，以单处理器为基准，当并行规模扩大多少倍时，该程序的加速比才能达到 5？该程序可达到的最大加速比是多少？

4．假设某问题的工作负载为 W，可并行部分的负载 W_p 占总负载的 60%，其余部分的负载 W_s 占总负载的 40%。以单处理器为基准，在并行度为 10 时，分别求固定负载和固定时间下的加速比。

5．通过 nvidia-smi 或者 rocm-smi 等命令输出硬件的相关信息，计算 GPU 的理论性能和理论带宽。

6．编写 benchmark 测试当前计算机的有效性能和有效带宽。

7．实际运行中影响程序达到理论性能和理论带宽的因素有哪些？

8．考虑如下的算法（7-point stencil），求其计算密度，其中，new 数组和 old 数组都是三维的双精度浮点数组，dim 数值足够大。

```
    #pragma omp parallel for
    for(k=1;k<dim+1;k++){
        for(j=1;j<dim+1;j++){
            for(i=1;i<dim+1;i++){
                new[k][j][i] = - 6.0*old[k][j][i]
                               + old[k][j][i-1]
                               + old[k][j][i+1]
                               + old[k][j-1][i]
                               + old[k][j+1][i]
                               + old[k-1][j][i];
            }
        }
    }
```

9．以 NVIDIA Tesla V100 为例，画出其 roofline 性能模型。

10．阅读 roofline 性能模型的原始论文或相关报告，探讨考虑 cache 等多级存储后，roofline 性能模型的改进。

参 考 文 献

1．Amdahl G M. Validity of the Single Processor Approach to Achieving Large Scale Computing Capabilities[C]. Proceedings of the April 18-20, 1967, Spring Joint Computer Conference. New York: ACM, 1967: 483-485.

2．Gustafson J L. Reevaluating Amdahl's Law[J]. Communications of the ACM, 1988, 31(5): 532-533.

3．Williams S. A Vision for Integrating Performance Counters into the Roofline Model[EB]. Lawrence Berkeley National Laboratory, 2014-08-30.

4．Yang C. Introduction to the Roofline Model[EB]. National Energy Research Scientific Computing Center, 2019-06-16.

5．Yang C, Williams S. Performance Analysis of GPU-Accelerated Applications Using the Roofline Model[EB]. Nvidia, 2019-03-20.

6．Williams S, Waterman A, Patterson D. Roofline: An Insightful Visual Performance Model for Multicore Architectures[J]. Commun. ACM, 2009, 52(4): 65-76.

7．Williams S, Patterson d, Oliker L, et.al. The Roofline Model: A Pedagogical Tool for Program Analysis and Optimization[C]. 2008 IEEE Hot Chips 20 Symposium (HCS). Stanford: IEEE, 2008: 1-71.

8．Samuel W, Charlene Y, Yunsong W. Roofline Performance Model for HPC and Deep-Learning Applications[E]. Lawrence Berkeley National Laboratory, 2020-08-08.

第 4 章　CPU 高性能程序设计

CPU+加速计算硬件的混合架构是现代超算的主流架构。其中，CPU 上的程序设计是基础，也是重要环节，这些程序通常负责包括通信、流程控制、发起加速硬件上计算等在内的重要任务。面向 CPU 的高性能程序设计主要考虑四点：领域背景、编程实现、体系结构、性能优化。

领域背景体现在问题模型的设计与建立上。当前，高性能计算在各行业的应用广泛，如核爆模拟、生物制药、石油勘探、图像处理、人工智能等。不同领域的应用往往需要该领域的专家与高性能计算专家共同参与开发，完成从宏观角度建立问题模型、选择串行/并行解决方案、确定算法与数据结构等工作。

编程实现体现在基础库的选择与解决方案的设计实现上。确定好问题模型后，在具体的编程实施上需要考虑当前程序开发用的基础组件，如函数库、并行库、网络工具等。同时，在编程实现过程中，需要对领域问题模型进行模块化划分、功能设计与隔离、系统整合，针对编程开发中可能出现的无关计算、冗余计算等给予编程上的人为消除等工作，此阶段极大地考验项目管理人员与高性能计算研究人员的水平。

体系结构与性能优化工作贯穿高性能程序设计的全生命周期，二者相互依赖、相互制约。主要体现在指令集架构、指令流水、计算向量化、缓存命中、程序性能测试、性能分析工具、程序调试等方面，在编程实现与优化过程中需要考虑更为贴近底层的计算体系结构与硬件架构。尤其是在摩尔定律失效的后摩尔时代，计算体系结构的演进与以此为基础的程序性能优化工作十分重要。

本章主要从编程实现、体系结构、性能优化三个方面介绍基于超算平台的 CPU 高性能程序设计相关内容，包括分布式内存的 MPI 并行编程方法和基于共享内存的 OpenMP 编程方法等。

4.1　内存模型与 OpenMP、MPI 并行编程方法

对采用冯·诺依曼体系结构的计算机来说，CPU 执行的指令（程序）和参与计算所用到的数据都要存储于内存中，CPU 会按照程序顺序执行对应机器指令，进行访存与计算操作。一般来说，根据内存模型的不同设计，可以将并行计算机分为三种架构：共享内存型、分布式内存型、混合型内存型。

如图 4-1（左）所示，共享内存型即在多处理器的计算机系统中，可以被不同计算单元访问的内存。基于共享内存型的编程在数据交换和访问上有较大的优势，且程序开发难度较低。

如图 4-1（右）所示，分布式内存型即每个计算单元都有单独的内存，计算单元之间的数据访问通过互连网络传输，这一并行架构具有较强的可扩展性，但程序开发难度较高。

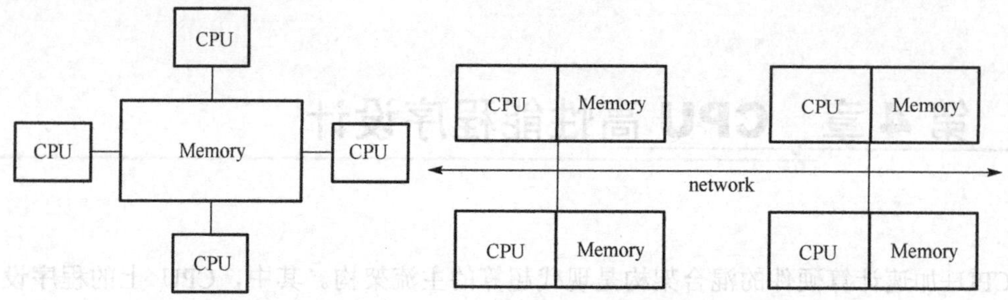

图 4-1　共享内存型（左）与分布式内存型（右）架构

如图 4-2 所示，混合型内存型即结合了共享内存和分布式内存的方式，各计算单元内实现共享内存，计算单元间采用分布式内存方式形成计算集群。

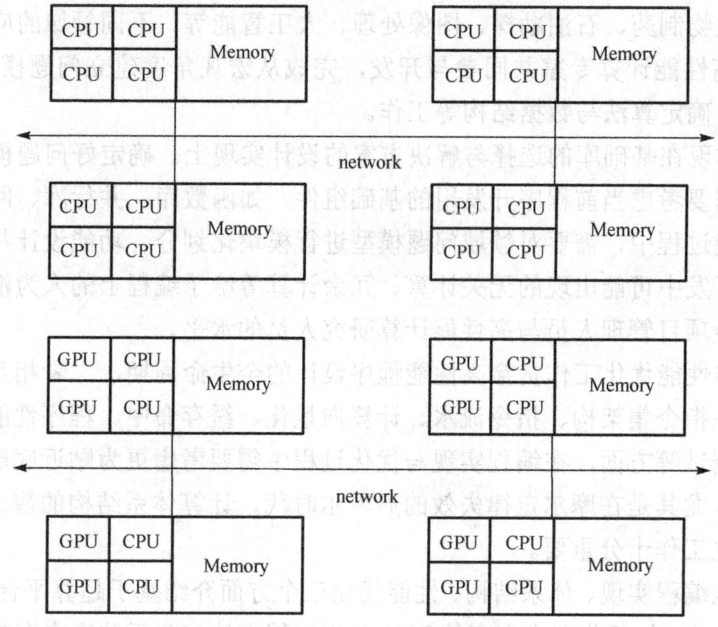

图 4-2　混合型内存型架构

本章将简单介绍 OpenMP 与 MPI 两种并行编程工具，其中，OpenMP 对应共享内存模型，MPI 则适用于上述三种内存模型的并行处理机。基于 OpenMP 和 MPI 的程序开发是支持 C 和 C++的，因此，学习本章内容需要读者在一定程度上掌握 C 和 C++编程基础，但不需要读者掌握 C++中的类和模板或其他高级特性。

4.2　OpenMP 并行编程简介

OpenMP 是共享存储体系结构下的一个并行编程模型，是一套适合共享内存多处理系统和多核处理器体系结构的指导性编译处理方案。其最初由社区发起，起源于 ANSI X3H5

标准，后被业界广泛接受，支持的编程语言包括 C、C++和 FORTRAN，具有简单、移植性好等特点。

OpenMP 由编译制导语句、运行时库函数和环境变量三部分构成，提供了对并行算法的高层抽象描述。高性能计算软件开发人员通过在程序源代码中加入专用的 pragma 编译头来指明自己的并行逻辑区域，后借由编译器对程序进行自动并行化，并在必要之处加入同步互斥及通信操作，以完成单节点内线程级别的程序并行化。

OpenMP 采用标准主从模式执行代码的思想（也称 Fork-Join 模式），即程序开始时只有一个主线程，程序中的串行部分由主线程一直串行执行；并行部分则通过派生其他线程来执行，即当程序遇到并行区域（parallel region）后开启执行并行区域的代码，如图 4-3 所示。

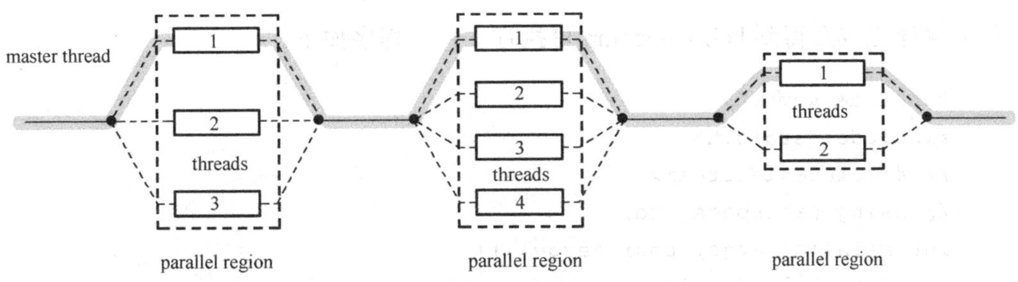

图 4-3　Fork-Join 执行流程

Fork：程序主线程创建一个并行线程队列，执行并行区域的代码。

Join：并行区域代码执行完成后返回，继续只执行主线程，直至再次遇到并行区域。

4.2.1　OpenMP 的 Hello World

本节以一个 Hello World 程序为例简单介绍使用 Fork-Join 模式下 OpenMP 并行程序开发的流程。

下面先回顾串行 Hello World 程序开发的过程。

（1）完成 Hello World 程序源代码编辑。

（2）使用编译器完成源代码的预处理、编译、汇编、链接目标文件（此处不需要）后获得可执行文件，本章使用 GNU 编译套件 GCC 编译。

（3）运行可执行文件。

（4）完成源代码的编辑并命名为 hello_world.cpp（如 List1），使用 g++编译并在编译时指定二进制文件的名称为 hello_world，命令如下：

```
$ g++ hello_world.cpp -o hello_world
```

（5）编译完成后会得到一个 hello_world 可执行文件，可以使用如下命令运行：

```
$ ./hello_world
```

程序如下。

```
//hello_world.cpp
#include<stdio.h>
int main(int argc, char *argv[]){
    printf("Hello World!\n");
    return 0;
}
```

再使用 OpenMP 进行 Hello World 并行程序的开发。

（1）完成源代码编辑并命名为 hello_openmp.cpp，同样使用 g++编译，添加-fopenmp 编译选项并指定二进制文件名称为 hello_openmp，命令如下：

```
$ g++ -fopenmp hello_openmp.cpp -o hello_openmp
```

（2）编译完成后得到 hello_openmp 可执行文件。程序如下。

```
#include <omp.h>
#include <stdio.h>
// #include<iostream>
// using namespace std;
int main(int argc, char *argv[]){
    int nthreads,tid;
    omp_set_num_threads(4);
    printf("Master thread fork before parallel threads\n");
    printf("Entering parallel region\n");
    #pragma omp parallel private(nthreads,tid)
    {
    tid = omp_get_thread_num();
    printf("Hello OpenMP from thread : %d\n",tid);
    if (tid == 0)
        {
        nthreads = omp_get_num_threads();
        printf("Number of threads : %d\n",nthreads);
        }
    }
    printf("Out parallel region\n");
    printf("Parallel thread join master thread\n");
    return 0;
}
```

运行结果如下。

```
Entering parallel region
Hello OpenMP from thread : 2
Hello OpenMP from thread : 0
Number of threads : 4
Hello OpenMP from thread : 3
```

```
Hello OpenMP from thread : 1
Out parallel region
Parallel thread join master thread
```

在上面的代码中，我们通过库函数显式地设置了程序的线程数量为 4，线程的编号分别为 0,1,2,3，线程之间的执行没有确定的顺序，当下次再执行上述代码时，输出的结果可能会不一样。如果没有显式地指定线程的数量，OpenMP 会根据环境变量或编译器自己指定线程数量（一般默认总线程数为核心数，会考虑到是否可以使用超线程技术）。

4.2.2　编译制导指令

OpenMP 的并行化实现是通过嵌入程序源代码中的编译制导语句来实现的，所添加的编译制导语句可以视为程序设计语言的并行化拓展，支持数据的共享和私有化，支持并行区域划分、工作共享和同步等机制。高性能计算软件开发人员在并行化程序开发过程中，可以直接在原有串行程序中添加制导语句实现并行化，这样开发难度较低。

编译制导语句主要由以下三部分组成。

（1）编译制导标识符：#pragma omp。

（2）功能指令（或制导名称）：parallel、for、sections、single 等。

（3）制导子句：private、reduction、nowait、shared 等。

一般地，其格式为

```
编译制导标识符 功能指令 [制导子句,]
```

例如：

```
#pragma omp parallel private
```

1．编译制导标识符

对不同的程序语言来说，OpenMP 的编译制导标识符是不同的，所有的 OpenMP 编译制导指令都需要以编译制导标识符作为前缀开头，即告诉编译器由此处开始需要使用 OpenMP 进行后续编译过程，在编译制导语句后的对应代码块被封装到 OpenMP 的一个结构块中，本章使用的 C++程序语言编译制导标识符为

```
#pragma omp
```

2．功能指令

功能指令又称制导名称，用于链接制导前缀和子句，编程人员在制导指令中选择对应功能指令，向编译器指出该可并行化代码段的并行属性。按功能指令的属性，大致可分为以下 4 类：

（1）并行区域制导指令；

（2）任务划分并行制导指令；

（3）同步制导指令；

（4）数据操作指令。

OpenMP 的功能指令共有 12 条，表 4-1 所示为功能指令及其功能。

表 4-1 功能指令及其功能

功能指令	功能
parallel	并行区域制导指令，用在结构块前，表示并行区域的开启，即当前这段代码会被多个线程并行执行
for	任务划分并行制导指令，用在 for 循环结构前，表示此循环的计算任务会被分配到多个线程中并行执行，实现任务划分处理，需要保证每次循环无数据相关性
parallel for	parallel 和 for 的结合，用在 for 循环结构前，表示此循环体的代码作为并行区域将会被多个线程并行执行
sections	任务划分并行制导指令，用在可并行代码块前，表示代码块中的每一个用 section 子句标记的代码块将会被不同线程执行，即将代码块做层次化划分以实现任务划分
parallel sections	parallel 和 sections 的结合，类似于 parallel for
single	用在并行区域内，表示一段只被单个线程执行的代码
critical	用在代码临界区前，表示代码块每次只能有一个线程进入
flush	用于保证 OpenMP 线程内数据影响的一致性
barrier	同步制导指令，用于并行区域中的线程同步，线程执行到 barrier 时要停下来，直至所有线程全部执行完毕，才能往下执行
atomic	数据操作指令，用于指定数据的原子性操作
master	指定一段代码由主线程执行
threadprivate	指定线程的专有变量

3. 制导子句

制导子句是编译制导指令的可选项，在使用时根据功能指令与结构块并行化的逻辑需要选定特定的子句，如设置线程的私有变量等操作，如表 4-2 所示。

表 4-2 制导子句及其描述

制导子句	描述
private	指定一个或多个变量在每个线程中都有它自己的私有副本
firstprivate	指定一个或多个变量在每个线程中都有它自己的私有副本，并且私有变量要在进入并行区域或任务分担域时，继承主线程中的同名变量的值作为初值
lastprivate	指定将线程中的一个或多个私有变量的值在并行处理结束后复制到主线程中的同名变量中，负责复制的线程是 for 或 sections 任务分担中的最后一个线程
reduction	指定一个或多个变量是私有的，并且在并行处理结束后这些变量要执行指定的归约运算，并将结果返回给主线程同名变量
nowait	指定并发线程可以忽略其他制导指令暗含的路障同步
num_threads	指定并行区域内的线程数目
schedule	指定 for 任务分担中的任务分配调度类型
shared	指定一个或多个变量为多个线程间的共享变量
ordered	指定 for 任务分担域内代码段需要按照串行循环次序执行
copyprivate	配合 single 指令，将指定线程的专有变量广播到并行区域内其他线程的同名变量中
copyinn	指定一个 threadprivate 类型的变量需要用主线程同名变量初始化
default	指定并行区域内变量的使用方式，默认是 shared

4.2.3　运行时库函数

除上文中的用于编译过程的编译制导指令外，OpenMP 还提供了一系列运行时应用编程接口函数，用于对结构块代码的并行执行行为进行一些逻辑控制辅助，库函数及其描述如表 4-3 所示。

表 4-3　库函数及其描述

库　函　数	描　　述
omp_in_parallel	判断当前是否在并行区域中
omp_get_thread_num	返回线程号
omp_set_num_thread	设置后续并行区域中的线程格式
omp_get_num_threads	返回当前并行区域中的线程数
omp_get_max_threads	返回并行区域可用的最大线程数目
omp_get_num_prpces	返回系统中处理器的数目
omp_get_dynamic	判断是否支持动态改变线程数目
omp_set_dynamic	启用或关闭线程数目的动态改变
omp_get_nested	判断系统是否支持并行嵌套

4.2.4　环境变量

OpenMP 提供了一些环境变量定义，帮助进一步提供并行化程序的控制辅助。环境变量及其描述如表 4-4 所示。

表 4-4　环境变量及其描述

环 境 变 量	描　　述
OMP_SCHEDULE	用于 for 循环并行化后的调度，它的值就是循环调度的类型
OMP_NUM_THREADS	设置并行区域中的线程数
OMP_DYNAMIC	通过设定变量值，确定是否允许动态设定并行区域内的线程数目
OMP_NESTED	指定是否可以并行嵌套

OpenMP 实现程序并行化在操作使用上较为简单且灵活性高，尤其是面对数据密集型的计算程序，软件开发人员可以将更多的精力用在并行算法本身的优化开发上，不用过多考虑线程分配粒度与并行负载均衡的问题，大量的工作由编译器自动化完成。

但 OpenMP 并不适用于需要复杂的线程间同步和互斥的程序开发，更为重要的是 OpenMP 只适用于共享内存型的单计算节点，不适用于分布式内存型、集群式的多节点超算。后面将会介绍基于消息传递的 MPI 程序开发应用编程接口，可以解决上述问题。

4.2.5　OpenMP offload

自 4.0 版本开始，OpenMP 提供了一种 offload 模式，可以将计算任务从 CPU 加载到 GPU 或其他协处理器上执行，从而实现 OpenMP 与异构处理器的混合并行编程，图 4-4 和

表 4-5 展示了 offload 模式的使用示例和编译指令。目前，HP、NVIDIA、AMD、IBM、Intel 等供应商的处理器均提供了对 OpenMP 的支持，OpenMP offload 模式可以使并行程序在不同超算之间实现性能的可移植性。

```
#include <omp.h>

void offload() {
  float a[N], b[N];
  double start = omp_get_wtime();
  // 把计算任务加载到目前加速器上执行
#pragma omp target map(to:a[0:N]) map(tofrom:b[0:N])
{
  #pragma omp parallel for
  for (int i = 0; i < N; i++) {
    b[i] = a[i] + b[i];  // 计算任务
  }
}
  double end = omp_get_wtime();
  printf("Time:%f\n", end - start);
}
```

图 4-4　OpenMP offload 模式使用示例

表 4-5　OpenMP offload 模式编译指令

编　译　器	编 译 指 令
clang/LLVM	clang -fopenmp -fopenmp-targets=<target triple>
GNU	gcc -fopenmp
AMD ROCm	clang -fopenmp -offload-arch=gfx908
Intel	icx -fiopenmp -fopenmp-targets=spir64
IBM XL	xlc –qsmp –qoffload –qtgtarch=sm_70

4.3　MPI 并行编程简介

MPI（Message Passing Interface，消息传递接口）是一个跨语言的通信协议标准，它支持高效方便的点对点和集合通信等消息传递方式，是高性能计算领域常用的大规模并行扩展的方式。

MPI 是一个编程接口标准，定义了一组具有可移植性的编程接口，有很多具体实现，如 MPICH、OpenMPI 等。与 OpenMP 不同，MPI 是一种基于消息传递的并行编程技术，提供了应用程序接口，包括协议和语义说明，指明其如何在各种实现中发挥其特性，可用于单主机和多主机上的单核/多核的并行计算，能协调多台主机间的并行计算，因此并行规模上的可伸缩性较强。

4.3.1　MPI 基本函数

1. 6 个基本函数

下面讲解 MPI 中的 6 个基本函数，便于读者快速上手 MPI 编程开发。掌握这 6 个函数就可以基本实现基础的 MPI“Hello World”并行程序的开发了。

（1）int MPI_Init(int* argc ,char** argv[])

在使用 MPI 编程时，所有 MPI 程序都需要先调用此函数，进行并行环境初始化的工作，其后到 MPI_Finalize()函数之前的代码在每个 MPI 进程中都会被执行一次。

MPI 系统将通过 argc,argv 参数得到 main()主函数获得的命令行参数（即主函数也需要带 argc,argv 参数）。

（2）int MPI_Finalize ()

在正常结束时，所有 MPI 程序都需要调用该函数以退出 MPI 系统，其表明并行代码的结束，结束除主进程外的其他进程。主进程串行代码仍可在主进程（rank = 0）上运行，但不能再有 MPI 函数（包括 MPI_Init，即标志着 MPI 并行部分完全结束）。

（3）int MPI_Comm_rank(MPI_Comm comm ,int* rank)

此函数用于获取当前进程的进程标识。其中，comm 参数为进程所在的通信域，rank 参数为返回的进程号。

通信域包括进程组和通信上下文等内容，用于描述通信进程间的通信关系。通信域分为组内通信域和组间通信域，分别用来实现 MPI 的组内通信和组间通信，多数 MPI 用户只需进行组内通信即可。

在调用该函数时，需要先定义一个整型变量，如 rank，不需要赋值。将该变量传入函数中，MPI_Comm_rank()函数执行时会将该进程号存入 rank 变量中并返回，从而得到本进程在通信空间中的 rank 值，即在组中的逻辑编号（或称进程 ID）。

（4）int MPI_Comm_size(MPI_Comm comm ,int* size)

此函数用于获取 comm 通信域内的总进程数。

如果通信域为 MPI_COMM_WORLD（MPI 预定义的包含所有进程的通信域），即获取总进程数，此函数使用方法和 MPI_Comm_rank()相近，可获得进程个数 size。

（5）int MPI_Send(void *buff,int count, MPI_Datatype datatype, int dest, int tag, MPI_Comm comm)

此函数用于进程间消息的发送，参数较多。

buff：发送缓冲区，如发送的变量等。

count：发送的消息的数据个数（不需要人为计算字节数量，如 1 个 int 类型数据则为 1）。

datatype：发送的数据类型（MPI 定义的数据类型）。

dest：发送消息目的地址（进程号）。

tag：消息标签，0-MPI_TAG_UB 范围的整数，接收方的标签须一致。

comm：指定通信域。

（6）int MPI_Recv(void *buff, int count, MPI_Datatype datatype, int source, int tag, MPI_Comm comm, MPI_Status *status)

此函数用于进程间消息的接收。

buff：接收缓冲区。

count：接收消息的数据个数。

datatype：接收的数据类型。

source：接收消息的源地址（进程号）。

tag：消息标签。

comm：通信域。

status：返回接收状态。接收函数返回时，将在这个参数指示的变量中存储实际接收消息的状态信息，包括消息的源进程标识、消息标签、包含的数据项个数等。

2. 实例程序

考虑到 MPI 的编程难度比 OpenMP 高，下面以 hello_world 的 MPI 版本与 MPI 函数梯形积分为例讲解 MPI 编程开发流程。

（1）实例 1

hello_world 的 MPI 版本，文件名为 hello_word_mpi.cpp，程序如下。

```
#include <mpi.h>
#include <stdio.h>
int main(int argc, char *argv[]) {
    int rank, size;
    MPI_Init(&argc, &argv);
    MPI_Comm_rank(MPI_COMM_WORLD, &rank);
    MPI_Comm_size(MPI_COMM_WORLD, &size);
    printf("Hello world from process %d of %d\n", rank, size);
    MPI_Finalize();
    return 0;
}
```

上面程序只使用了 4 个基本函数，不涉及进程间的数据通信。

完成源代码的编辑并命名为 hello_world_mpi.cpp，使用 g++编译，并在编译时指定二进制文件的名称为 hello_world_mpi，命令如下：

```
$ mpicc hello_world_mpi.cpp -o hello_world_mpi
```

编译完成后会得到一个 hello_world_mpi 可执行文件，可以使用如下命令运行（-np 指定进程数量）：

```
$ mpirun -np 4 hello_world_mpi
```

运行结果如下：

```
Hello world from process 0 of 4
Hello world from process 1 of 4
Hello world from process 3 of 4
Hello world from process 2 of 4
```

（2）实例 2

本实例介绍使用 MPI 进行函数梯形积分的方法。

如图 4-5 所示，将所求区间$[a,b]$分割为 n 份，每一份采用梯形公式计算：

$$one\_area = \frac{h}{2} \times [f(x_i) + f(x_{i+1})]$$

$$h = \frac{b-a}{n}$$

可得积分区域总面积：

$$S = \frac{h \times [f(x_0) + 2 \times f(x_1) + \cdots + 2 \times f(x_{n-1}) + f(x_n)]}{2}$$

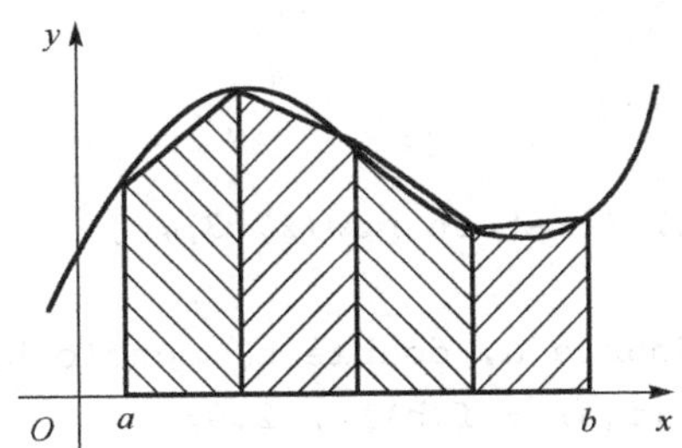

图 4-5　梯形积分示意图

代码 1：trapezoidal_integral.cpp（串行版梯形积分程序）

```
#include <stdio.h>
#include <math.h>
//所求积分的原函数
double f(double x) { return pow(x, 3); }

double integral(double a, double b, int n) {
    double res = (f(a) + f(b)) / 2.0;
    double h = (b - a) / n;

    for (int i = 1; i <= n - 1; i++) {
        double x_i = a + i * h;
        res += f(x_i);
    }
    res *= h;
    return res;
}

int main(int argc, char *argv[]) {
    double a = 3.0;
    double b = 10.0;
    int n = 10000;
    double area = integral(a, b, n);
    printf("%f\n", area);
    return 0;
}
```

有高等数学基础的读者容易明白此处 *n* 值的意义，*n* 值越大，最终的结果越精确。除此之外，我们解析程序结构可以清晰地发现，程序的计算热点为积分函数中的 for 循环，且各个坐标所计算的函数值之间不存在相互依赖的关系，因此可以考虑采用多进程的方法，对此处循环进行划分，各自进程计算分段区域面积后再求和。

代码 2：trapezoidal_integral_mpi.cpp（MPI 并行版梯形积分程序）

```
#include <math.h>
#include <stdio.h>

#include "mpi.h"

double f(double x) { return pow(x, 3); }

double integral(double a, double b, double h, int n) {
    double res = (f(a) + f(b)) / 2.0;
    for (int i = 1; i <= n - 1; i++) {
        double x_i = a + i * h;
        res += f(x_i);
    }
    res *= h;
    return res;
}

int main(int argc, char *argv[]) {
    int my_rank, comm_size;

    int n = 2048;
    double a = 4.0;
    double b = 10.0;

    double h = (b - a) / n;
    int local_n;
    double local_a, local_b;
    double local_integral, total_integral;
    MPI_Init(&argc, &argv);
    MPI_Comm_rank(MPI_COMM_WORLD, &my_rank);
    MPI_Comm_size(MPI_COMM_WORLD, &comm_size);
    local_n = n / comm_size;
    local_a = a + my_rank * local_n * h;
    local_b = local_a + local_n * h;
    local_integral = integral(local_a, local_b, h, local_n);
    if (my_rank != 0)
        MPI_Send(&local_integral, 1, MPI_DOUBLE, 0, 0, MPI_COMM_WORLD);
    else {
```

```
            total_integral = local_integral;
            for (int source = 1; source < comm_size; ++source) {
            MPI_Recv(&local_integral, 1, MPI_DOUBLE, source, 0, MPI_COMM_
WORLD,MPI_STATUS_IGNORE);
            total_integral += local_integral;
        }
    }
    if (my_rank == 0) {
        printf("integral from %f to %f = %f\n", a, b, total_integral);
    }
    MPI_Finalize();
    return 0;
}
```

上面程序使用了 Send/Recv 基本函数，在实例中，若 my_rank 等于 0，表示该进程是收集其他进程数据的，通信域内每个进程都会执行积分操作函数，并将结果值使用 MPI 进行传递。进行 MPI 程序并行化主要注意的是任务的划分问题，如本实例中局部区间数量和区间范围需要根据执行的进程数量计算得出。

4.3.2　MPI 通信模式

对 MPI 来说，其通信模式的分类方式较多，如下所述。

- 从参与进程的角度分为：

点对点通信——两个进程之间的通信；

集合通信——通信域内共同参与的通信。

- 从函数调用的角度分为：

阻塞——调用函数完成任务才返回；

非阻塞——调用函数完成初始化后即返回，不考虑接收方是否收到。

- 从 MPI 标准的角度分为：

标准通信模式——是否对发送的数据进行缓存由 MPI 自身决定，程序员无法控制，为默认模式；

缓存通信模式——程序员可控制缓冲区；

同步通信模式——无论接收进程的接收操作是否就绪都可以通信，但返回时需要接收进程启动才能正确返回；

就绪通信模式——当接收进程的接收操作就绪时，才可以进行通信进程启动发送操作。

从实际使用需求出发，下面简要介绍前两种分类。

1. 点对点通信

点对点通信，一般是指两个进程参与的，一方参与发送、另一方参与接收（或者都参与发送和接收）的通信模式。常用的函数有 MPI_Send()、MPI_Recv()、MPI_Sendrecv()及 MPI_Probe()（动态接收，即当不确定对方发送的数据量时，可以使用该函数）等。

2. 集合通信

集合通信是 MPI 通信域（通信域即 communicator，是 MPI 通信的所有进程的子集）中的所有进程都参与的通信模式。图 4-6 展示了几种常见的集合通信模式，如 MPI_Bcast()（广播）、MPI_Reduce()（规约）、MPI_Allreduce()（全规约），以及 MPI_Scatter()（散发）、MPI_Allgather()（全聚集）、MPI_Gather()（聚集）等。需要注意的是，图 4-6 中的函数都是阻塞式的，此外还有非阻塞式的集合通信，二者通信的最终效果是一样的。

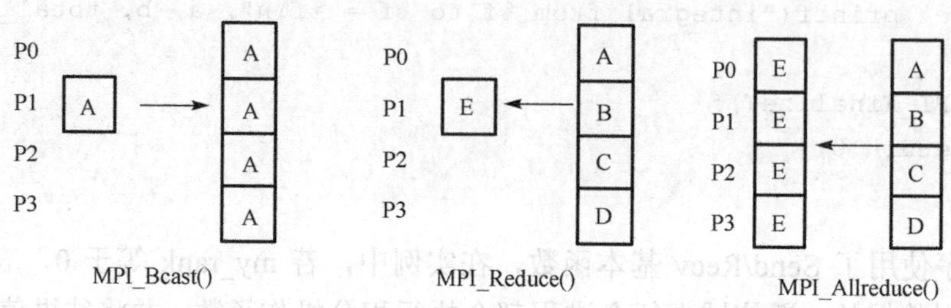

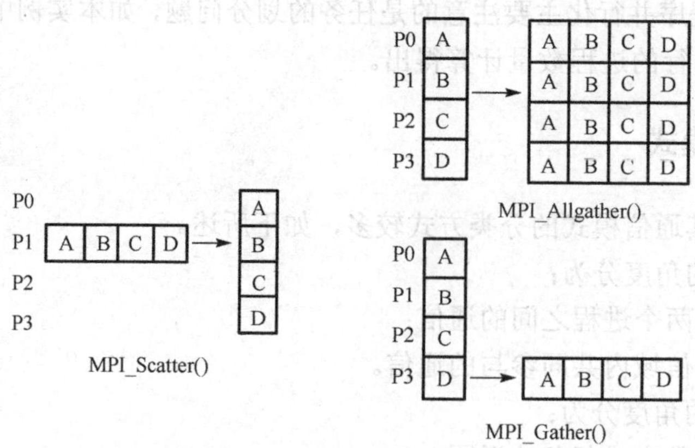

图 4-6　几种常见的集合通信模式

3. 阻塞式通信

MPI 阻塞式通信是指消息发送方的 Send()调用需要接收方的 Recv()调用的配合才可完成的通信（MPI 有很多种 Send/Recv 函数）。阻塞式通信完成后可以视为需要处理的消息已经完整地被发送或接收，所使用的缓冲区可以接收新的读写操作。

（1）阻塞式点对点通信

以阻塞式点对点通信为例，并行程序调用函数 MPI_Send()/MPI_Recv()中，MPI_Send()不会立即返回，调用 MPI_Send()发送数据的进程会被阻塞，直至缓存完整被发送变为空；MPI_Recv()不会立即返回，调用 MPI_Recv()接收数据的进程会被阻塞，直至缓冲区被填充完整，示例如下：

```
#include <mpi.h>
#include <stdio.h>
```

```
int main(int argc, char *argv[]) {
    int rank, data[100];
    MPI_Init(&argc, &argv);
    MPI_Comm_rank(MPI_COMM_WORLD, &rank);
    if (rank == 0) {
        for (int i = 0; i < 100; ++i)
            data[i] = i + 1;
        MPI_Send(data, 100, MPI_INT, 1, 0, MPI_COMM_WORLD);
        printf("process %d send 100 个 int\n", rank);
        MPI_Status status;
        MPI_Recv(data, 100, MPI_INT, 1, 0, MPI_COMM_WORLD, &status);
        int count;
        MPI_Get_count(&status, MPI_INT, &count);
        printf("process %d recv %d 个 int\n", rank, count);
    } else if (rank == 1) {
        for (int i = 0; i < 100; ++i)
            data[i] = 100 - i;
        MPI_Send(data, 100, MPI_INT, 0, 0, MPI_COMM_WORLD);
        printf("process %d send 100 个 int\n", rank);
        MPI_Status status;
        MPI_Recv(data, 100, MPI_INT, 0, 0, MPI_COMM_WORLD, &status);
        int count;
        MPI_Get_count(&status, MPI_INT, &count);
        printf("process %d recv %d 个 int\n", rank, count);
    }
    MPI_Finalize();
}
```

（2）阻塞式集合通信

这里以广播为例，阻塞式集合通信调用 MPI_Bcast()函数，示例如下：

```
#include <stdio.h>
#include <cstdlib>
#include <mpi.h>

int main(int argc, char *argv[]) {
    int rank, data[10];
    MPI_Init(&argc, &argv);
    MPI_Comm_rank(MPI_COMM_WORLD, &rank);
    if (rank == 0) {
        for (int i = 0; i < 10; ++i)
            data[i] = i + 1;
        int data_size = sizeof(data) / 4;
        MPI_Bcast(&data_size, 1, MPI_INT, 0, MPI_COMM_WORLD);
        MPI_Bcast(data, data_size, MPI_INT, 0, MPI_COMM_WORLD);
```

```
    } else {
        int recv_data_size;
        MPI_Bcast(&recv_data_size, 1, MPI_INT, 0, MPI_COMM_WORLD);
        int *recv_data = (int *)malloc(sizeof(int) * recv_data_size);
        MPI_Bcast(recv_data, recv_data_size, MPI_INT, 0, MPI_COMM_WORLD);
        printf("process %d recv %d int\n", rank, recv_data_size);
        for (int i = 0; i < recv_data_size; ++i) {
            printf("recv data %d\n", recv_data[i] + rank);
        }
    }
    MPI_Finalize();
    return 0;
}
```

4. 非阻塞式通信

非阻塞式通信函数在调用完后立即返回，而不必等待数据传输完成，可以提高程序的性能。与阻塞式通信相对应，即使调用不能立刻返回结果，进程也不会因此挂起，而是继续向下执行。因此，非阻塞式通信中，在发送和接收时不需要等到完全发送或完全接收后才能执行下一条指令。

MPI 提供的通信调用的函数十分丰富，所有阻塞式通信的形式都有相应的非阻塞式通信的形式，一般非阻塞式通信的函数名是对应阻塞式通信的函数名加上“I”即可，如MPI_Isend()。

（1）非阻塞式点对点通信

例如，非阻塞式点对点通信调用函数 MPI_Isend()/MPI_Irecv()，调用 MPI_Isend()或MPI_Irecv()会立即返回，通过非阻塞式操作，我们可以进行计算和通信的重叠以优化程序性能，示例如下：

```
#include <mpi.h>
#include <stdio.h>
int main(int argc, char *argv[]) {
    int rank;
    MPI_Init(&argc, &argv);
    MPI_Comm_rank(MPI_COMM_WORLD, &rank);
    if (rank == 0) {
        int data = 100;
        MPI_Request request;
        MPI_Isend(&data, 1, MPI_INT, 1, 0, MPI_COMM_WORLD, &request);
        printf("process %d send data, do other work\n", rank);
        MPI_Wait(&request, MPI_STATUSES_IGNORE);
        printf("process %d wait over\n", rank);
    } else {
        int data = 0;
```

```
            MPI_Request request;
            MPI_Irecv(&data, 1, MPI_INT, 0, 0, MPI_COMM_WORLD, &request);
            printf("process %d receive data,data is %d, do other work\n",
rank, data);
            MPI_Status status;
            MPI_Wait(&request, &status);
            printf("process %d wait over, data is %d\n", rank, data);
        }

        MPI_Finalize();
    }
```

（2）非阻塞式集合通信

仍以广播为例，非阻塞式集合通信调用 MPI_Ibcast()函数，示例如下：

```
    #include <cstdlib>
    #include <mpi.h>
    #include <stdio.h>

    int main(int argc, char *argv[]) {
        int rank, data[10];
        MPI_Request request;
        MPI_Status status;
        MPI_Init(&argc, &argv);
        MPI_Comm_rank(MPI_COMM_WORLD, &rank);
        if (rank == 0) {
            for (int i = 0; i < 10; ++i)
                data[i] = i + 1;
            int data_size = sizeof(data) / 4;
            MPI_Ibcast(&data_size,1,MPI_INT,0,MPI_COMM_WORLD,&request);
            MPI_Wait(&request, &status);
            MPI_Ibcast(data,  data_size,  MPI_INT,  0,  MPI_COMM_WORLD,
&request);
            MPI_Wait(&request, &status);
        } else {
            int recv_data_size = 0;
            MPI_Ibcast(&recv_data_size, 1, MPI_INT, 0, MPI_COMM_WORLD,
&request);
            MPI_Wait(&request, &status);
            int *recv_data = (int *)malloc(sizeof(int) * recv_data_size);
            MPI_Ibcast(recv_data, recv_data_size, MPI_INT, 0, MPI_COMM_
WORLD,&request);
            MPI_Wait(&request, &status);
            printf("process %d recv %d int\n", rank, recv_data_size);
```

```
            for (int i = 0; i < recv_data_size; ++i) {
                printf("recv data %d\n", recv_data[i] + rank);
            }
        }
        MPI_Finalize();
        return 0;
    }
```

4.4 SIMD 向量化

计算机领域的向量化与数学中的向量计算有着类似的特点，如“批量操作”，可以将一次执行的标量运算转换为并行的向量运算。计算机中最常见也是应用最广泛的向量化执行模型为 SIMD（Single Instruction Multiple Data，单指令多数据）。

SIMD 技术能够对程序中的数据进行并行处理，提高吞吐量从而提高效率。关于 SIMD 思想的技术实现可以分为两个部分——硬件架构、编程模型。本节只着重讲解编程模型相关内容，包括向量化计算指令集的发展历程和软件层面的编程实践，其底层硬件的实现可以参考计算机组成或计算机体系结构相关书籍。

4.4.1 CPU 向量化指令集发展

向量化指令依赖硬件上的向量寄存器，在程序进行指令译码后，控制器通过多个执行部件并行访存，同时对一组数据执行相同操作，以实现数据并行。

不同的厂商拥有不同的 SIMD 指令集名称代号，下面以 Intel 的向量化指令集为例介绍其主要发展历程。

1. MMX 指令集

MMX（Multi Media eXtensions，多媒体扩展）指令集是 Intel 基于 x86 架构融合 SIMD 思想于 1962 年推出的第一个真正意义上的向量化指令集拓展，可以提高图形图像处理能力，同样也适用于大量复杂数据的并行处理。MMX 指令集支持的处理器需要 8 个 64 位寄存器，即最多可同时将 8 字节的数据组作为一组调度单元执行相同的指令后写回内存。

2. SSE 指令集

SSE（Streaming SIMD Extensions，单指令多数据流扩展）指令集最早出现在 Pentium 系列处理器中，主要用于处理单精度浮点数。向量寄存器由 MMX 的 64 位扩展到 128 位。后续又推出 SSE2、SSE3、SSE4 等版本。

3. AVX/AVX2 指令集

AVX（Advanced Vector Extensions，高级矢量扩展）指令集继承自 SSE 指令集，将最大位宽拓展到了 256 位；随后推出的 AVX2 是 AVX 指令的扩展，主要在整形数据方面做了完善。Intel 后续还推出了 AVX-512，即 512 位宽的版本。

读者可使用命令 cat /proc/cpuinfo 或者 Linux 的 lscpu 命令查看 CPU 所支持的指令集，或前往 CPU 的厂商官网查看对应型号处理器支持的指令集。

4.4.2 向量化编程实践

对程序的向量化处理最终是要生成 SIMD 指令。目前，对串行程序进行向量化处理主要有两种手段：第一种是依赖编译器的处理，自动生成向量化指令；第二种是软件开发人员使用显式的编程模型，主要通过编写内嵌汇编代码来实现手动向量化处理。

1. 自动向量化

简单来说，自动向量化就是使用编译器在代码编译处理阶段生成 SIMD 指令。下面使用一个简单的 for 循环示例来说明使用编译器实现自动向量化的细节，其中采用的仍然是 GCC 跨平台编译开发套件。

一般来说，编译器的自动向量化默认不会被启用（取决于具体的编译优化选项），软件开发人员在需要使用自动向量化时可以通过添加编译选项向编译器提供许可，开启自动向量化功能。

for 循环示例如下：

```
#include "stdio.h"
#include "sys/time.h"
#include "malloc.h"

void op_0(int *a, int *b, int *c, int N) {
    for (int i = 0; i < N; ++i) {
        c[i] = a[i] + b[i];
    }
}

int main() {
    int N = 1 << 16;
    struct timeval start, end;
    int *a = (int *)malloc(sizeof(int) * N);
    int *b = (int *)malloc(sizeof(int) * N);
    int *c = (int *)malloc(sizeof(int) * N);
    for (int i = 0; i < N; ++i)
        a[i] = i + 1;
    for (int i = 0; i < N; ++i)
        b[i] = i + 2;
    gettimeofday(&start, NULL);
    op_0(a, b, c, N);
    gettimeofday(&end, NULL);
```

```
        double time_use = 1000000 * (end.tv_sec - start.tv_sec) + end.tv_usec
- start.tv_usec;
        time_use = time_use / 1000000;
        printf("time=%f\n", time_use);
        return 0;
    }
```

上述程序完成了一个简单的 for 循环，且各层循环都不会产生数据依赖问题。

在使用 GCC 套件进行向量化优化前除需要知道硬件架构所拥有的向量化指令集外，还需要知道 GCC 本身支持哪些指令集（特殊体系架构不一定能支持）。使用以下命令可以查看 GCC 支持的指令集：

```
$ gcc -march=native -c -Q --help=target
```

以 avx2 指令集为例，使用–O3 优化会自动开启一系列向量化指令，示例如下：

```
$ ./for
Time = 0.000470
$ gcc -O3 -march=core-avx2 for.cpp -o for
$ ./for
time = 0.000112
```

使用编译自动向量化后，可以看到计算时间有 4 倍左右的加速，使用以下命令可输出向量化细节到输出文件 outfile 中，查看文件可以发现在代码第 7 行开始启动了循环向量化操作。

```
$ gcc -fopt-info-vec-all for.cpp -O3 &>outfile
```

也可使用-S 选项输出汇编代码，命令如下：

```
$ gcc -O3 -march=core-avx2 for.cpp -S  -o for.s
```

汇编代码如下：

```
. L8:
    movl $1000000, %r10d
    movl %r15d, %r14d
    vmovd %esi, %xmm®
    xorl %eax, %eax
    subl %r15d, %r10d
    salg $2, %r14
    vmovdga .LC0(%rip), %ymm4
    vpbroadcastd %xmm@, %ymm®
    movl %r10d, %ebx
    leaq @ (%r13,%r14), %rcx
    vmovdqa .LC1(%rip), %ymm1
```

```
        vmovdqa .LC2 (%rip), %ymm3
        shrl $3, %ebx
        vpaddd %ymm4, %ymm0, %ymm0
        movq %rcx, %rdx
        .p2align 4,,10
        .p2align 3
```

截取代码片段可以看到使用了 xmm、ymm 寄存器，指令以 v 作为前缀的是向量指令，用于操作向量寄存器。

2. 显式向量化

使用编译器实现自动向量化会有很多限制，例如，对循环进行向量化处理时，如果循环体内具有较多条件分支、函数调用、循环嵌套等，会导致分支发散；如果有复杂的控制流，会导致无法进行自动向量化处理。

此时软件开发人员可以使用汇编指令手动操作向量寄存器来实现向量化处理，考虑到汇编指令复杂度较高，一般厂商提供了在汇编指令之上的一层函数封装即 Intrinsics 内联函数。

（1）内联函数示例

为了读者能够轻松地理解在指令层面的优化，降低学习难度，下面以内联函数实现手动显式向量化编程为例，对自动向量化章节的数组求和进行优化。

程序如下。

```
#include "stdio.h"
#include "sys/time.h"
#include "malloc.h"
#include "immintrin.h"

void op_avx(int *a, int *b, int *c, const int &N) {
    __m256i x;
    __m256i y;
    for (int i = 0; i < N; i += 8) {
        for (int j = 0; j < 8; ++j) {
            int *x0 = a + j;
            int *y0 = b + j;
            int *z0 = c + j;
            x = _mm256_loadu_si256((const __m256i *)x0);
            y = _mm256_loadu_si256((const __m256i *)y0);
            x = _mm256_add_epi32(x, y);
            _mm256_storeu_si256((__m256i *)z0, x);
        }
    }
}
```

```
int main() {
    const int N = 1 << 16;
    struct timeval start, end;
    int *a = (int *)malloc(sizeof(int) * N);
    int *b = (int *)malloc(sizeof(int) * N);
    int *c = (int *)malloc(sizeof(int) * N);
    for (int i = 0; i < N; ++i)
        a[i] = i + 1;
    for (int i = 0; i < N; ++i)
        b[i] = i + 2;
    gettimeofday(&start, NULL);
    op_avx(a, b, c, N);
    gettimeofday(&end, NULL);
    double time_use = 1000000 * (end.tv_sec - start.tv_sec) + end.tv_usec
- start.tv_usec;
    time_use = time_use / 1000000;
    printf("time = %f\n", time_use);
    printf("N = %d\n", N);
    return 0;
}
```

上面程序的重点在于，op_avx()函数内部的实现使用了内联函数的 load、add、store 相关函数。首先从内存调用数据进入向量寄存器，然后进行向量相加，最终将向量寄存器结果存入内存。注意，使用内联函数需要包含对应指令集的头文件。

（2）一般约定

使用内联函数的过程中涉及一些相关数据类型和函数命名的一般约定，如下所述。

① 数据类型

数据类型及其描述如表 4-6 所示。

表 4-6　数据类型及其描述

数 据 类 型	描　述
__m256	包含 8 个 float 类型的向量
__m256d	包含 4 个 double 类型的向量
__m256i	可包含整型的向量

数据类型修饰符均以双下画线后接 m 作为前缀，m 后的数字代表位宽，数字后面的字符后缀代表基本数据类型。其中，以 d 为后缀代表 double 类型数据，以 i 为后缀代表整型数据，如 double 按 8 字节换算，256 位的可以存储 4 个 double 类型变量；整型换算，如存储 int 类型数据可存储 8 个，short 类型数据可存储 16 个，对应基本类型数据可分为有符号类型和无符号类型。

② 函数说明

内联函数一般格式为

```
_mm<位宽>_<指令名称>_<数据类型>
```

以单下画线后接 mm 为函数前缀。

- 位宽：代表指令集向量长度，一般默认使用 128 位，向量可不填充此字段，本示例使用 256 位向量，因此参数填写 256。
- 指令名称：如本示例中的 loadu、storeu、add 等代表函数算术操作的指令名称。
- 数据类型：为函数参数的数据类型，如本示例中的 si256 代表 256 位向量，epi32 代表 32 位有符号整数。

③ 函数分类

内联函数分类大致如表 4-7 所示。

表 4-7　内联函数分类

函数分类	指令名称	描　述
初始化	setzero\set1\setr	用于各类型向量初始化
数据加载	load\loadu\maskload	用于从内存地址加载数据
算数操作	add\sub\mul\div\fmadd\fmsub	支持基本的算术操作和复合操作
控制操作	permute\shuffle	使用控制位进行翻转、洗牌等逻辑操作

Intrinsics 指令函数是对 MMX、SSE、AVX 等指令集的封装，以函数的形式提供给软件开发人员，使其在编写向量化并行程序时更加容易，对应函数在编译过程中会内联为汇编代码，能将函数直接映射到高级指令集，同时隐藏了寄存器分配和调度等细节处理，不会产生函数调用等开销。各个函数指令的具体功能，读者可根据对应硬件平台和编译器软件环境前往对应厂商官网查看，对所需要使用的指令集内联函数相关内容，其中都会有详细的指南和规格说明，这里不再赘述。

本节从编译器自动向量化和显式向量化实现出发，简单介绍了 SIMD 模式向量化指令集的主要发展历程、循环自动向量化和 Intrinsics 内联函数手动向量化实现。其中还有很多技术细节，如编译选项、数据依赖、内存对齐等会影响到向量化实现的因素，本节示例并未涉及，留待读者探索实现。

4.5　性能分析工具

CPU 程序的性能分析与优化贯穿程序的全生命周期，从编码开发到最终的应用场景落地，离不开对程序高效性的分析验证。在进行程序性能分析时，我们必须明确影响 CPU 程序性能的关键因素在哪里，或者说 CPU 程序开发的性能指标有哪些，这样才能有的放矢，更快更好地找到程序性能瓶颈，以便后续以性能分析结果开展程序的性能优化工作。

本节将介绍 perf、gprof、IPM、Score-P 这 4 个高性能程序常用的性能分析工具，从其工作原理和简单使用角度出发，阐述性能分析工具的一般工作流程。

4.5.1　perf 工具

perf 是一款 Linux 系统中十分强大的综合性实时分析工具，对从系统性能到函数热点甚至汇编代码，都能提供检测方法。软件开发人员可以使用 perf 工具定位程序性能问题，也可以分析 Linux 内核（通过 perf_event 接口）的性能问题。本节从 perf 命令使用、perf 常用工具集、perf 可视化角度出发，简单介绍 perf 工具的工作流程。

1．perf list

perf 对性能的检测是通过采样机制进行的，依赖于对事件的统计，其检测的事件大致分为以下三类。

（1）软件事件

由操作系统内核产生，分布于内核的多个模块中，如系统调用、上下文切换次数、缺页异常、进程切换等。

（2）PMU 硬件事件

PMU（Performance Monitoring Unit，性能检测单元）是 CPU 硬件上的性能监控计数器，可以直接进行硬件采样，如 cache 失效次数、指令执行和分支预测等。

（3）静态探测点事件

tracepoint（静态探测点），由内核中预先定义好的静态点触发的事件，用来检测内核在程序运行中的行为。

可直接通过以下命令获得 perf 支持的事件：

```
$ perf list
```

结果如下。

```
List of pre-defined events (to be used in -e):
branch-instructions OR branches                    [Hardware event]
branch-misses                                      [Hardware event]
cache-misses                                       [Hardware event]
cache-references                                   [Hardware event]
cpu-cycles OR cycles                               [Hardware eventl
instructions                                       [Hardware event]
stalled-cycles-backend OR idle-cycles-backend      [Hardware event]
stalled-cycles-frontend OR idle-cycles-frontend [Hardware event]
alignment-faults                                   [Software event]
bof-output                                         [Software event]
context-switches OR CS                             [Software event]
cpu-clock                                          [Software event]
cpu-migrations OR migrations                       [software event]
dummy                                              [Software event]
emulation-faults                                   [Software event]
major-faults                                       [Software event]
minor-faults                                       [Software event]
page-faults OR faults                              [Software event]
task-clock                                         [Software event]
L1-dcache-load-misses                              [Hardware cache event]
L1-dcache-loads                                    [Hardware cache event]
```

```
L1-dcache-prefetch-misses                    [Hardware cache event]
L1-dcache-prefetches                         [Hardware cache event]
L1-icache-load-misses                        [Hardware cache event]
L1-icache-loads                              [Hardware cache event]
L1-icache-prefetches                         [Hardware cache event]
LLC-load-misses                              [Hardware cache event]
LLC-loads                                    [Hardware cache event]
LLC-stores                                   [Hardware cache event]
branch-load-misses                           [Hardware cache event]
branch-loads                                 [Hardware cache event]
dTLB-load-misses                             [Hardware cache event]
dTLB-loads                                   [Hardware cache event]
iTLB-load-misses                             [Hardware cache event]
iTLB-loads                                   [Hardware cache event]
node-load-misses                             [Hardware cache event]
node-loads                                   [Hardware cache event]
```

其中有很多关于 cache、分支相关的选项，例如，L1-dcache-loads 是 L1 数据 cache 加载数据的次数，L1-dcache-load-misses 是 L1 在数据加载时 cache 未命中的次数，cache-misses 是 cache 未命中的总次数。

2．perf stat

在通过 list 指令获取到当前环境下支持的事件后，可以使用 stat 工具在进程运行期间持续统计计数，并且可以指定感兴趣的事件进行观察。

例如，对向量化优化小节 for 循环程序进行检测，执行以下命令可以直接运行程序，结果如图 4-7 所示：

```
$ perf stat ./for
```

```
Performance counter stats for './for':

      3.830477      task-clock:u (msec)       #    0.306 CPUs utilized
             0      context-switches:u        #    0.000 K/sec
             0      cpu-migrations:u          #    0.000 K/sec
           342      page-faults:u             #    0.089 M/sec
     2,317,678      cycles:u                  #    0.605 GHz                     (74.24%)
       829,492      stalled-cycles-frontend:u #   35.79% frontend cycles idle    (75.78%)
       367,674      stalled-cycles-backend:u  #   15.86% backend cycles idle     (64.40%)
     3,419,543      instructions:u            #    1.48  insn per cycle
                                              #    0.24  stalled cycles per insn
       440,546      branches:u                #  115.011 M/sec
         4,611      branch-misses:u           #    1.05% of all branches         (85.59%)

   0.012497887 seconds time elapsed
```

图 4-7　for 循环程序的 perf stat 数据收集类型

以上命令还可以获得如 task-clock 任务占用处理器时间，即 CPU 利用率等字段数值，并直接在屏幕上输出。

也可以通过添加-e 参数来指定观察事件类型，命令如下，结果如图 4-8 所示：

```
$ perf stat -e page-faults ./for
```

```
Performance counter stats for './for':

            342      page-faults:u

    0.009046959 seconds time elapsed
```

图 4-8　-e 参数指定观察事件类型

对多核系统来说，每个核心拥有独立的 1 级缓存和 2 级缓存，多个核心共享第 3 级缓存（LLC）。当程序开始运行，首先会将内存中的数据加载到 LLC 中，然后进入 2 级缓存和 1 级缓存，由此可见 CPU 与缓存的硬件逻辑上距离更近，CPU 访问缓存的时钟周期比 CPU 直接访问内存少得多。当 CPU 所需要的数据存储于 cache 中时，CPU 可直接对缓存进行访问获取数据而不用经过内存，此过程称为缓存命中，较高的缓存命中率会极大地提高程序性能。

在程序开发过程中，需要注意的是影响缓存失效的因素有很多，不仅有代码实现的问题，还受到硬件及 cache 策略的限制。往往仅从理论分析上很难预估具体的程序访存瓶颈，因此，采用一些性能分析工具才能更加直观高效地观察实际工况下 cache 的命中情况。

在实际程序的性能分析测试中，可以使用 perf（Performance Event）工具对程序的缓存不命中次数及总的访问缓存次数进行统计，如输入以下命令：

```
$ perf stat -e cache-misses,cache-references   ./for
```

perf 会直接计算出缓存没有命中的比例。

3．perf record 与 perf report

当使用 list 和 stat 子指令后，可以大致把握程序类型和性能瓶颈，例如，判断是计算密集还是访存密集等。当需要详细地对程序做进一步分析时，需要得到更细粒度的程序信息，可以使用 record 子指令深入具体函数并记录统计信息，使用 report 子指令对统计信息进行显示。这两个命令是用得较多的命令，常用于来分析程序的计算热点或模块性能优化的效果。另外，还可以添加–e 参数来指定观察事件类型，例如

```
$ perf record stat -e page-faults ./for
```

结果如图 4-9 所示。

```
⊗ [wangxg@login05 AVX]$ perf record stat -e page-faults ./for
  stat: invalid option -- 'e'
  Try 'stat --help' for more information.
  [ perf record: Woken up 1 times to write data ]
  [ perf record: Captured and wrote 0.002 MB perf.data (9 samples) ]
● [wangxg@login05 AVX]$ ls
  cache.cpp  for  for.cpp  gmon.out  perf.data
```

图 4-9　record 子指令数据记录

record 子指令会在程序目录生成 perf.data 文件，可以使用 report 子指令查看：

```
$ sudo perf report -i ./perf.data
```

结果如图 4-10 所示。

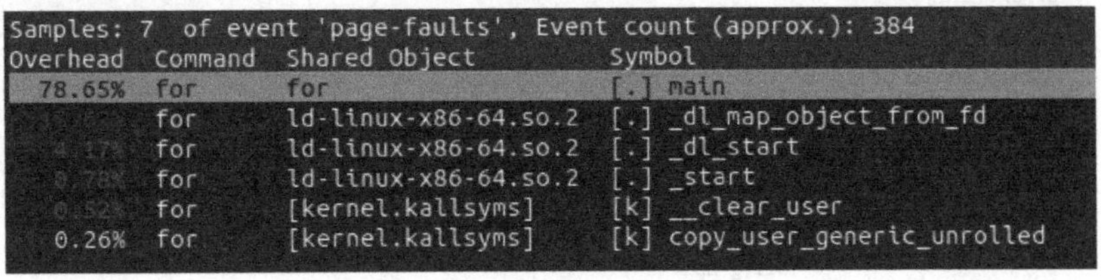

```
Samples: 7  of event 'page-faults', Event count (approx.): 384
Overhead  Command  Shared Object          Symbol
  78.65%  for      for                    [.] main
 [illegible]  for      ld-linux-x86-64.so.2   [.] _dl_map_object_from_fd
   4.17%  for      ld-linux-x86-64.so.2   [.] _dl_start
   0.78%  for      ld-linux-x86-64.so.2   [.] _start
   0.52%  for      [kernel.kallsyms]      [k] __clear_user
   0.26%  for      [kernel.kallsyms]      [k] copy_user_generic_unrolled
```

图 4-10　report 子指令查看 perf.data 文件

可以定位到程序的热点函数，获取其热点函数时间占比。

4．perf annotate

可以使用 annotate 指令深入汇编层面分析，如使用以下命令：

```
$ perf annotate -d ./perf.data
```

如果在编译期间添加了–ggdb 调试选项，使用 annotate 指令可以生成源码和汇编级别的信息，方便开发人员阅读。

4.5.2　gprof 工具

gprof 是 GNU 计划的工具之一，可以细化到函数粒度给出程序运行过程中的函数调用次数、调用关系和函数耗时等信息，为程序优化提供参考信息。

gprof 使用了程序插装技术，在编译时添加–pg 参数选项，在程序的每个函数中都添加了 mcount 函数，程序的每次调用都会调用一次 mcount 函数，并且在内存中维护一张函数调用图，同时通过函数调用堆栈可以查找到调用函数和被调函数的地址，保存了全局的调用次数、函数运行时间等变量。

使用 gprof 的具体用法如下：

- 在编译链接阶段添加–pg 参数选项；
- 执行一遍编译好的程序；
- 程序运行完成后会生成一个 gmon.out 文件；
- 使用 gprof 分析 gmon.out 文件。

以 for.cpp 为例：

- 执行以下命令完成编译：

```
$ gcc -pg for.cpp -o for
```

- 运行 for 循环程序后会生成 gmon.out 文件；
- 使用 gprof 对 gmon.out 文件分析，命令如下：

```
$ gprof -b for gmon.out
```

结果如图 4-11 所示。

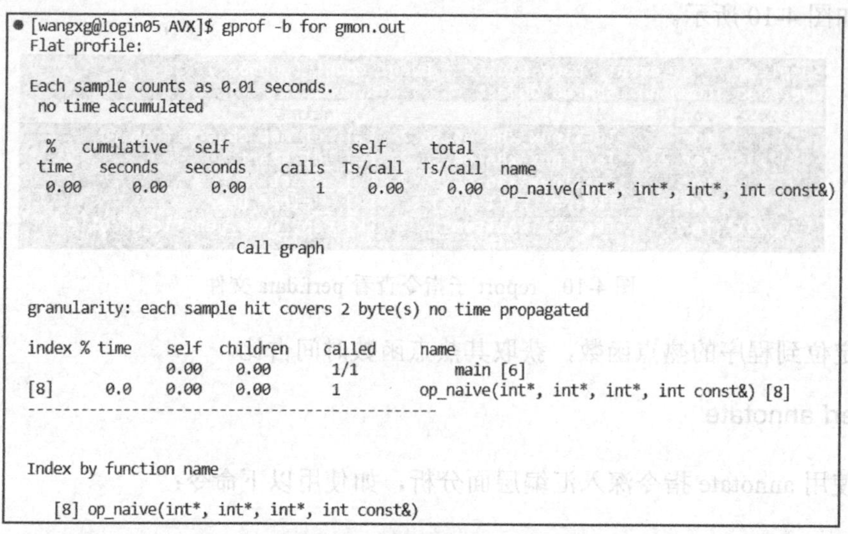

```
[wangxg@login05 AVX]$ gprof -b for gmon.out
Flat profile:

Each sample counts as 0.01 seconds.
 no time accumulated

  %   cumulative   self              self     total
 time   seconds   seconds    calls  Ts/call  Ts/call  name
  0.00      0.00     0.00        1     0.00     0.00  op_naive(int*, int*, int*, int const&)

                        Call graph

granularity: each sample hit covers 2 byte(s) no time propagated

index % time    self  children    called     name
                0.00    0.00       1/1           main [6]
[8]      0.0    0.00    0.00       1         op_naive(int*, int*, int*, int const&) [8]
-----------------------------------------------

Index by function name

   [8] op_naive(int*, int*, int*, int const&)
```

图 4-11 gprof 查看 gmon.out 文件

上面程序获得 for 循环程序的函数调用关系，可以看到当前程序进入 main()后只调用了 for 循环测试函数一次。

一般 Linux 系统会带有 gprof 工具，因此在程序编译过程中添加编译参数即可，操作简单。但使用插桩技术会带来多余的资源消耗，且 gprof 不支持多进程、多线程程序的分析，一般只能用于粗粒度的性能分析。

4.5.3 IPM 工具

本节简单介绍在 MPI 程序性能分析过程中，常常使用到的轻量级 MPI 性能分析工具 IPM。

当前使用的曙光超算平台已经集成了 IPM 分析工具，本节围绕曙光平台介绍 IPM 在超算上实际的性能监测运行流程。

1. IPM 操作流程

下面以 trapezoidal_integral_mpi.cpp 程序为对象开展性能监测，主要运行流程如下。

- 编写正确的 MPI 程序，本节使用 4.1 节中的 trapezoidal_integral_mpi.cpp 源代码；
- 在程序路径目录下创建 err、log、ipm_log 三个文件夹（收集日志文件）；
- 设置 IPM 动态库预设文件环境变量：

```
$export LD_PRELOAD=动态库路径
#动态库路径可通过 module show apps/IPM/2.0.6/hpcx-2.7.4 获得
$export IPM_LOGDIR=ipm_log/${SLURM_JOB_ID}
#根据第 2 步设置的 ipm_log 文件夹路径设置，SLURM_JOB_ID 可获得提交作业的 ID
$export IPM_LOG=full
$export IPM_REPORT=full
#设置日志和报告的等级，可选项有 none、terse、full，一般建议设置为 full
```

● 运行程序，命令如下：

```
$ mpirun -np 4 ./trapezoidal_integral_mpi
```

完成后，程序目录下即会生成相关日志文件，其中 err 和 log 目录下的文件由作业系统 Slurm 生成，如图 4-12 所示。

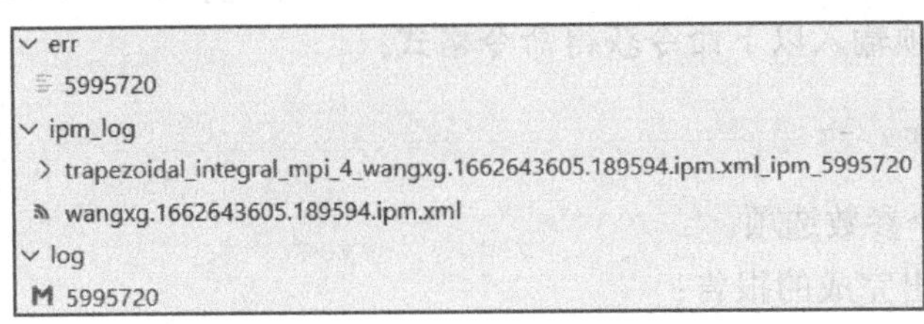

图 4-12　IPM 程序日志文件目录

2. IPM 日志文件

err 文件，如果程序运行错误，作业系统会提示相关信息写入以作业号为文件名的文件中，供开发人员开展调试工作。

log 文件是作业系统生成的日志文件，会将程序的输出数据写入文件中，同时会写入部分系统运行信息，包括内存使用、作业任务数，对 MPI 使用信息也会有些简单的输出，如图 4-13 所示。

```
integral from 4.000000 to 10.000000 = 2436.000180
##IPMv2.0.6########################################################
#
# command   : ./trapezoidal_integral_mpi
# start     : Thu Sep 08 21:26:45 2022   host      : i10r4n19
# stop      : Thu Sep 08 21:26:45 2022   wallclock : 0.21
# mpi_tasks : 4 on 1 nodes               %comm     : 0.17
# files     :                            %i/o      : 0.03
# mem [GB]  : 1.37                       gflop/sec : 0.00
#
#           :       [total]        <avg>         min          max
# wallclock :          0.79         0.20        0.19         0.21
# MPI       :          0.00         0.00        0.00         0.00
# I/O       :          0.00         0.00        0.00         0.00
# %wall     :
#   MPI     :                       0.16        0.00         0.61
#   I/O     :                       0.03        0.02         0.03
# #calls    :
#   MPI     :            22            5           5            7
#   I/O     :            37            9           8           12
# I/O [GB]  :          0.00         0.00        0.00         0.00
# mem [GB]  :          1.37         0.34        0.34         0.35
#
#                             [time]        [count]        <%wall>
# MPI_Recv                      0.00              3           0.16
# open                          0.00              9           0.02
# write                         0.00              2           0.00
# read                          0.00             17           0.00
# MPI_Send                      0.00              3           0.00
# close                         0.00              9           0.00
# MPI_Comm_size                 0.00              4           0.00
# MPI_Comm_rank                 0.00              4           0.00
# MPI_Init                      0.00              4           0.00
# MPI_Finalize                  0.00              4           0.00
#
###################################################################
```

图 4-13　log 文件输出内容

最重要的 ipm_log 文件夹中会生成一个 xml 格式的 IPM 日志文件，这也是使用 IPM 进行性能分析、可视化等后续工作的数据源文件。

3. 性能分析与可视化

获取到 IPM 的数据日志 xml 源文件后，可以使用 ipm_parse 工具进行分析。

使用–h 参数选项输入以下命令获得命令格式：

```
$ ipm_parse -h
```

主要有以下 4 个参数选项。

- –full，可输出完成的报告；
- –html，产生 html 文件以可视化展示结果；
- –mpi，输出 MPI 函数调用详细报告；
- –summary，输出报告概览。

下面以–mpi 和–html 为例介绍 MPI 函数调用和可视化分析。

（1）–mpi

输入带有–mpi 参数的以下命令，结果如图 4-14 所示。

```
$ipm_parse -mpi xml 文件名
```

```
● [wangxg@login05 ipm_log]$ ipm_parse -mpi wangxg.1662643605.189594.ipm.xml
Parsing done.
  Func            |    Time(sec) |  %MPI |  %APP
 MPI_Recv         |       0.0013 | 98.60 |  0.16
 open             |       0.0002 | 12.90 |  0.02
 write            |       0.0000 |  1.50 |  0.00
 read             |       0.0000 |  1.21 |  0.00
 MPI_Send         |       0.0000 |  1.16 |  0.00
 close            |       0.0000 |  0.67 |  0.00
 MPI_Comm_size    |       0.0000 |  0.16 |  0.00
 MPI_Comm_rank    |       0.0000 |  0.07 |  0.00
 MPI_Init         |       0.0000 |  0.00 |  0.00


  Func            | CommSize | Size     |      #Calls |    Time(sec) | PerCall | %MPI  | %APP
 MPI_Recv         |        0 |        0 |           3 |       0.0013 | 0.00043 | 98.60 | 0.16
 open             |        0 |        0 |           9 |       0.0002 | 0.00002 | 12.90 | 0.02
 write            |        0 |        4 |           2 |       0.0000 | 0.00001 |  1.50 | 0.00
 MPI_Send         |        0 |        8 |           3 |       0.0000 | 0.00001 |  1.16 | 0.00
 read             |        0 |        8 |           6 |       0.0000 | 0.00000 |  0.69 | 0.00
 close            |        0 |        0 |           9 |       0.0000 | 0.00000 |  0.67 | 0.00
 read             |        0 |       23 |           1 |       0.0000 | 0.00000 |  0.31 | 0.00
 MPI_Comm_size    |        0 |        0 |           4 |       0.0000 | 0.00000 |  0.16 | 0.00
 read             |        0 |        4 |           1 |       0.0000 | 0.00000 |  0.14 | 0.00
 MPI_Comm_rank    |        0 |        0 |           4 |       0.0000 | 0.00000 |  0.07 | 0.00
 read             |        0 |        0 |           9 |       0.0000 | 0.00000 |  0.07 | 0.00
 MPI_Init         |        0 |        0 |           4 |       0.0000 | 0.00000 |  0.00 | 0.00
```

图 4-14　ipm_parse 工具输出 MPI 函数调用

在图 4-14 中可以详细看到 MPI 函数的调用次数、传输数据的大小、MPI 函数程序时间占比等信息。

（2）–html

输入带有–html 参数的以下命令：

```
$ipm_parse -html xml 文件名
```

会生成一个文件夹，可以将其下载到本地空间并打开，得到一个可视化的交互网页，如图 4-15 所示。

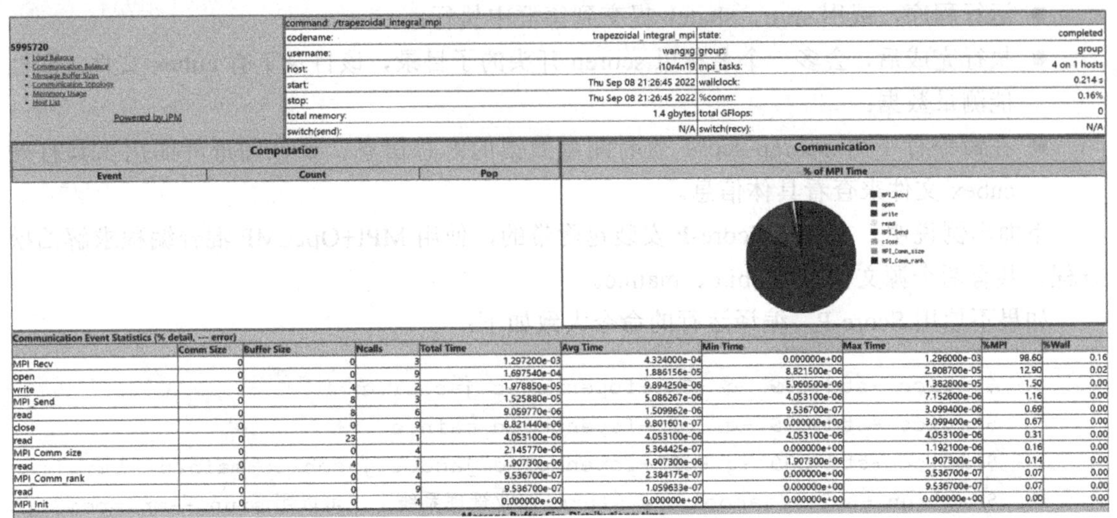

5995720
- Load Balance
- Communication Balance
- Message Buffer Sizes
- Communication Topology
- Memmory Usage
- Host List

Powered by IPM

command: ./trapezoidal_integral_mpi			
codename:	trapezoidal_integral_mpi	state:	completed
username:	wangxg	group:	group
host:	i10r4n19	mpi_tasks:	4 on 1 hosts
start:	Thu Sep 08 21:26:45 2022	wallclock:	0.214 s
stop:	Thu Sep 08 21:26:45 2022	%comm:	0.16%
total memory:	1.4 gbytes	total GFlops:	0
switch(send):	N/A	switch(recv):	N/A

Computation		
Event	Count	Pop

Communication

% of MPI Time

Communication Event Statistics (% detail, --- error)

	Comm Size	Buffer Size	Ncalls	Total Time	Avg Time	Min Time	Max Time	%MPI	%Wall
MPI Recv	0	0	3	1.297200e-03	4.324000e-04	0.000000e+00	1.296000e-03	98.60	0.16
open	0	0	9	1.697540e-04	1.886156e-05	8.821500e-06	2.908700e-05	12.90	0.02
write	0	4	2	1.978850e-05	9.894250e-06	5.960500e-06	1.382800e-05	1.50	0.00
MPI Send	0	8	3	1.525880e-05	5.086267e-06	4.053100e-06	7.152600e-06	1.16	0.00
read	0	8	6	9.059770e-06	1.509962e-06	9.536700e-07	3.099400e-06	0.69	0.00
close	0	0	9	8.821440e-06	9.801601e-07	0.000000e+00	3.099400e-06	0.67	0.00
read	0	23	1	4.053100e-06	4.053100e-06	4.053100e-06	4.053100e-06	0.31	0.00
MPI Comm size	0	0	4	2.145770e-06	5.364425e-07	0.000000e+00	1.192100e-06	0.16	0.00
read	0	4	1	1.907300e-06	1.907300e-06	1.907300e-06	1.907300e-06	0.14	0.00
MPI_Comm_rank	0	0	4	9.536700e-07	2.384175e-07	0.000000e+00	9.536700e-07	0.07	0.00
read	0	0	9	9.536700e-07	1.059633e-07	0.000000e+00	9.536700e-07	0.07	0.00
MPI Init	0	0	4	0.000000e+00	0.000000e+00	0.000000e+00	0.000000e+00	0.00	0.00

图 4-15　IPM 输出可视化交互网页

我们可以直观看到程序的负载均衡、通信负载、消息传递大小、内存使用等信息，这有利于开发人员进行 MPI 程序的性能分析评估。

4.5.4　Score-P 工具

Score-P 是一个可扩展且易于使用的工具集，用于高性能程序的性能分析和事件追踪，支持 MPI、OpenMP 等并行程序的性能分析。Score-P 支持流行的开源性能文件格式和事件追踪文件格式，能够与其他性能分析软件、事件追踪软件很好地协同起来。Score-P 优化程序性能的流程如图 4-16 所示。

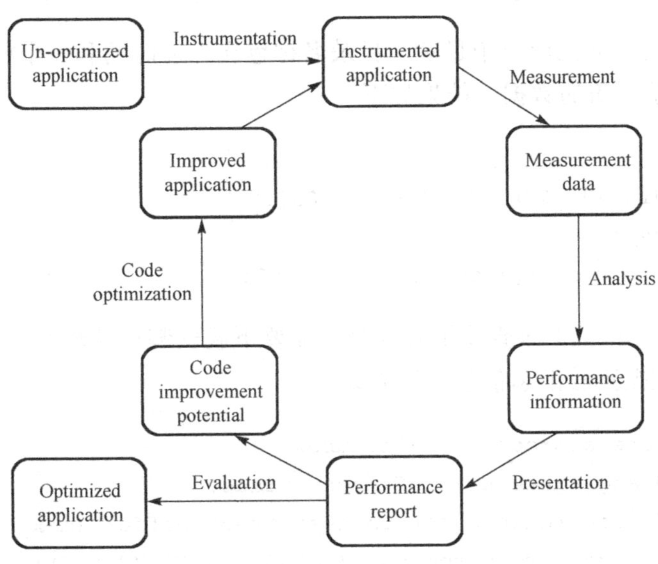

图 4-16　Score-P 优化程序性能的流程

使用 Score-P 可以测量程序中 MPI 调用、OpenMP 并行的时间，大致步骤如下：

- 编译时，在编译命令前加上 scorep；
- 运行程序，或用 srun、sbatch 提交到集群中执行；
- 执行完成后，会多一个名称以 scorep 开头的子目录，该目录下有.cubex 文件，即性能测量数据；
- 在命令行下用 scorep-score 查看测量数据的汇总信息，或在图形界面用工具打开 cubex 文件来查看具体信息。

下面举例说明。本例是 Score-P 安装包附带的，使用 MPI+OpenMP 混合编程求解泊松方程。共有两个源文件：jacobi.c、main.c。

如果不使用 Score-P，编译运行的命令大致如下：

```
$ mpicc -std=c99 -g -O2 -fopenmp -c jacobi.c
$ mpicc -std=c99 -g -O2 -fopenmp -c main.c
$ mpicc -std=c99 -g -O2 -fopenmp -o jacobi jacobi.o main.o -lm
$ mpirun -n 2 ./jacobi   # slurm 作业管理系统上，可以用 srun --mpi=pmi2 -n 2 ./jacobi
```

如果使用 Score-P 收集性能数据，编译运行的命令大致如下：

```
$ scorep mpicc -std=c99 -g -O2 -fopenmp -c jacobi.c
$ scorep mpicc -std=c99 -g -O2 -fopenmp -c main.c
$ scorep mpicc -std=c99 -g -O2 -fopenmp -o jacobi jacobi.o main.o -lm
$ mpirun--mpi=pmi2 -n 2 ./jacobi # 或 srun --mpi=pmi2 -n 2 ./jacobi
```

二者区别在于，后者在编译时要在命令前加上 scorep，用于链接 Score-P 的库（如 PMPI、POMP 等）。如果成功链接了 Score-P 的库，使用如下命令可以查看到相关的链接库：

```
$ ldd jacobi | grep scorep
```

程序执行完毕后，会生成一个目录，目录名称包含当前时间和一个标识串。该目录下的 cubex 文件保存了所需的数据。结果如下。

```
$ ls -d
scorep-20190404_1709_4309181655683768
$ ls scorep*
MANIFEST.md  profile.cubex  scorep.cfg
```

接下来，可以使用 GUI 来查看汇总信息（需要下载安装相关软件，如 CUBE），也可以直接用 Score-P 数据查看汇总信息，结果如下。

```
scorep-score scorep*/profile.cubex
Estimated aggregate size of event trace:                   82KB
Estimated requirements for largest trace buffer (max_buf): 41KB
Estimated memory requirements (SCOREP_TOTAL_MEMORY):       51MB
```

```
    (hint: When tracing set SCOREP_TOTAL_MEMORY=51MB to avoid intermediate
flushes
     or reduce requirements using USR regions filters.)

    flt     type max_buf[B] visits time[s] time[%] time/visit[us]  region
             ALL  41,769     1,902    4.87   100.0      2560.11     ALL
             OMP  39,816     1,824    4.65    95.4      2547.50     OMP
             MPI   1,600        52    0.04     0.9       854.64     MPI
             COM     286        22    0.18     3.7      8096.77     COM
          SCOREP      41         2    0.00     0.0        41.03     SCOREP
             USR      26         2    0.00     0.0        16.83     USR
```

其中：

visits 是访问某一区域的次数；

time[s]是程序在运行过程中花费在特定区域的总时间；

time[%]是程序花费在特定区域的总时间占程序总执行时间的比例；

time/visit[us]是访问某区域一次的平均时间；

region 是被测量（插桩）的代码区域，如用户函数、库函数、OpenMP 结构等。

除了汇总信息，还可以查看每个区域（函数、结构等）的具体统计信息，命令如下。例如，MPI_Send()、MPI_Recv()函数或#pragma omp parallel 结构花费了多少时间。

```
    $ scorep-score scorep*/profile.cubex -r
```

在性能分析示例中，执行程序时我们没有设置任何与 Score-P 相关的环境变量、参数。这里要说明的是，Score-P 会检查相应的环境变量，因此我们可以使用环境变量来调整它的行为。例如，可以只做性能分析（默认），也可以只做事件追踪。

性能分析示例的输出结果中，前 3 行以 Estimated 开头的信息可以用作后续事件追踪。开启追踪功能会记录相当多的信息，这就需要在内存中预先分配足够的空间给 Score-P 使用。因此，做程序的追踪分析前，一般要先做一个不带追踪功能的性能分析，根据估计的（Estimated）内存需求指定环境变量，再运行一个开启了追踪的版本。其工作流程大致总结如下：

- 编译；
- 执行程序（只做性能分析）；
- 用 scorep-score 查看输出结果，确认总的统计信息和后续事件追踪所需的内存大小；
- 设置环境变量，执行程序（事件追踪或性能分析+事件追踪）；
- 分析结果。

本节从程序性能分析和性能分析工具出发，介绍了程序性能分析的关键指标，如 CPU 利用和高效访存等，进行分析时常用的系统工具，以及面向 MPI 并行程序可以使用的相关工具。程序的性能分析工作贯穿程序开发的全周期流程，可以很好地指导程序优化工作，为开发高性能软件提供细节参考。

除了本章提到的相关工具，还有一些分析与调试工具，如 pprof（gperftools）、Intel vtune 、Valgrind 等，受限于篇幅不再赘述。

习　题

1．利用 MPI 或者 OpenMP 并行编程模型，实现稠密矩阵与向量的乘法，并测试不同 MPI 进程或者 OpenMP 线程下的性能。

2．完成函数积分的向量化指令程序开发。

3．用 MPI 集合通信（如 MPI_Reduce）改写 4.3.1 节中的 MPI 梯形积分程序。

4．利用 MPI 点对点通信，实现 MPI_Allreduce 功能；并讨论是否还有其他更高效的实现方法。

5．完成 GEMM 的串行程序开发，并完成不同循环顺序的运行时间、浮点运算性能测试，利用相关工具分析 cache 缺失次数。其中，矩阵大小可根据实际配置自定。

6．有条件的可安装 Intel vtune 或者 Score-P 性能分析工具，选择一个并行软件进行性能分析。

7. 讨论本章涉及的相关性能分析工具的大致原理和分类（如是基于采样的还是基于硬件计数的），讨论性能分析工具对程序真实性能的影响。

8．GEMM 的 MPI 版本开发与性能分析。

第 5 章 神威异构众核程序设计

5.1 神威超算及编程环境概述

5.1.1 神威超算的背景及历史

近年来，神威系列超算一直秉承自主创新的发展方针。2011 年推出的“神威蓝光”超算成为国内首个全部采用国产处理器和系统软件构建的千万亿次计算机系统。2015 年，“神威·太湖之光”超算系统落户国家超级计算无锡中心，如图 5-1 所示。该系统是世界上首台峰值运行速度超过十亿亿次的超算，也是我国第一台全部采用国产处理器构建的世界第一的超算。2016 年 6 月到 2017 年 11 月，在世界超算 TOP500 榜单上，“神威·太湖之光”连续四次登顶。

神威·太湖之光超算由国家并行计算机工程技术研究中心研制，安装了 40960 个我国自主研发的申威 26010（SW26010）众核处理器，该众核处理器采用 64 位自主 SW64 指令系统，峰值性能达每秒 3168 万亿次，核心工作频率为 1.5GHz。

图 5-1 神威·太湖之光”超算系统

新一代神威超算是神威·太湖之光的继承者，不仅采用了 4200 万内核的国产处理器，在 Linpack 基准测试中，峰值性能更是达到每秒 1.3 百亿亿次，比现在全球排名第一的美国超算 Frontier 更强。

戈登贝尔奖是高性能计算应用领域的最高学术奖项，主要颁发给该年度在这一领域的最杰出成就。我国神威·太湖之光超算的应用此前多次获得了戈登贝尔奖。2016 年，基于神威·太湖之光超算系统的全机应用“千万核可扩展全球大气动力学全隐式模拟”获奖；2017 年，基于神威·太湖之光超算系统的全机应用“非线性大地震模拟”获奖。此外，国家超级计算无锡中心、之江实验室、清华大学、上海量子科学研究中心等单位联合研发的神威量子模拟器（SWQSIM），摘得了 2021 年度 ACM“戈登贝尔”奖。该团队使用新一代神威超算，高效地模拟了深度为 10×10 (1+40+1)的随机量子电路，是 RQC 经典模拟的新里程碑。他们使用 4190 万核处理器，实现 1.2 EFLOPS 单精度或 4.4 EFLOPS 混合精度性能，1 EFLOPS 即每秒一百亿亿（10^{18}）次运算。2022 年，来自中国科学技术大学的一项研究成果成功入围“戈登贝尔”奖，使用的是我国神威·太湖之光超算。

在 2022 年的世界超算 TOP500 榜单上，神威·太湖之光以 93.1 PFLOPS 的性能排名第六，第一由美国橡树岭国家实验室新近推出的 Frontier 超算摘得。而我国的新一代神威超算理论上在 2021 年就完成了 E 级计算，性能上超越 Frontier，但是未参与 TOP500 排名。

5.1.2 神威·太湖之光超算架构

神威·太湖之光超算架构如图 5-2 所示。互连系统由计算网络、存储网络和管理网络组成，实现不同类型节点之间的数据传输。计算网络采用自主研发的神威网络芯片组，实现了高带宽、低延迟通信；存储网络采用神威网络技术进行存储；管理网络采用以太网协议连接系统的所有节点和管理单元。存储系统包括全局存储系统和本地存储系统，提供大容量的全局 I/O（Input/Output，输入/输出）服务，提供统一的命名空间和高性能的本地 I/O 服务。全局存储系统支持在线扩展，由元数据服务器集群、数据服务器集群、存储磁盘阵列和支撑业务节点组成；本地存储系统使用固态硬盘（Solid State Drive，SSD）部署在系统服务节点上，为主机提供高性能、可动态部署的 I/O 服务。维护系统提供系统配置与管理、实时状态监控、运行环境实时监控与诊断等功能，覆盖了计算、互连、存储、电力、冷却、系统服务、运行环境等多个硬件架构部分。电力系统为计算系统、互连系统和存储系统提供稳定、可靠、高效的供电。电力系统采用基于高压整流的三级直流电源转换方式。冷却系统负责为主机、存储、动力系统等提供良好的冷却条件，提供高效的冷却技术，包括液冷、热管传导、风冷和混合冷却。

SW26010 处理器采用片上融合的异构众核架构（如图 5-3 所示），使用 64 位自主 SW64 指令系统。一个 SW26010 处理器由 4 个核组（Core Group，CG）组成，它们通过片上网络和系统接口（System Interface，SI）连接。一个 CG 由一个管理核心（Management Processing Element，MPE）、一个运算核心簇（Computing Processing Elements Clusters，CPE 簇）、一个存储控制器（Memory Controller，MC）和一个协议处理单元（Protocol Processing Unit，PPU）等组成。每个 CG 都有自己的内存空间，主存通过 MC 连接到 MPE 和 CPE 簇。每个 CPE 簇包含 64 个 CPE，它们被排布在一个 8×8 的阵列中，因此也称 CPE 簇为从核阵列（相应地，称 MPE 为“主核”）。SI 则用于连接处理器本身和外面的其他设备。

MPE 和 CPE 都是 64 位精简指令集计算机（RISC）核心。MPE 支持 SW64 指令集，可运行完整的 Linux 操作系统；而 CPE 较 MPE 要简单，只能在用户模式下运行。此外，CPE 的核心内部包含一个 64 KB 的用户可控制的局部存储空间（Local Data Memory，LDM），而 MPE 可通过 MC 与 8GB DDR3 存储器相连。

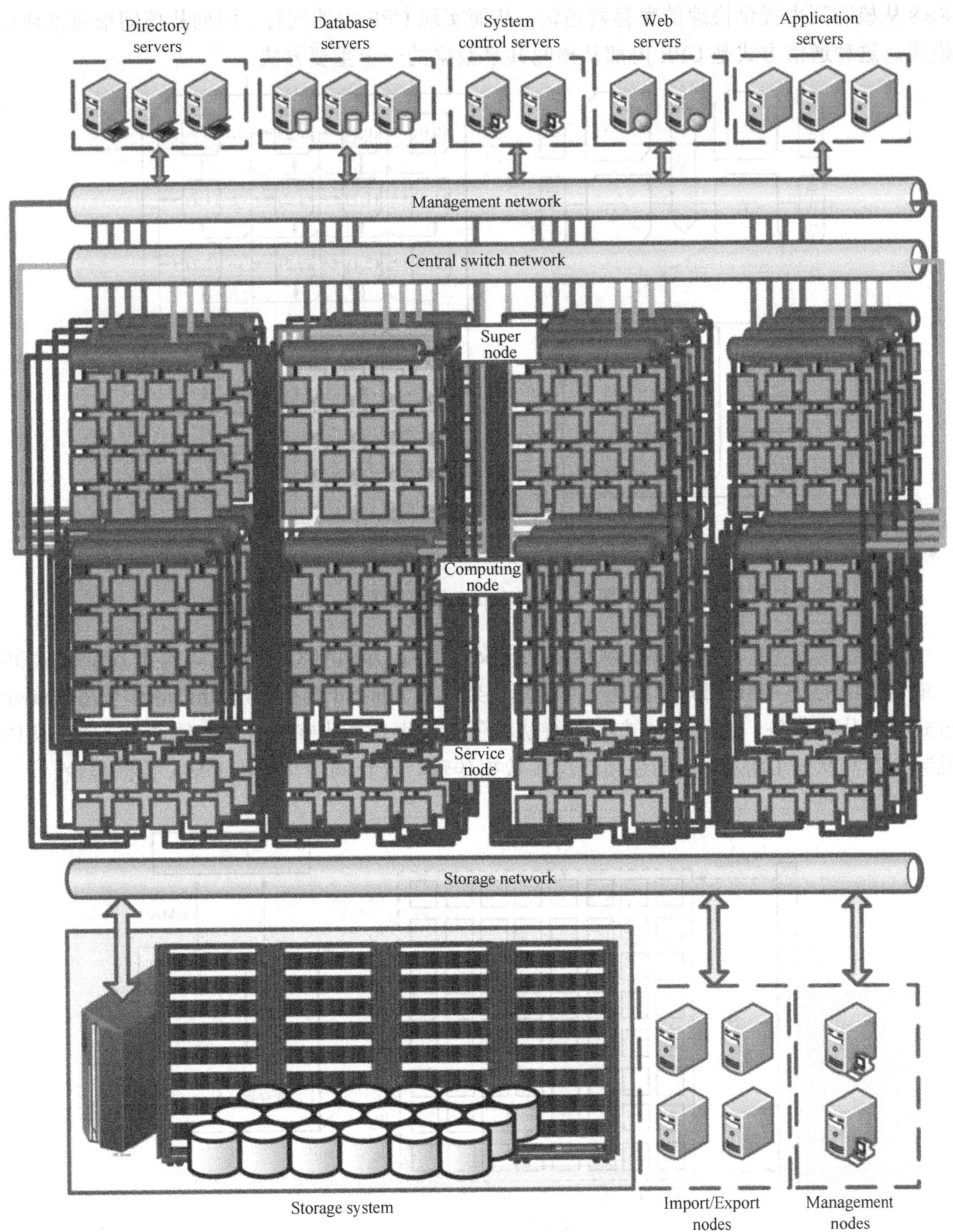

图 5-2　神威·太湖之光超算架构

面向访存需求，CPE 可以通过直接离散的方式（即 gld/gst）来访问主存；也可通过 DMA 来批量访问主存，先将数据从主存搬运到从核的可快速访问本地 LDM 中，在从核计算时，只需要向 LDM 发起访存即可。同时，在 CPE 内部的从核，还提供了寄存器通信方式，在

8×8从核阵列中提供快速的寄存器通信，从而实现 CPE 内的同行、同列从核间细粒度通信模式。这种通信方式是 CPE 内部从核间共享数据的一个重要方式。

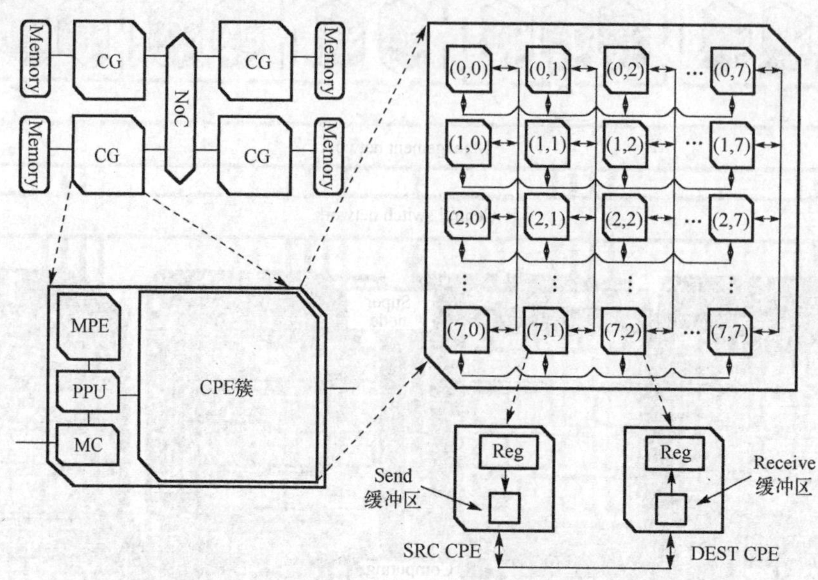

图 5-3　SW26010 处理器架构

在编程模式上，神威超算主从核之间的交互支持 OpenACC 和加速线程库 Athread。其中最常使用的是 Athread 库，如图 5-4 所示，类似于 Pthread 线程库，Athread 库使用 Spawn 方式启动从核任务，使用 Join 方式等待从核任务结束。主从核间的输出传输，一般是从核发起主存与从核 LDM 之间的连续或跨步数据传输，进行同步与异步 DMA 数据传输。

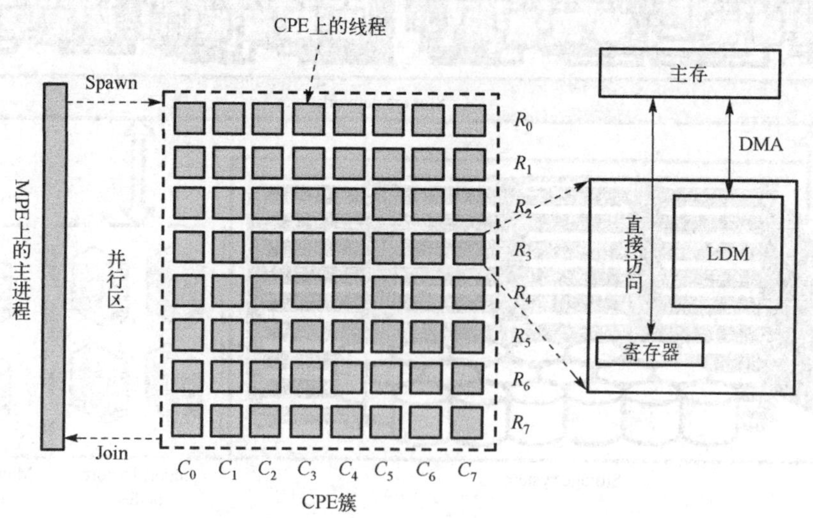

图 5-4　神威主从核上的 Athread 编程模式

5.1.3　新一代神威超算架构

新一代神威超算的计算能力由国产的多核 SW26010P 处理器提供，该处理器包括 6 个核组（CG）。与 SW26010 类似，每个核组包括 1 个管理核心（MPE）和 1 个运算核心簇（CPE 簇），如图 5-5 所示。

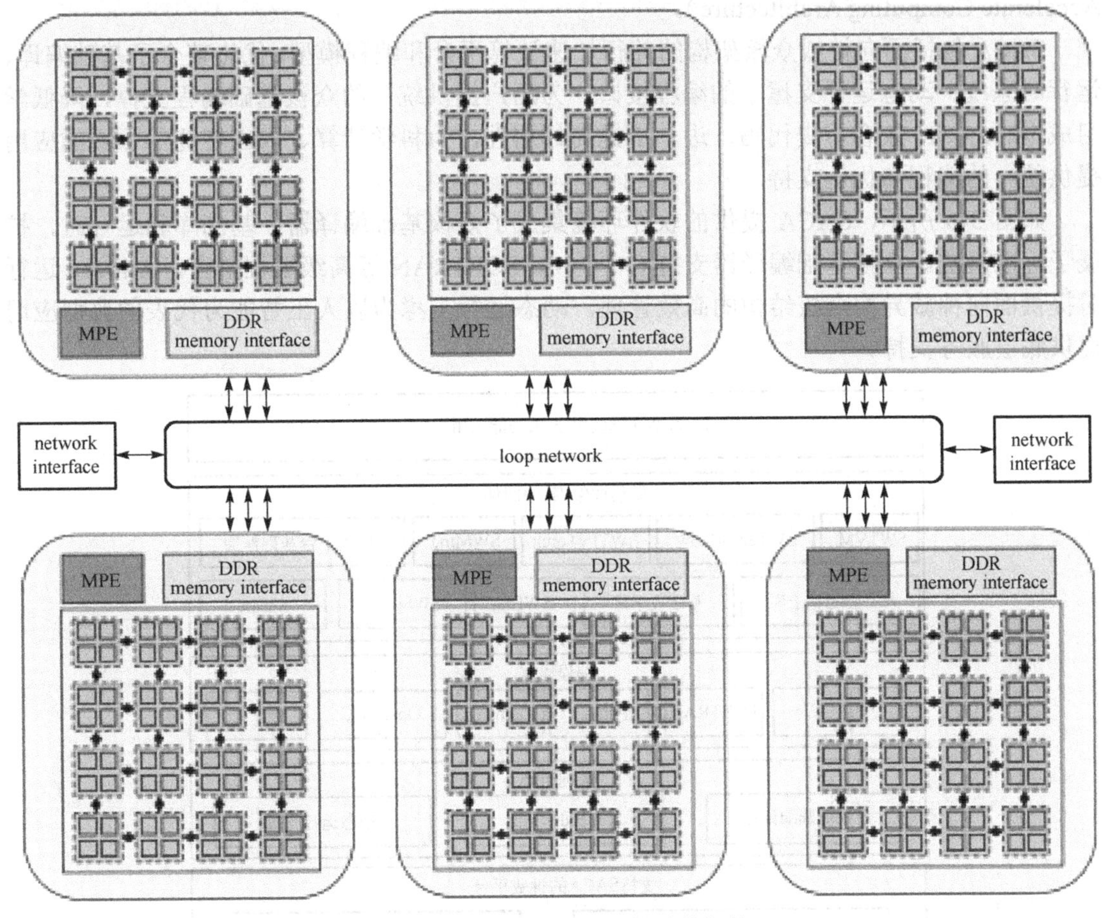

图 5-5　SW26010P CPU 的总体架构

每个 CG 都有自己的内存控制器（MC），连接到 16GB 的 DDR4 内存，带宽为 51.2 GB/s。同一个 CPE 集群中，每个 CPE 之间的数据交换是通过远程内存访问（Remote Memory Access，RMA）接口实现的（取代了上一代的寄存器通信特性）。每个 CPE 拥有一个 256KB 的快速本地 LDM，并支持 512 位的向量化计算指令。

每个 SW26010P 处理器由 390 个处理单元组成。在 2021 年的戈登贝尔奖获得者的研究中，他们在新一代神威超算上，共使用了 107 520 个 SW26010P 处理器，并行规模达到了前所未有的 41 932 800 个核心。虽然新系统在计算能力上表现出了与其他系统相比的显著优势，与它的前辈类似，但在内存容量方面相对适中，每个节点的内存容量为 96GB，内存带宽为 307.2 GB/s。

5.1.4　神威编程环境

随着神威平台的发展，其编程环境也不断丰富完善，但功能支撑较为分散，缺乏统一的众核基础编程指导。另外，人工智能等新兴应用领域不断涌现，其对众核基础编程的需求与传统科学计算领域不尽相同，需要统一的编程架构来支撑。在这样的背景下，针对新一代神威E级超算，神威平台于2021年1月正式推出神威加速计算架构——SACA（Sunway Accelerate Computing Architecture）。

SACA包括面向神威众核架构的并行加速计算平台和编程模型，优化整合了基础编译、运行时系统、动态运行支撑中的编程接口，为用户提供统一的众核基础编程支撑，降低学习成本。SACA兼容历史代码，进一步提高好用性，为科学计算、人工智能等领域的应用提供统一的编程和优化支持。

如图5-6所示，SACA提供的软件环境集成了众核基础编译器、基础库和运行时，扩展了标准语法。众核基础编译器支持C、C++、FORTRAN等高级编程语言，Athread运行时提供面向神威异构众核结构的高效管理，动态运行支撑为以人工智能为代表的典型应用提供底层服务支持。

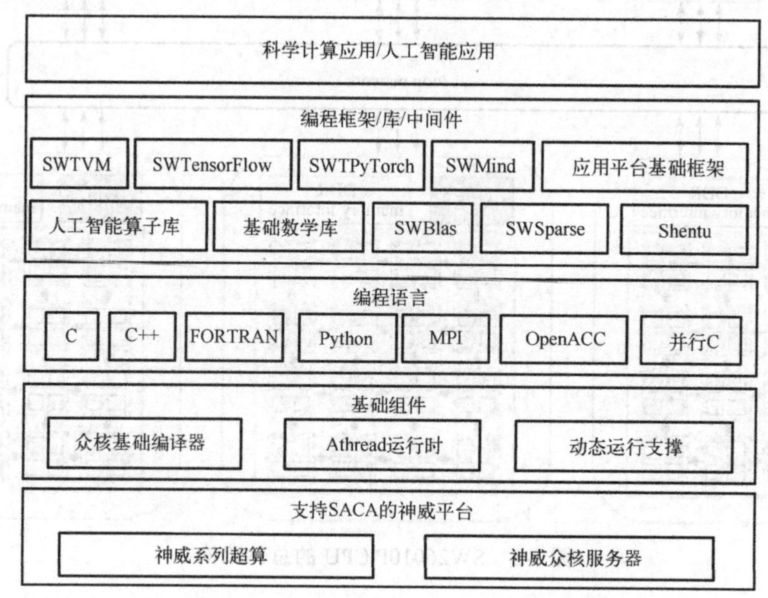

图5-6 基于SACA的神威众核平台应用开发

1. swgcc编译器

swgcc编译器是一款基于GCC编译器的为神威众核处理器配备的底层基础编译器，是SACA编程环境的重要组成部分，是连接神威众核处理器与应用程序的桥梁，称为国产众核基础编译器。swgcc支持国际标准的编程语言C、C++和FORTRAN，支持异构众核的SIMD扩展编程，提供循环优化、全局优化、过程间分析与优化等传统编译优化支持，并针对神威众核处理器的体系结构特点，进行高效能的编译优化，从而充分发挥处理器效率。

swgcc编译器遵守Unix和Linux编译器标准协议，生成的目标码遵守Linux ABI协议。编译生成的目标文件可以链接由其他Linux上国产众核基础编译器生成的目标文件。

在SW26010上，支持的编译器有swgcc和sw5cc/sw5CC两种，对后者的支持要完善一些，而对swgcc的支持较不完善。但是到了新一代神威平台上，编译工具链全部都切换到swgcc上了。

2. 使用说明

国产众核基础编译器支持 C、C++、FORTRAN 语言，并且通过选项区别支持主核和从核代码生成，如表 5-1 所示。编译器新增动态链接功能，用于支持人工智能类应用对动态编译及运行的需求，提升系统的通用性。

在语言语法支持上，国产众核基础编译器支持 C11、C++2014、FORTRAN2003 标准语法，部分支持 FORTRAN2008 标准语法。

表 5-1　基础编译器使用说明

语　言	命 令 名	主 核 选 项	从 核 选 项	混合连接选项	动态连接选项
C	swgcc	-mhost	-mslave	-mhybrid	-mdynamic
C++	swg++				
FORTRAN	swgfortran				

注：（1）目前 C++编译器只支持主核代码；（2）在 SW26010 上，swgcc 不包括动态链接。

3. swgcc 编译实例说明

独立的主核代码为

```
master.c: swgcc -mhost master.c -o master.out
```

独立的从核代码为

```
slave.c: swgcc -mslave slave.c -o slave.out
```

主核代码 master.c、从核代码 slave.c，以–mhybrid 模式混合静态链接：

```
swgcc -mhost -c master.c
swgcc -mslave -c slave.c
swgcc -mhybrid master.o slave.o -o exe.out      #生成主从混合代码 exe.out
```

主核代码 master.c、动态库主核代码 lib_master.c、动态库从核代码 lib_slave.c，以–mdynamic 模式动态链接：

```
swgcc -mhost -fPIC -c lib_master.c
swgcc -mslave -fPIC -c lib_slave.c
swgcc -mdynamic -shared lib_master.o lib_slave.o -o libmix.so
                                            #生成主从混合的动态库
swgcc -mhost -c master.c
swgcc -mdynamic master.o -L. -lmix -o mix.out
                                            #生成主从混合的动态目标码 mix.out
```

由于动态库的 LDM 空间相互覆盖，以及从核短 pc24 位的限制，开发人员需要把代码链接成一个动态库，如果是多个动态库可能会运行出错。用户代码分成多个动态库的，需要在编译时加–fPIC 选项生成与位置无关的.o 文件，ar 压缩成.a 文件，将所有的.a 文件和其他.o 文件链接成一个动态库。

5.1.5 访存层次

1. gds/gst 访存

gds/gst 是离散访存，在从核端可以通过主存的地址直接从主存中调取数据或者向主存存储数据。这种方式的优点是编程方便，不用以 LDM 作为数据缓存；缺点是速度慢、延迟高。一般适用于传输少量的数据（如配置），对大量的数据访问需求，建议使用 DMA+LDM 进行访问。

2. DMA+LDM 访存

DMA（Direct Memory Access）是直接内存访问。从核可以发起 DMA 操作实现 LDM 与主存之间的数据传输，提高从核访问主存的效率。对 LDM 上的数据，一般用"__thread_local"修饰符进行修饰。

3. LDM 共享（仅 SW26010P）

神威众核芯片一个核组内的存储分为位于主核的主存和每个从核私有的位于每个从核的 LDM。编程时，从核函数栈空间默认位于主存中，在运行时加–b 选项可以将栈空间设置到 LDM 内。从核 LDM 空间可划分为私有空间、连续共享空间和从核数据 Cache 空间三部分，三部分空间分档可调，LDM 使用时各空间的划分如图 5-7 所示。

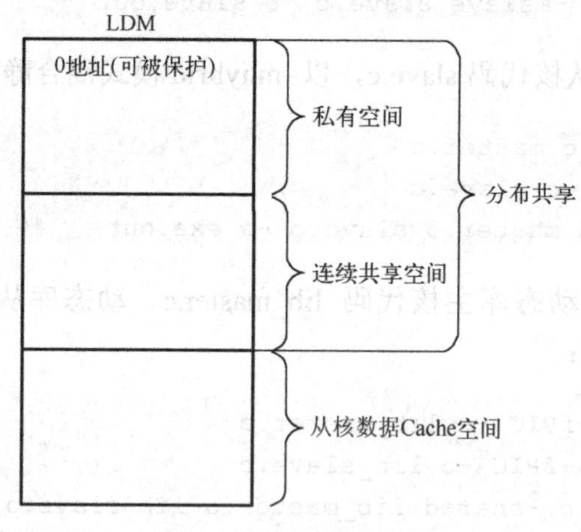

图 5-7 LDM 空间划分

每个从核具有一个高速的本地 LDM 空间，其容量有限，属于处理器的珍稀资源。LDM 空间访存速度快，但要获得高性能，用户需要显式管理 LDM 的使用，在算法设计时开始考虑怎么使用 LDM。LDM 空间主要分为私有空间和连续共享空间，LDM 私有空间是从核快速访问的本地私有空间；LDM 连续共享空间是从核用于阵列内 LDM 共享访问的一种空间，从核可以访问到其他从核的 LDM 空间。在 LDM 连续共享模式下，阵列内每个从核提供相同容量的 LDM 空间进行连续编址，每个从核提供的用作共享的 LDM 空间容量分档可调。连续共享模式包含单簇（一个从核簇是一个 2×2 大小的从核阵列）、双簇（两个从核簇组成的 4×2 大小的阵列）、四簇（四个从核簇组成的 8×2 大小的阵列）、全阵列簇（全阵列共享，按从核簇连续编址）、全阵列行（全阵列共享，按行连续编址）等 5 种模式，便于对不同工作集合的就近访问。

5.2　神威众核编程

5.2.1　众核程序结构

为适应神威异构众核架构，SACA 采用异构加速编程模式，如图 5-8 所示。SACA 程序由主核程序和从核程序组成，主核程序运行在运算控制核心（主核）上，负责数据和加速任务的分配与管理；从核程序运行在运算核心（从核）上，实现对核心功能模块的加速。

主核程序采用 SACA 运行时，Athread 的相关接口对加速线程任务进行管理操作，根据接口功能的不同，加速线程任务将会在一个或多个线程阵列上执行。线程任务启动后，主核可以继续运行其他串行代码；而调用加速线程任务回收接口后，就将等待从核阵列完成加速任务的执行。

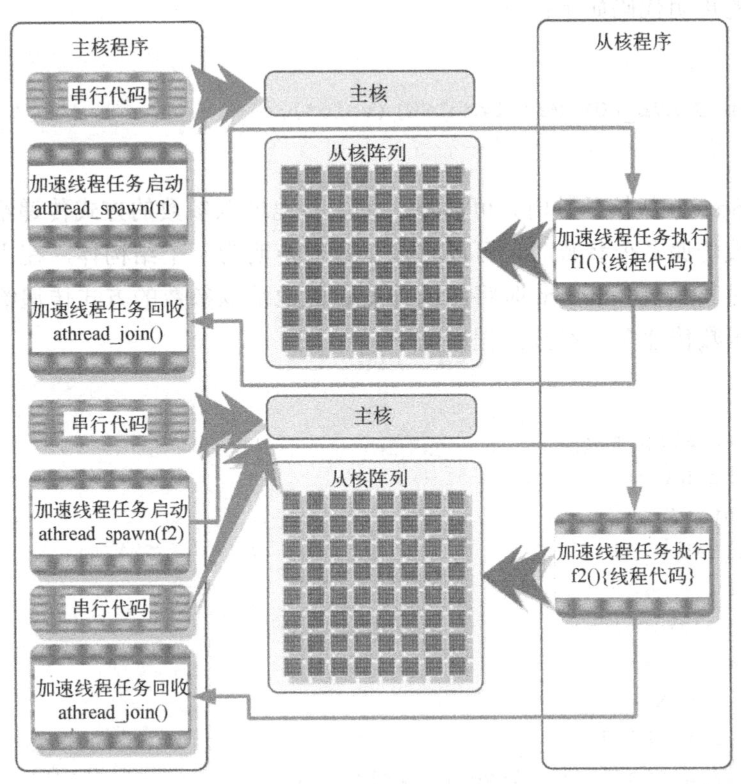

图 5-8　SACA 异构加速编程模式

一个神威众核程序通常由三部分组成，如下所述。

1. 主函数

主函数运行众核加速前的主程序，运行在纯主核上，调用神威主核函数进行众核加速。

2. 神威主核函数

神威主核函数声明从核函数，设置从核函数参数，将从核函数 Spawn 到从核阵列上并开始从核阵列计算。从核阵列计算开始后，主核函数等待所有从核阵列完成计算并退出，在主核函数启动从核阵列后等待从核阵列计算完成期间，主核函数可以执行与从核阵列异步执行的在主核运行的代码。

3. 神威从核函数

神威从核函数是由主核函数 Spawn 到从核上由从核异步执行的函数。

5.2.2 从核函数

从核执行单独编写的从核函数，主核函数将同一个从核函数 Spawn 到从核阵列上的每个从核，由从核进行计算，从核支持 C 和 FORTRAN，也支持简单的 C++。一个从核函数在主核函数中的声明代码如下：

```
...
extern SLAVE_FUN(MatrixMulSW)(void*);
...
```

主核函数 Spawn 从核函数时，可以将一个主存地址以参数的方式传递给从核函数；当需要向从核函数传递多个参数时，可以将多个参数声明为一个结构体，在主核函数中创建结构体变量并对其赋值，Spawn 时将结构体变量的地址以参数的方式传递给从核函数，从而实现向从核函数传递多个参数，程序如下。

```
...
typedef struct {
    int hA;
    int wA;
    float *eA;
}Para;
...
para.hA = M;
para.wA = N;
para.ea = &A[0];
athread_spawn(func_slave,&para);
...
```

以上程序通过结构体 Para 将变量 M、N 和&A[0]传入从核函数。

5.2.3　第一个并行程序

1. 第一个众核程序

矩阵乘法对结果是 8×8 维的矩阵，有两种方式。第一种，通过串行进行处理，通过循环分别对每一行的值和每一列的值进行计算。加入每一列或每一行进行计算需要 1ms，那么整体计算的时间将是 64ms。第二种，将矩阵分成 64 个分块，每个从核计算 1 个分块。同样每个从核计算时间为 1ms，在不考虑从核和主核之间通信的情况下，整体的计算时间仅仅需要 1ms 即可。

矩阵并行计算，理论上通过使用更多的硬件资源可以减少计算的时间，但这会引入从核和主核之间的通信开销。在大规模矩阵的运算中，实际计算的时间开销会占据整体程序绝大部分的时间开销。

以矩阵 $\boldsymbol{C}=\boldsymbol{A}\times\boldsymbol{B}$ 为例，运用并行计算的思想，将矩阵 $\boldsymbol{C}$ 二维分成 64 个分块，每个从核计算 1 个分块，每个从核计算与 $\boldsymbol{C}$ 分块相关的 $\boldsymbol{A}$ 的 1 块行和 $\boldsymbol{B}$ 的 1 块列，如图 5-9 所示。

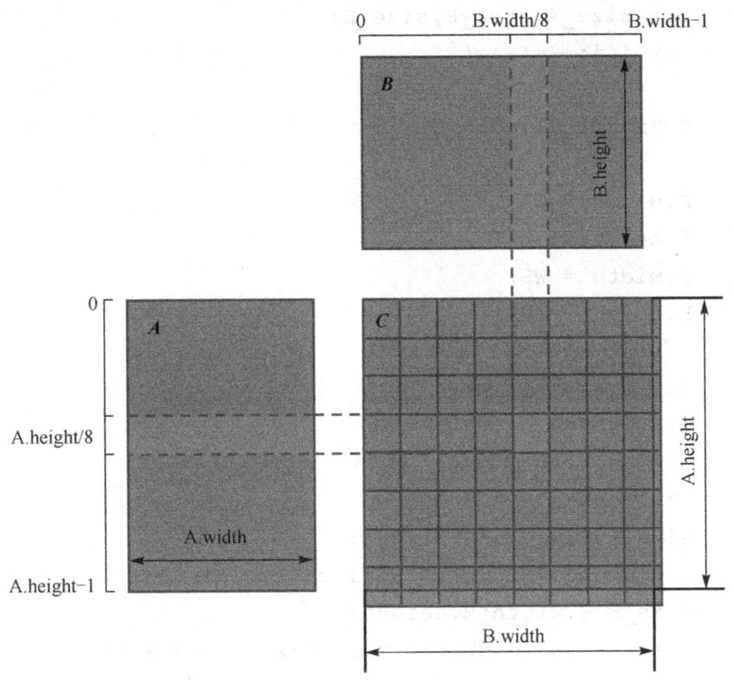

图 5-9　矩阵乘法分块与计算

下面以 SW26010P 处理器环境及 CRTS 库为例，介绍神威主核和从核编程的基本步骤。

（1）主函数

主函数位于 main.c 文件中，在主核运行，包括对 $\boldsymbol{A}$、$\boldsymbol{B}$、$\boldsymbol{C}$ 矩阵的空间申请和初始化，程序如下。

```
#include <crts.h>
```

```
#define BLOCK_SIZE 16
#define WA 4*BLOCK_SIZE
#define HA 4*BLOCK_SIZE
#define WB 5*BLOCK_SIZE

typedef struct {
    int width;
    int height;
    int stride;
    double* elements;
}Matrix;

extern void MatMul(Matrix *A, Matrix *B, Matrix *C);

int main(int argc, char* argv[]){
    Matrix A,B,C;
    int size_A,size_B,size_C;
    int i,j;

    CRTS_init();

    A.width = WA;
    A.height = HA;
    B.width = WB;
    B.height = WA;

    C.width=B.width;
    C.height=A.height;

    /*Allocate A and B*/
    size_A=A.width*A.height;
    A.elements=(double*)malloc(size_A*sizeof(double));
    size_B=B.width*B.height;
    B.elements=(double*) malloc(size_B*sizeof(double));

    /*Allocate C */
    size_C=C.width*C.height;
    C.elements=(double*) malloc(size_C*sizeof(double));

    /*set value of A and B*/
    for (int i = 0; i < size_A; ++i) {
        A.elements[i] = 1.0f;
    }
```

```
46.     for (int i = 0; i < size_B; ++i) {
47.         B.elements[i] = 0.01f;
48.     }
49.
50.     /*coculate C*/
51.     MatMul(&A,&B,&C);
52.
53.     /*output result*/
54.     for (int i = 0; i < C.height; ++i) {
55.         for (int j = 0; j < C.width; ++j) {
56.             printf("%f ", C.elements[i]);
57.         }
58.         printf("\n");
59.     }
60.
61.     free(A.elements);
62.     free(B.elements);
63.     free(C.elements);
64.     athread_halt();
65.     return 0;
66. }
67.
```

其中，

第 1 行：引用神威众核公共运行时的系统头文件，所有神威众核程序均需要引用此文件。

第 22 行：完成并行语言公共运行时的初始化，在使用主核同步和任何从核功能之前必须调用该函数，一个神威众核程序调用且仅调用 1 次 CRTS_init()函数。

第 64 行：释放由 CRTS_athread_spawn/athread_spawn 创建的线程组资源，停止从核组流水线，关闭从核组，该从核组在本进程中无法再次使用。

（2）主核函数

主核函数位于 master.c 文件中，在主核运行，包括从核函数声明、从核函数参数设置、从核函数的启动和等待完成等，程序如下。

```
#include <crts.h>

typedef struct {
    int width;
    int height;
    int stride;
    double* elements;
}Matrix;

```

```
10. typedef struct{
11.     int widthA;
12.     int heightA;
13.     int widthB;
14.     int heightB;
15.     double* eA;
16.     double* eB;
17.     double* eC;
18. } Para;
19.
20. extern SLAVE_FUN(MatrixMulSW)(void*);
21.
22. void MatMul(Matrix *A, Matrix *B, Matrix *C){
23.     Para para;
24.     para.widthA = A->width;
25.     para.heightA = A->height;
26.     para.widthB = B->width;
27.     para.heightB = B->height;
28.     para.eA = A->elements;
29.     para.eB = B->elements;
30.     para.eC = C->elements;
31.
32.     athread_spawn(MatrixMulSW, &para);
33.     athread_join();
34. }
35.
```

其中，

第 10～18 行：声明从核函数参数数据结构，用于向从核函数传递多个参数。

第 22 行：声明从核函数。

第 23～30 行：声明从核函数参数数据结构变量并对其赋值。

第 32 行：启动从核函数，将从核函数参数数据结构变量地址传入从核函数。

第 33 行：等待从核阵列运行完成，在第 32 行和第 33 行之间可以添加在主核运行、与从核函数异步执行的程序。

（3）从核函数

从核函数位于 slave.c 文件中，由每个从核阵列异步执行，程序如下。

```
#include <crts.h>
#define BLOCK_SIZE 16
#define WA 4*BLOCK_SIZE
#define HA 4*BLOCK_SIZE
#define WB 5*BLOCK_SIZE

```

```
typedef struct {
    int width;
    int height;
    int stride;
    double* elements;
} Matrix;

typedef struct{
     int widthA;
     int heightA;
     int widthB;
     int heightB;
     double* eA;
     double* eB;
     double* eC;
} Para;

#define WC WB/8
#define HC HA/8

__thread_local double C_s[HC][WC] __attribute__ ((aligned(64)));

__thread_local crts_rply_t dma_rply = 0;
__thread_local unsigned int D_COUNT = 0;

void MatrixMulSW(void* para){
     Para para_s;
     int rstartC, cstartC;
     int row, col;
/* global index of C_s[i][j] */
     int wA, wB;
     int i, j, e;
     rstartC = CRTS_rid * HC;
     cstartC = CRTS_cid * WC;
/* 1. get parameters from host */
     CRTS_dma_iget(&para_s, para, sizeof(Para), &dma_rply);
     D_COUNT++;
     CRTS_dma_wait_value(&dma_rply, D_COUNT);
     wA = para_s.widthA;
     wB = para_s.widthB;
     for(i=0; i<HC; i++)
         for(j=0; j<WC; j++)
             C_s[i][j] = 0.0;
/* 2. calculate C */
```

```
    for(i=0; i<HC; i++){
        row = rstartC + i;
        for(j=0; j<WC; j++){
            col = cstartC + j;
            for(e=0; e<wA; e++){
                C_s[i][j] += para_s.eA[row * wA + e]
                                 * para_s.eB[e * wB + col];
            }
        }
    }
/* 3. put C back to host */
    CRTS_dma_iput_stride(para_s.eC+rstartC*wB+cstartC,
&C_s[0][0],*WC*sizeof(double),WC*sizeof(double),     (wB-WC)*sizeof(double),
&dma_rply);
    D_COUNT++;
    CRTS_dma_wait_value(&dma_rply, D_COUNT);
}

```

其中，从核 LDM 的数据，如 C_s 数组，采用__thread_local 进行修饰。计算时，首先通过 CRTS_dma_iget()的非阻塞式 DMA 方式，从主存将需要计算的数据加载到从核 LDM 中，接着利用 CRTS_dma_wait_value()等待数据加载完成。完成数据加载后，就可以开始计算了。计算完成后，可以通过 CRTS_dma_iput_stride()（其与 CRTS_dma_iput()函数的区别在于是否跨步）进行计算结果的回传（从 LDM 到主存）。

需要说明的是，如果是在神威·太湖之光超算系统上，由于其没有 CRTS 的支持，对应的 DMA 数据传输需要降级为 athread_get()和 athread_put()函数，并利用一个循环检查是否传输结束（具体可参考 5.2.4 中的 stencil 示例代码）。不过在 SW26010P 环境下，使用 athread_get()和 athread_put()函数也是可以的。

通过以下命令分别对主函数、主从核函数进行编译和链接（在 SW26010P 环境下）：

```
sw9gcc -mftz -mieee main.c -o main.o
sw9gcc -mftz -mieee master.c -o master.o
sw9gcc -mslave -mieee -msimd slave.c -o slave.o
sw9gcc -mhybrid -static main.o master.o slave.o -o exe
```

通过以下运行命令运行：

```
bsub -b -I -o out.log -q 队列名 -shared -n 1 -cgsp 64 -share_size 15000 ./exe
```

5.2.4 示例：stencil 计算优化

stencil 的计算是有限差分方法的核心内容，是偏微分方程等工程领域的重要基础。考虑下面的 stencil 计算代码（这是第 3 章习题中代码的简化版），本节讨论其如何在神威从核上实现该计算的移植。

```
for (i = 2; i < row - 2; i++) {
    for (j = 2; j < col - 2; j++) {
    B_new[i][j] =
        c0 * A[i][j] + c1 * (A[i - 1][j] + A[i + 1][j]) +
        c2 * (A[i - 2][j] + A[i + 2][j]) +
        c1 * (A[i][j - 1] + A[i][j + 1]) +
        c2 * (A[i][j - 2] + A[i][j + 2]);
    }
}
```

首先，分析数据依赖及计算模式。如图 5-10 所示，当计算更新当前格点上的数据时，需要其本身及上、下、左、右各两个格点的值；如果更新二维数组（矩阵）的一行数据，则需要用到与其相邻的一共 5 行数据。

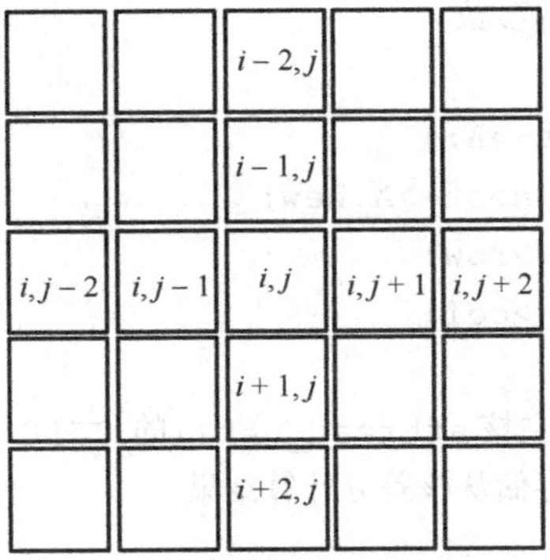

		$i-2,j$		
		$i-1,j$		
$i,j-2$	$i,j-1$	i,j	$i,j+1$	$i,j+2$
		$i+1,j$		
		$i+2,j$		

图 5-10　stencil 计算数据依赖

然后，考虑从核计算的一种可能的任务划分方法，一个 CPE 负责更新一行的值。此时，对应从核需要加载 5 行数据，并在计算完成后需要写回 1 行数据。考虑让每个 CPE 计算连续的 tile 行，则 CPE 需要加速 tile+4 行数据并一共写回 tile 行数据。一般的并行方式是采用 LDM 作为中间缓存，先将计算所需的数据复制到 LDM 中，再让 CPE 计算。计算结果也保存在 LDM 中，在所有 tile 行都计算完成后再写回，或者计算完一行就写回一行。

最后，下面的从核示例代码描述了前面的思路（主核代码较为简单，此处略去），此处我们考虑较少地利用从核 LDM 空间而采用计算完一行就写回一行结果的策略。这里，首先通过矩阵总行数 row，计算出 CPE 需要计算的轮次 loop_num；然后按每轮次计算 tile 行的形式，计算加载数据的起始地址 A_host_start 和计算结果写回的起始地址 A_new_host；接着采用 athread_get()（DMA 的方式）加载数据并等待数据加载完成。加载完成后，即开始计算；并在一行计算完成后，通过 athread_put()（DMA 的方式）将计算结果写回主存。

```
const float c0 = -30.0 / 12.0, c1 = 16.0 / 12.0, c2 = -1.0 / 12.0;

typedef struct {
    float *A;
```

```
        float *A_new;
        int row;
        int col;
    } Param;

    #define TILE 10 /*每个从核负责计算的行数*/
    #define NN 1284
    #define NM 1024

    inline addn(int x, int n, int x1) { return x + n < x1 ? x + n : x + n
- x1; }
    void fd_compute(Param *host) {
        volatile unsigned long get_reply, put_reply;
        volatile int id = athread_get_id(-1);  // 获取从核 id
        /*
        获取从主核传过来的参数
        */
        float *A = host->A;
        float *A_new = host->A_new;
        int row = host->row;
        int col = host->col;
        /*
        A_slave 将存储从主核 athread_get()的 TILE + 4 行数据
        A_new_slave 将存储从核差分计算结果
        */
        float A_slave[TILE + 4][NM];
        float A_new_slave[NM];

        float *A_host;
        float *A_new_host;
        float *A_host_end;
        float *A_new_host_next;
        float *A_host_start;

        volatile int row_beg, row_end, row_num;
        int loop_num;
        int tile = TILE;

        int i, j, i_pos_m2, i_pos_m1, i_pos, i_pos_p1, i_pos_p2, row_comp,
loop;
        int d0 = 2, d1 = 2; /*计算当前格点需要前后左右各两个格点*/

        loop_num = (row + tile * 64 - 1) / (tile * 64);
        /*计算轮数循环*/
```

```
        for (loop = 0; loop < loop_num; loop++) {
        // 计算当前 tile 行的数据行的起始位置
        row_beg = loop * tile * 64 + id * tile;
        row_end = loop * tile * 64 + (id + 1) * tile;
        row_end = row_end < row ? row_end : row;
        row_num = row_end - row_beg;
        /*
        A_host: 每个从核所负责计算区域的起始地址
        A_host_start: 起始地址往前偏移两行，因为计算第一格点需要前面两个格点
        row_num + 4 考虑到前两行和后两行
        */
        A_host = A + row_beg * col;
        A_new_host = A_new + row_beg * col;
        A_host_start = A_host - 2 * col;
        /*
        第一次从主存取数据，取的数据量为(tile + 4) * col，包含前两行和后两行
        */
        get_reply = 0;
        athread_get(PE_MODE, A_host_start, &A_slave[0][0], (tile + 4) * col
* sizeof(float), &get_reply, 0, 0, 0);
        while (get_reply != 1);

        row_comp = 0;
        for (i = 0; i < row_num; i++) {
            i_pos_m2 = row_comp;      /*前两行*/
            i_pos_m1 = row_comp + 1; /*前一行*/
            i_pos = row_comp + 2;     /*当前计算行*/
            i_pos_p1 = row_comp + 3; /*后一行*/
            i_pos_p2 = row_comp + 4; /*后两行*/

            /*
            stencil 计算，计算当前格点需要前后左右各两个格点
            */
            for (j = 2; j < col - 2; j++) {
                A_new_slave[j] = c0 * A_slave[i_pos][j] + c1 * (A_slave[i_
pos_m1][j] + A_slave[i_pos_p1][j]) +
                                      c2 * (A_slave[i_pos_m2][j] + A_slave[i_
pos_p2][j]) +
                                      c1 * (A_slave[i_pos][j - 1] + A_slave[i_
pos][j + 1]) +
                                      c2 * (A_slave[i_pos][j - 2] + A_slave[i_
pos][j + 2]);
            }
            /*
            将计算结果返回主存，一次只计算了一行
```

```
            */
            put_reply = 0;
            athread_put(PE_MODE, &A_new_slave[0], A_new_host, col * sizeof
(float), &put_reply, 0, 0);
            while (put_reply != 1);
            A_new_host = A_new_host + col;
            row_comp = row_comp + 1; /*计算下一行*/
            }
        }
    }
```

5.3 神威 SIMD

SIMD 是一种采用一个控制器来控制多个处理器，同时对一组数据（又称“数据向量”）中的每一个分别执行相同的操作从而实现空间上并行性的技术。简单来说，SIMD 就是一个指令能够同时处理多个数据。

SIMD 于 20 世纪 70 年代首次应用到 ILLIACIV 大规模并行计算机上，而大规模应用到消费级计算机上则是在 20 世纪 90 年代末。

1996 年，Intel 推出了 x86 的 MMX（MultiMedia eXtension）指令集扩展，MMX 定义了 8 个寄存器，称为 MM0～MM7，以及对这些寄存器进行操作的指令。每个寄存器为 64 位宽，可用于以压缩格式保存 64 位整数或多个较小整数，可以将单个指令一次应用于 2 个 32 位整数、4 个 16 位整数或 8 个 8 位整数。

Intel 在 1999 年又推出了全面覆盖 MMX 的 SSE（Streaming SIMD Extensions，流式 SIMD 扩展）指令集，并将其应用到 Pentium III 系列处理器上，SSE 添加了 8 个新的 128 位寄存器（XMM0～XMM7），而后来的 x86-64 扩展又在原来的基础上添加了 8 个寄存器（XMM8～XMM15）。SSE 支持单个寄存器存储 4 个 32 位单精度浮点数，之后的 SSE2 则支持单个寄存器存储 2 个 64 位双精度浮点数、2 个 64 位整数或 4 个 32 位整数或 8 个 16 位短整型。SSE2 之后还有 SSE3、SSE4 及 AVX、AVX2 等扩展指令集。

5.3.1 SIMD 简介

SIMD 向量化是集成在处理器中的一种加速手段，通过将几个元素之间的标量运算转化成一组向量运算，来挖掘迭代循环间的数据并行性。其中，标量运算是指每次运算只操作单个元素，而向量运算是指每次运算操作一组有序标量。

神威·太湖之光的 SW26010 处理器支持 SIMD 扩展，主核和从核支持的 SIMD 向量宽度均为 256 位。而 SW26010P 众核处理器主核支持的 SIMD 处理长度为 256 位，从核支持的 SIMD 处理长度为 512 位。

1. 标量与向量

标量：运算粒度为单个元素。

向量：运算粒度为一组有序的标量。

以单精度浮点数为例的标量和向量示意图如图 5-11 所示。

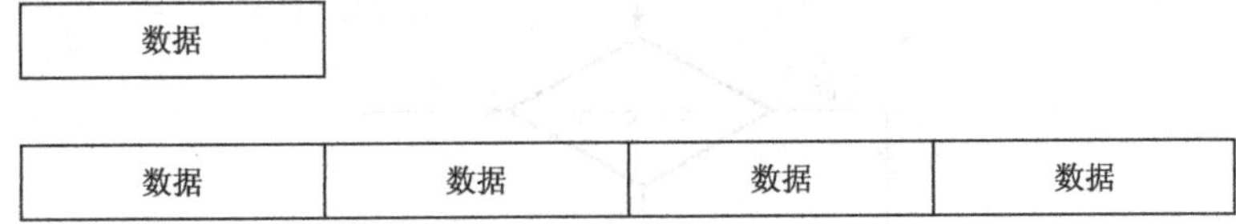

图 5-11　以单精度浮点数为例的标量和向量示意图

一条向量运算指令等价于一个由标量运算构成的小循环，如图 5-12 和图 5-13 所示。它们完成的都是数组的加法操作，向量运算相当于将循环展开，用一条向量加法指令就能完成对 4 个标量数据的处理。这就是单指令流多数据流的含义，既可以有效减少中间的重复指令，又可以降低循环间的控制相关性。

示例 1：数组相加的标量运算

```
datatype a[N], b[N], c[N];
for(i=0; i<N; i++)
    c[i] = a[i] + b[i];
```

图 5-12　数组相加的标量运算伪代码

示例 2：数组相加的向量运算

```
datatype a[N], b[N], c[N];
v_datatype v_a, v_b, v_c;
for(i=0; i<N; i=i+4){
    simd_load(v_a, &a[i]); simd_load(v_b, &b[i]);
    v_c = v_a + v_b;
    simd_store(v_c, &c[i]);
}
```

图 5-13　数组相加的向量运算伪代码

2. 向量化改写的一般步骤

对两个从核函数中的标量计算段进行向量化改写，首先将循环分裂，把一组标量数据赋给向量扩展类型的变量；然后将所有标量运算改为向量运算；最后在计算完毕后，把存储结果的向量展开并赋值到指定标量数组中，流程如图 5-14 所示。

如果标量数据是按要求对界的，可以直接使用 simd_load()/simd_store()接口，完成一组标量和向量之间的转化。对在内存中地址不对界的数据，可以使用 simd_loadu()/simd_storeu()接口完成转化，或者对标量数据进行填充处理，等到对界后再进行与向量数据之间的转化。对分散的标量，可以使用 simd_set_floatv4()接口，将标量依次填入向量中。

将数据都替换为向量类型后，便开始替换原来的标量运算，将标量运算依次改写为对应 SIMD 向量化接口的函数形式，完成向量化计算。

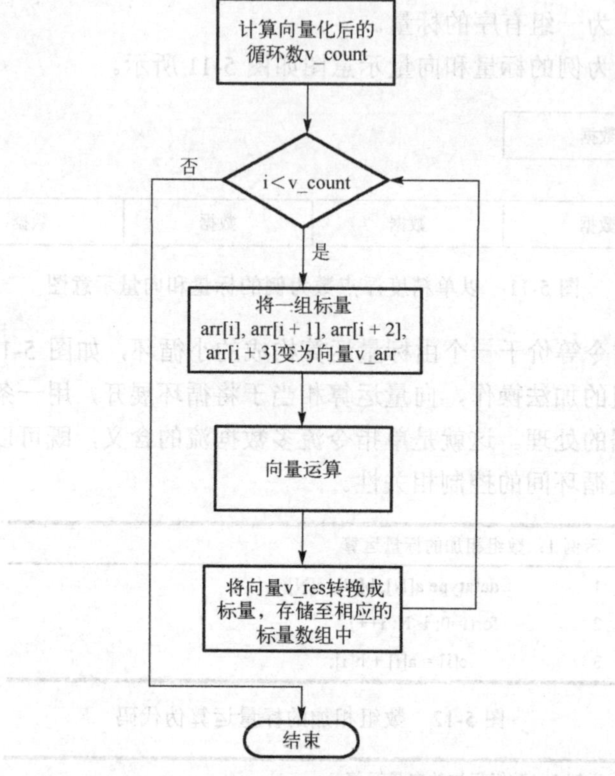

图 5-14　将现有标量计算段改写为向量计算的流程图

3．向量化常用的运算操作

例如，SW26010 部分支持 floatv4 数据类型的向量运算操作如表 5-2 所示。

表 5-2　SW26010 部分支持 floatv4 数据类型的向量运算操作

指　　令	操　　作	返 回 值	参 数 1	参 数 2	参 数 3
simd_vadds	+	floatv4	floatv4	floatv4	—
simd_vsubs	-	floatv4	floatv4	floatv4	—
simd_vmuls	*	floatv4	floatv4	floatv4	—
simd_vdivs	/	floatv4	floatv4	floatv4	—
simd_vmas	乘加	floatv4	floatv4	floatv4	floatv4
simd_vsqrts	求平方根	floatv4	floatv4	—	—
simd_vfcmplt	小于比较	floatv4	floatv4	floatv4	—

SW26010 上常用的 SIMD 指令如下。

- 访存指令：

```
simd_load,simd_loade,simd_store
```

- 浮点计算指令：

```
simd_vaddd\simd_vadds(+)
```

● 计算指令：

```
simd_vsubd\simd_vsubs(-), simd_vmuld\simd_vmuls(*)
simd_vdivd\simd_vdivs(/),  simd_vsqrtd\simd_vsqrts
simd_vmad/simd_vams,simd_vmsd/simd_vmss
```

● 逻辑指令：

```
simd_vandw(&),simd_bicw(|)
simd_vxorw(^)
```

● 移位指令：

```
simd_vsllw,simd_vsrlw,simd_vsraw
```

● 整理指令：

```
simd_vinsf ,simd_vextf,simd_vshff
```

在使用向量运算的过程中，还需要注意有没有额外的优化空间。例如，多次重复的计算可以用一个中间变量暂存，消除冗余计算，减少计算次数；观察有没有可以用到乘加融合部件进行优化的计算，如果存在一些计算，在不影响计算结果的前提下，调整计算顺序可以变为形如[+/-](A[+/-]B)*C 的形式，就用单条（负）乘加 / 减指令来代替乘法和加 / 减法的混合运算，以省去中间的部分舍入操作，进一步提高运算效率。

4. 数据对齐要求

对 SW26010 处理器而言，在将标准类型的数据替换为向量类型的数据时，sw5cc 编译器对数据在内存中的地址有对界要求。simd_load 和 simd_store 指令要求参数地址必须 256 位对齐或 128 位对齐（单精度）；例如，需要自己手动保证 floatv4 向量类型的变量在内存中是 16 字节（128 位）对界的，否则不对界的 load/store 指令可能会引发异常。

然而，SW26010P 众核处理器主核上的 SIMD 需要满足的要求有：仅在内存中连续的数据可以被取入向量寄存器进行向量运算；数据在内存中要求 32 字节对界（64×4 单精度浮点要求 16 字节对界），不对界的向量访存会引起异常，由操作系统模拟，性能上有很大的降低。

SW26010P 众核处理器从核上的 SIMD 需要满足的要求有：仅在内存中连续的数据可以被取入向量寄存器进行向量运算；数据在内存中要求 64 字节对界（64×8 单精度浮点要求 32 字节对界），不对界的向量访存会引起异常，从核会直接报错退出。

5. 向量化支持情况

SW26010 运算控制核心和运算核心都支持 256 位的 SIMD 类型声明。其配备 256 位向量寄存器，可一次处理 4 次浮点计算（单、双精度一致）、8 次整型计算，具体如下。

- 32×8 的定点运算，即一次操作处理 8 个 32 位的定点运算。
- 256×1 的定点运算，即一次操作处理 1 个 256 位的长整型运算。

- 64×4 的单精度浮点运算，即一次操作处理 4 个单精度浮点运算。
- 64×4 的双精度浮点运算，即一次操作处理 4 个双精度浮点运算。

SW26010P 众核处理器主核支持的几种 SIMD 操作如下。

- 64×4 的双精度浮点运算，即一次操作处理 4 个双精度浮点运算。
- 64×4 的单精度浮点运算，即一次操作处理 4 个单精度浮点运算。
- 32×8 的定点运算，即一次操作处理 8 个 32 位的定点运算。
- 256×1 的定点运算，即一次操作处理 1 个 256 位的长整型运算，该运算可在部分情况下支持一次处理 4 个 64 位的长整形运算。

SW26010P 众核处理器从核支持的几种 SIMD 操作如下。

- 64×8 的双精度浮点运算，即一次操作处理 8 个双精度浮点运算。
- 64×8 的单精度浮点运算，即一次操作处理 8 个单精度浮点运算。
- 32×16 的定点运算，即一次操作处理 16 个 32 位的定点运算。
- 512×1 的定点运算，即一次操作处理 1 个 512 位的长整型运算，该运算可在部分情况下支持一次处理 8 个 64 位的长整形运算。
- 16×32 的半精度浮点运算，即一次操作处理 32 个 16 位的半精度浮点运算。

5.3.2 SIMD 示例

下面举例说明如何使用 C 语言进行 SIMD 编程。用 C 语言编写的一个 SIMD 程序如下。

```
#include <simd.h> //包含 SIMD 头文件

int main() {
    int arr[16] __attribute__((aligned(64))) = {1, 2, 3, 4, 5, 6, 7, 8, 10, 11, 12, 13, 14, 15};
    int i, res[16], t = 0;
    intv16 va, vb, vi;
    simd_load(va, arr);
    for (int i = 16; i >= 1; i >>= 1) {
        vi = simd_set_intv16(i, i, i, i, i, i, i, i, i, i, i, i, i, i, i, i); //从标准类型向扩展类型赋值
        va ^= simd_vsraw(va, i); //扩展类型的变量使用运算符号
    }
    double f = 1.0;
    vb = simd_vconw(va, vi, f);     //扩展类型的变量使用扩展的内部函数接口
    simd_print_intv16(vb);          //用 intv16 类型的格式打印
    simd_print_intv16(va);          //用 intv16 类型的格式打印
    simd_store(va, res);            // intv16 类型的存储
    for (i = 0; i < 16; i++)
        t = t + res[i];
    printf("%d\n", t);
}
```

编译时，上面程序与普通的主从核程序差别不大，只是需要添加-msimd 参数选项（swgcc 编译器）。

习　　题

1．对比 GPU 或 DCU 架构，比较神威加速硬件（即从核）进行计算与通信（指访问主存）相互重叠的方案的区别，以及各方案的优缺点。

2．编写程序测试从核访问主存的访存带宽和访问 LDM 带宽。

3．神威超算上的存储层次有哪些？它们的访存特点是什么？

4．考虑本章 stencil 示例部分，对从核上的内循环代码，实现其向量化改写，并测试性能：

```
        for (j = 2; j < col - 2; j++) {
                A_new_slave[j] = c0 * A_slave[i_pos][j] + c1 * (A_slave[i_pos_m1][j]
+ A_slave[i_pos_p1][j]) +
                                        c2 * (A_slave[i_pos_m2][j] + A_slave[i_pos_p2][j]) +
                                        c1 * (A_slave[i_pos][j - 1] + A_slave[i_pos][j + 1]) +
                                        c2 * (A_slave[i_pos][j - 2] + A_slave[i_pos][j + 2]);
        }
```

5．考虑本章 stencil 示例部分，当矩阵中一行较长，LDM 不足以存储 5 行数据时，应如何解决？

6．利用神威的从核阵列，实现稀疏矩阵向量乘法，其中，稀疏矩阵采用 CSR 格式存储（CSR 格式介绍参见第 8 章）。

7．评估本章 5.2.3 节的矩阵乘法实现的访存带宽和计算性能，并讨论如何进一步提高计算性能。

第 6 章　面向 DCU 架构的程序设计与优化

6.1　曙光超算及编程环境概述

6.1.1　曙光超算简介

曙光 E 级原型机由中科曙光研制，采用 CPU 和加速器的异构架构，如图 6-1 所示。CPU 采用的是 AMD 授权的海光（Hygon）x86 处理器，加速器采用的是海光深度计算器（Deep Computing Unit，DCU）加速卡。基于 E 级原型机及其后续研发的超算系统，中科曙光逐渐构建了 CPU+DCU 的异构超算生态。

图 6-1　曙光超算效果图

6.1.2　曙光超算节点架构

1．节点内互连

曙光超算 CPU 端采用 NUMA（Non-Uniform Memory Access，非一致访问存储）节点架构，利用 NUMA 技术，可以把十几个甚至上百个 CPU 核心组合在一个服务器内。

NUMA 架构的 CPU 内部具有多个 CPU 模块（CPU Die），每个 CPU 模块由多个 CPU 核心组成，并且具有独立的本地内存、I/O 等，如图 6-2 所示。由于 CPU 模块之间可以通过互连模块连接和进行信息交互，因此每个 CPU 可以访问整个系统的内存。NUMA 节点架构同时也存在缺陷，虽然每个 CPU 都可以访问整个系统的内存，但由于访问远地内存的延迟远超过本地内存，因此当 CPU 数量增加时，系统性能无法线性增加。

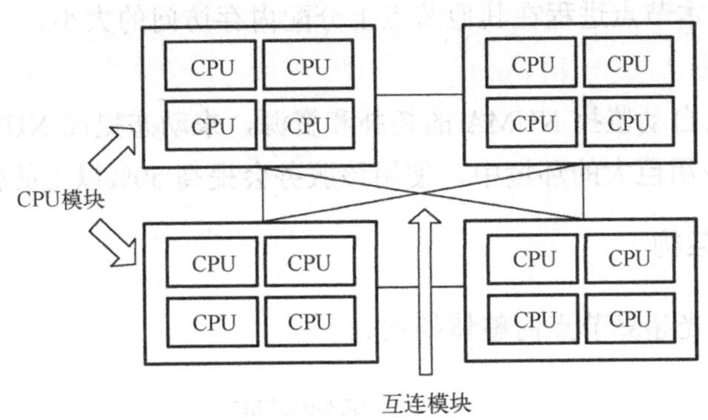

图 6-2　超算节点内 NUMA 架构图

我们可以借助 Linux 操作系统的一系列工具对 NUMA 节点架构的超算进行科学管理。

（1）numactl 工具

numactl 工具是用于控制进程与共享存储的 NUMA 技术机制，它不仅可以调整 NUMA 策略，还可以查看当前各个节点的资源使用情况。例如，可以在服务器终端使用 numactl-show 命令显示 NUMA 机制作用在哪些进程上，使用 numactl-hardware 命令显示当前系统中有多少可用的 NUMA 节点。NUMA 节点的进程默认优先在所在的 CPU 内进行内存分配，这可能会导致 CPU 节点之间内存分配不均衡。当某个 CPU 节点的内存不足时，会将暂时不用的数据交换到磁盘的 swap 分区上，当有空闲物理内存时再交换回来。当整个服务器其他节点还有空闲内存时，当前节点却已经开始进行 swap 了，可能会导致机器出现停滞的现象。可以使用 numactl 的相关命令来取消 NUMA 对内存分配的限制。NUMA 内存的分配策略有以下 4 种。

- 默认（default）：总是在本地节点（当前进程运行的节点）上分配。
- 绑定（bind）：强制绑定到指定节点上。
- 交叉（interleave）：在所有节点或指定节点上交叉分配内存。
- 优先（preferred）：在指定节点上分配，失败则在其他节点上分配。

（2）numastat 工具

numastat 工具由 numactl 包提供，用于显示进程与每个节点的内存分配的统计数据和分配成功或失败的情况。默认的 numastat 命令输出项如下。

- numa_hit：显示成功命中该节点的次数。
- numa_miss：显示把内存访问分配到另一个节点的内存大小，当该数值比较高时，说明需要对分配策略进行调整，例如，将指定进程关联绑定到指定节点上，从而提高内存命中率。
- numa_foreign：另一节点访问该节点内存的大小，与对方节点的 numa_miss 是相对应的。
- interleave_hit：预期该节点上成功交错分配的内存。
- local_node：某节点进程在本节点上分配内存访问的大小。

● other_node：本节点进程在其他节点上分配内存访问的大小。

（3）numad 服务

numad 服务可以自动监控 NUMA 的拓扑和资源，来动态提高 NUMA 资源分配和管理性能。在某些内存使用巨大的环境中，使用该服务会提高 50%以上的性能。

2. 节点内整体架构

图 6-3 所示为曙光超算节点内整体架构。

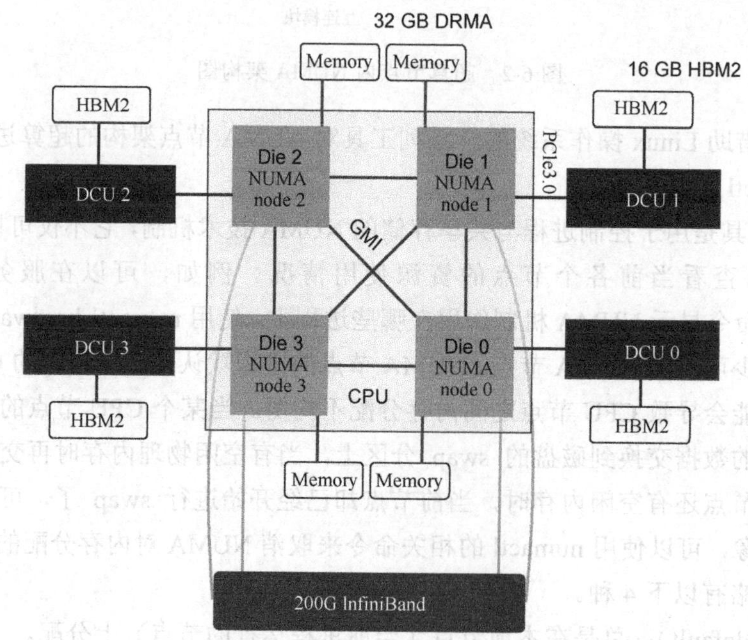

图 6-3　曙光超算节点内整体架构

每个计算节点的 CPU 都包括 4 个子节点，称为 Die 或 NUMA 节点。Die 之间通过 GMI 总线互连，每个 Die 都通过 PCIe 3.0 16x 连接了一个 DCU，每个 Die 都可以访问 4 个 DCU，即可以跨 Die 访问 DCU，但需走 GMI->PCIe 3.0 16x 传输路径，速度较慢，PCIe 3.0 16x 中 1 个“x”表示 1GB 的带宽，16 表示通道数。4 个 Die 的内存是全局的，但有局部性，Die 访问本地内存的延迟要小一些，为 30～40GB/s。虽然这些内存地址在逻辑上是连续的，但是物理上每个 Die 都有一个内存块，所以 Die 访问与自己直接相连的内存会快一些，访问其他 Die 的内存会慢一些，因为需要多一步 GMI 总线传输。每个 Die 节点有 32GB 的 DRAM 本地内存，每个 DCU 加速卡有 16GB 的 HBM2 显存。Die 通过 InfiniBand 和其他计算节点进行数据传输。

需要说明的是，图 6-3 给出的节点架构是目前曙光 P 级超算的架构，未来 E 级超算的架构会进行硬件升级，相关硬件性能指标会有所提升，但内部硬件的互连架构大致保持不变。

3．CPU 架构

图 6-4 所示为 NUMA 节点 CPU 架构。每个 Die 有 2 个核心复合体（Core Complex，CCX），每个 CCX 有 4 个核心，即每个 Die 有 8 个核心。

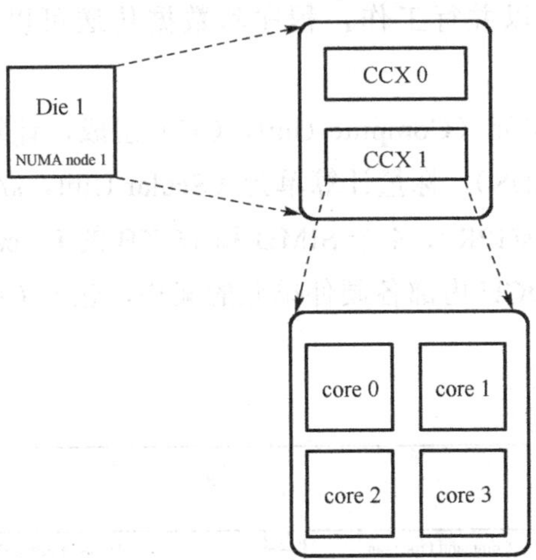

图 6-4　NUMA 节点 CPU 架构

4．DCU 架构

DCU 整体架构图如图 6-5 所示。

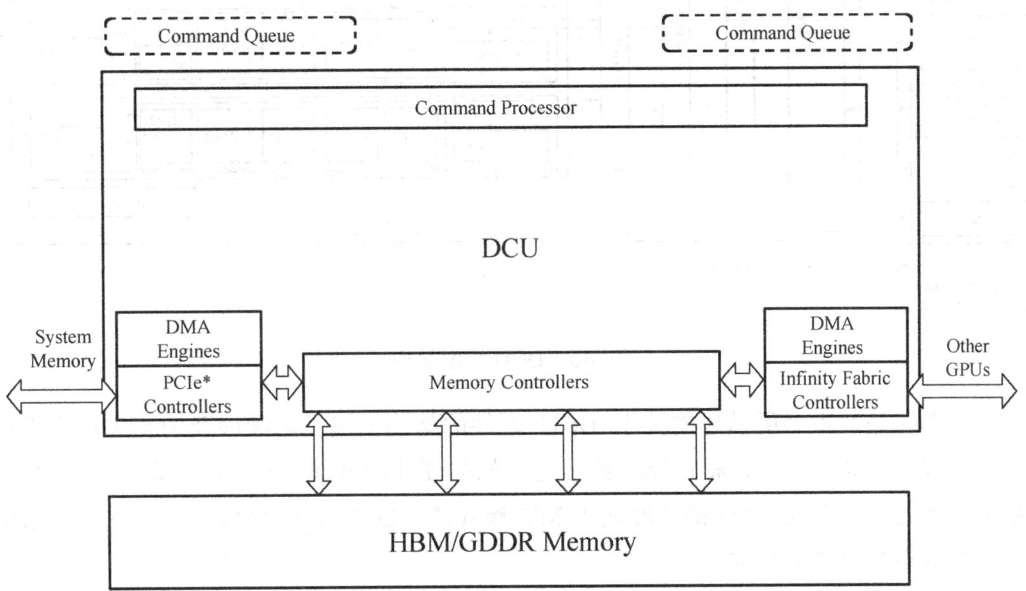

图 6-5　DCU 整体架构图

DCU 内部硬件可以分为控制结构和计算结构两部分。

控制结构包括：①PCIe 控制器（PCIe Controllers），DCU 通过 PCIe 总线与 CPU Die 相连，进而访问系统主存；②IF 控制器（Infinity Fabric Controllers），DCU 通过 IF 总线与其他 DCU 或 GPU 相连进行数据通信；③内存控制器（Memory Controllers），主存和 DMA 接口之间有一条直接数据通路，由于 DMA 方式传送数据不需要经过 CPU，因此不必中断现行程序，I/O 与主机可以并行工作，程序和数据传送可以并行工作；④指令处理器（Command Processor）。

计算结构由若干计算单元（Compute Unit，CU）组成，计算单元由 64KB 的共享本地数据（Local Data Share，LDS）、标量计算单元（Scalar Unit，sALU）、12.8KB 的标量通用寄存器（Scalar Registers，sGPR）、4 个 SIMD 和 16 KB 的 L1 cache 等构成。

图 6-6 详细地展示了 DCU 内部各硬件单元的架构，包括 CU、cache 等部件。

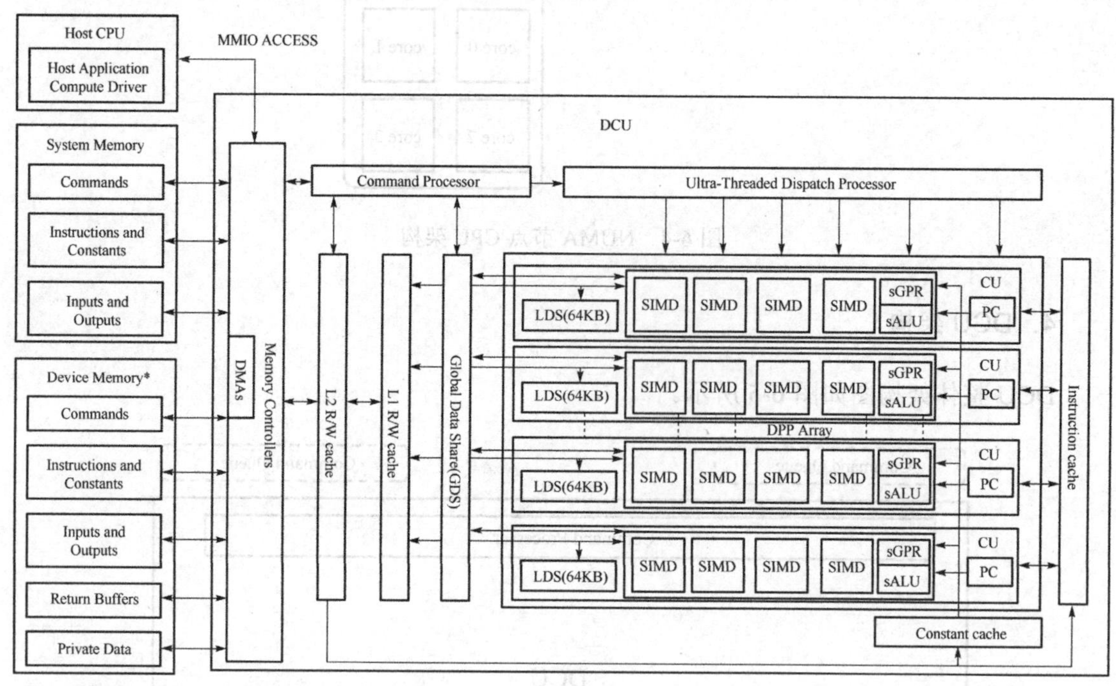

图 6-6　DCU 详细架构

要说明的是，本书所描述的关于 DCU 硬件的架构描述及后续涉及的相关程序设计，是针对现有硬件架构的。未来 E 级超算会包含相关硬件的升级，相应的参数也会发生变化，但万变不离其宗，DCU 硬件都是遵循 SIMT 模式的，DCU 上的编程方法和并行算法的设计方法基本不会有太大变动。

（1）CU

和 NVIDIA GPU 类似的，DCU 的核心是 CU。NVIDIA GPU 中对应的是 SM（流多处理器）。例如，NVIDIA Tesla V100 中就有 80 个 SM（参考 NVIDIA 的技术手册），DCU 内

部包含几十个 CU，常见的是 64 或者 60 个。开发者可以通过 rocminfo 命令查看 CU 的具体数量。

在一个 CU 内部，包含 SIMD、标量通用寄存器、LDS（Local Data Share）、L1 cache 等部件，如图 6-7 所示。

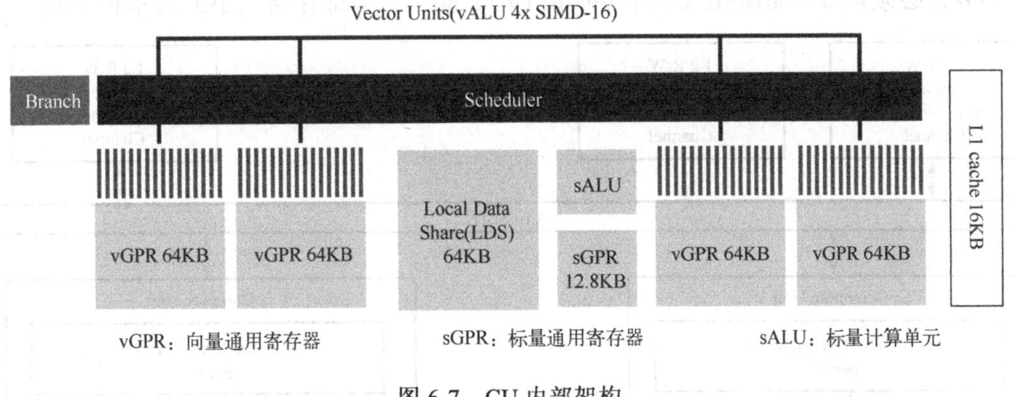

图 6-7　CU 内部架构

（2）SIMD

此处的 SIMD 指 DCU 或者 AMD GPU 中具有该功能的硬件。DCU 和 AMD Vega 指令集的 GPU 中，一个 CU 内部包含 4 个 SIMD。在 SIMD 内部有 16 个支持整型计算和浮点型计算的向量计算单元（vALU）及 64KB 的向量通用寄存器（Vector Registers，vGPR）。一个 SIMD 内部包含 16 个向量计算单元，因此一个 SIMD 在执行一条向量指令时可以同时处理 16 条数据（如 16 个浮点数的运算）。

下面介绍 SIMD 和 wavefront 之间的关系。wavefront 是 DCU 或 AMD GPU 上的“warp”。不同的是，NVIDIA GPU 中，warp 包含 32 个线程；DCU 和 AMD GPU 中，wavefront 包含 64 个线程。在 HIP 线程执行时，64 个线程（HIP 称为 work-item）被组成一捆线程束（即 wavefornt）在 SIMD 上执行，这 64 个线程不可分散到多个 SIMD 上。由于 SIMD 上只有 16 个向量计算单元，我们假设某条指令执行需要一个时钟周期（cycle），那么一个 wavefront 中的 64 个线程会先一次让其中 16 个线程执行，花费一个 cycle，再让接下来的 16 个线程执行，以此类推，分 4 批完成指令执行，因此需要 4 个 cycle 才能执行完这条指令。此外，每个线程最多使用 256 个向量通用寄存器。一个 SIMD 可以并发执行多个 wavefront，最多支持 10 个 wavefront，即一个 CU 最多可以并发执行 40 个 wavefront。

（3）vGPR（向量通用寄存器或向量寄存器）

64 个线程组成一个 wavefront 在一个 SIMD 上执行，因此这 64 个线程都会有属于自己的向量通用寄存器。图 6-8 直观地将 vGPR 分成 64 组，每组 256 个，每个寄存器的大小是 32 位。一个 SIMD 上，向量通用寄存器的总大小为 256×64×32/8=64KB。

每个线程最多可以用 256 个向量通用寄存器。以每个线程的视角看，可以使用的寄存器的编号为 v0, v1, v2,⋯,v255。

向量通用寄存器用于执行向量指令。例如，一条向量指令 v_mul_f32_e32 v3, v0, v10，是将 v10 寄存器的数和 v0 寄存器的数相加，结果存到 v3 寄存器中。这时，在逻辑上，wavefront 中的 64 个线程，每个线程都有 v0,v3,v10 这些寄存器。但是，在各个线程上，相同编号的向量通用寄存器中的值可以是完全不一样的。

vGPR 必须以 4 个 dword（一个 dword 即 32 位，一个寄存器大小）为单位申请。

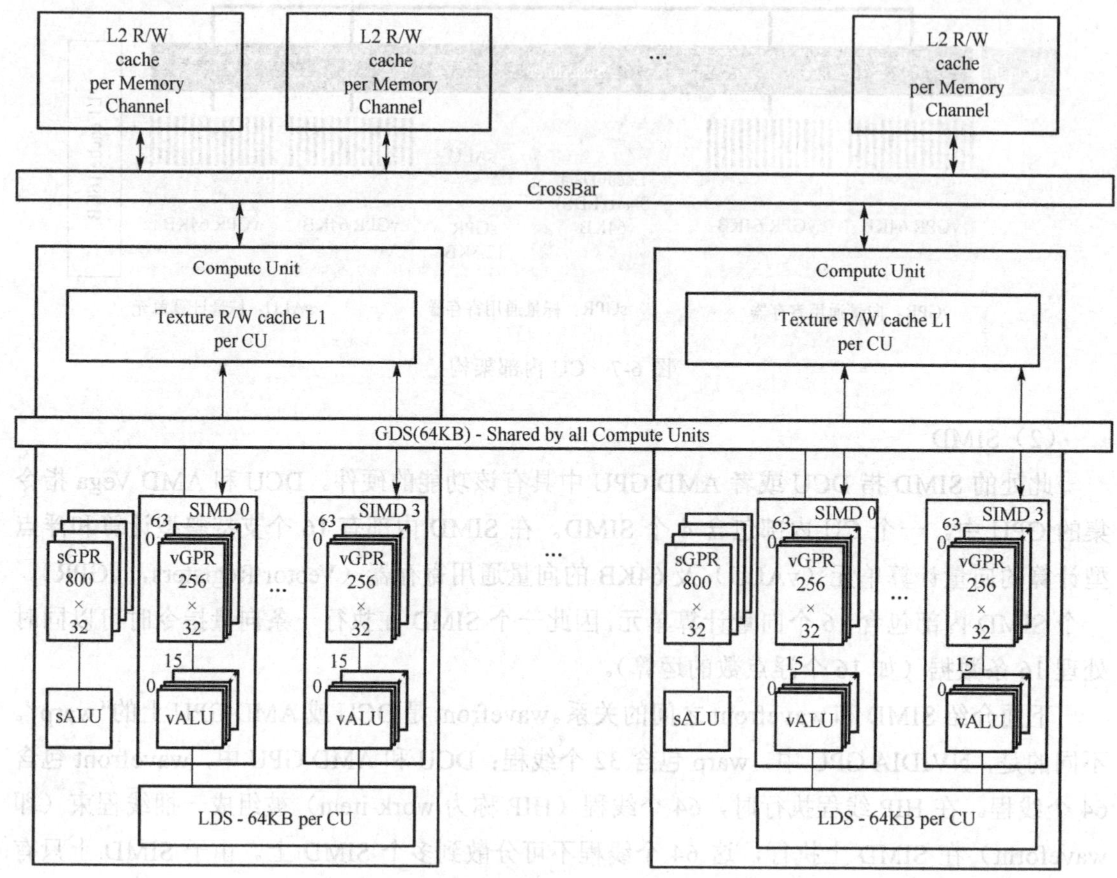

图 6-8　DCU 各级内存架构图

（4）sGPR（标量通用寄存器或标量寄存器）

标量通用寄存器，一方面是和标量指令相关的；另一方面，在向量指令中，也可以用标量通用寄存器，例如，指令 v_mul_f32_e32 v5, s0, v10 中的 s0 就是标量通用寄存器。

与向量通用寄存器不同，对 wavefront 内的各个线程而言，其读到的标量通用寄存器（如上述指令中 s0）的值都是一样的。

另外，标量通用寄存器是以 wavefront 为单位分配的，每个 wavefront 中都可以用 s0 标量寄存器，其值对 wavefront 内的 64 个线程是一样的。

CU 中每个 SIMD 对应一组 800 个标量寄存器文件，因此 CU 的 sGPR 的总数量为 800×4 个，每个大小 32 位，共计 12.5KB（图 6-7 中的 12.8KB 是按照 1000 进位计算的）。需要特别说明的是，800×4 个 sGPR 不在 SIMD 中，而在 CU 中。

一个 wavefront 可以申请 16～102 个 sGPR，且必须以 16 sGPR 为单位申请，编号为 s0～s101。

（5）L1 data cache

L1 data cache 是位于 CU 内部的。不同的是，L2 cache 是位于 CU 外部的，所有 CU 共享 L2 cache；而 L1 data cache 是 CU 私有的。DCU 中，L1 data cache 大小为 16 KB，cache-line 大小为 64 字节。

此外，NVIDIA GPU 的 cache 也是类似的，L1 data cache 是 SM 内部的，L2 cache 是全片共享的。另外，DCU 和 NVIDIA GPU 一样，不像大多数 CPU 那样拥有 3 层 cache，它只有两层。

（6）LDS

LDS 可以理解为可编程控制的 L1 data cache。DCU 中，LDS 大小为 64 KB。此外，LDS 的访存延迟和 L1 data cache 大致相当。在 NVIDIA 的某些 GPU 中，L1 data cache 和共享内存（类似 DCU 上的 LDS）的总大小等于固定值，用户可以配置 L1 data cache 和共享内存的大小分别是多少。

5. 节点间网络

曙光节点之间采用的是 25GB/s 的高速网络，网络的拓扑结构是 3 层胖树，胖树是树形结构的一种变形结构，因为传统树形结构的根节点容易成为通信瓶颈，胖树则越往根节点带宽越大，所以有效解决这一问题。

它支持 RDMA（Remote Direct Memory Access，远程直接数据存取）协议，RDMA 是一种硬件 I/O 技术，可以极大降低延迟时间，并且使 CPU 的负载几乎为零。它还支持 Verbs 编程和节点间的 DCU-Direct 直接访问。

图 6-9 中的方块表示节点，如果两个节点之间的线程需要频繁通信，则将这两个节点放在同一 40 口 HDR 交换机下，通信速度会更快。

节点间网络有两种使用模式，一种是每个 Die 独享 6.25GB/s 带宽，另一种是一个 Die 通过 GMI 传输使用 25GB/s 带宽。

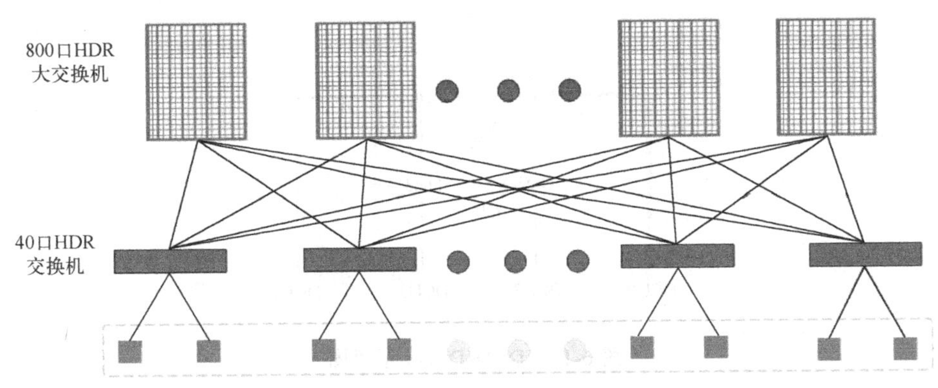

图 6-9　节点间网络示意图

6．通信

（1）节点内通信

- 网卡与 Die 之间通过 PCIe 3.0 8x 互连；
- Die 与 Die 之间通过 GMI 通信；
- DCU 与 CPU 之间通过 PCIe 3.0 16x 通信；
- DCU 到 DCU 可以通过 SDMA 直接通信，但传输速度不一定比 DCU->CPU->DCU 高。

（2）跨节点通信

① CPU-Direct（如图 6-10 所示）

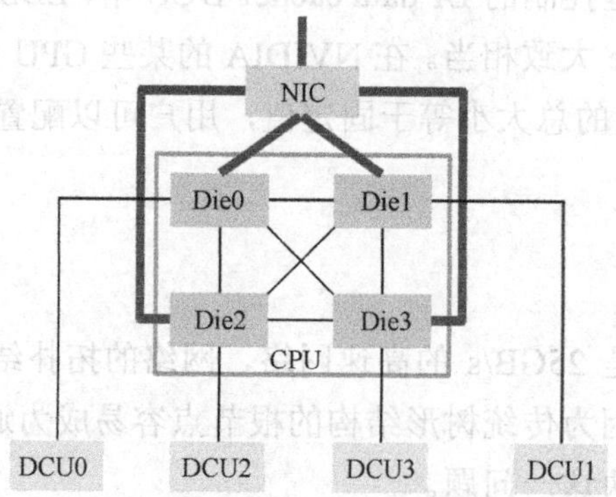

图 6-10　CPU-Direct 示意图

CPU 端的进程通常会使用 MPI 进行通信，如果两个进程位于不同节点上，对 CPU 端数据 MPI 通信的通路会采用 CPU-Direct 方式；如果两个进程需要通信的数据位于 DCU 的设备内存上，可以采用 DCU-Direct 方式。

② DCU-Direct（如图 6-11 所示）

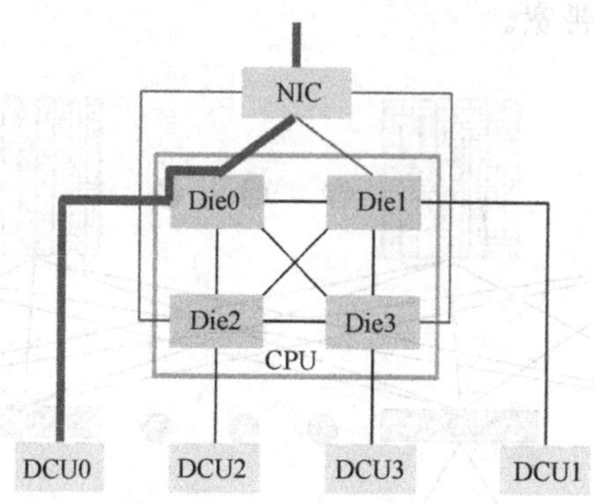

图 6-11　DCU-Direct 示意图

DCU-Direct 是 host 端发起的，可以将 DCU 设备内存的数据直接传输到网卡上。

6.1.3　ROCm/DTK 编程环境

AMD ROCm（Radeon Open Computing Platform，Radeon 开放计算平台）是第一个用于 HPC/超大规模 GPU 计算的开源软件开发平台。AMD ROCm 将 UNIX 的选择理念、极简主义和模块化软件开发引入 GPU 计算，生态示意图如图 6-12 所示。

由于 ROCm 生态系统由开放技术组成，包括框架（Tensorflow/PyTorch）、库（MIOpen/BLAS/RCCL）、编程模型（HIP）、互连（OCD）和上游 Linux 内核支持，所以该平台在性能和可扩展性方面不断优化。在 ROCm GitHub 社区和论坛上可以免费共享相关工具和见解。

AMD ROCm 是用于无界面系统部署的计算栈，目前还不支持基于 GUI 的软件应用程序。

AMD ROCm 是为大规模而构建的，通过 RDMA 支持多 GPU 计算在服务器节点内外通信。当驱动程序直接包含 RDMA 对等同步支持时，AMD ROCm 也简化了堆栈。如图 6-13 所示，AMD ROCm 系统运行时与语言无关，大量使用异构系统架构（HSA）运行时 API。这种方法为执行编程语言（如 HIP 和 OpenMP）提供了丰富的基础。

ROCm 的重要功能包括：多 GPU 粗粒度共享虚拟内存、进程并发和抢占、大内存分配、HSA 信号与原子、用户模式队列和 DMA、标准化加载程序和代码对象格式、动态和离线编译支持、支持 RDMA 的对等多 GPU 操作、探查器跟踪和事件收集 API、系统管理 API 和工具。

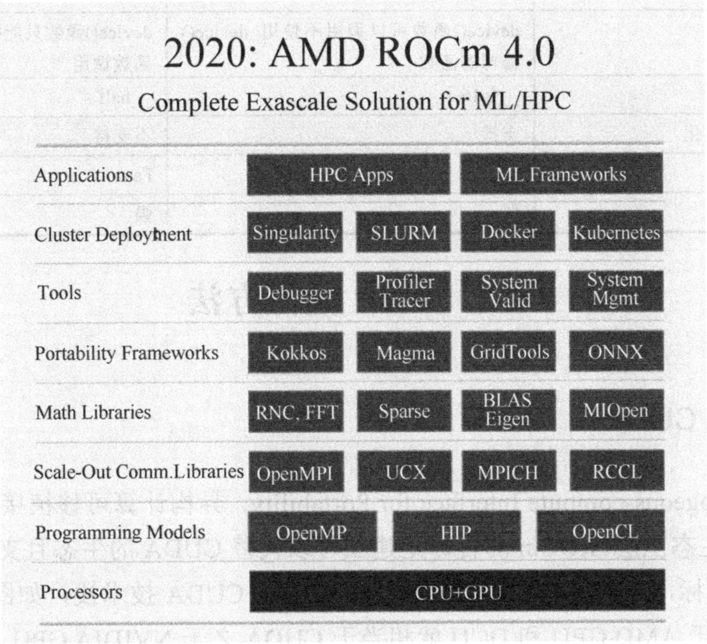

图 6-12　AMD ROCm 生态示意图

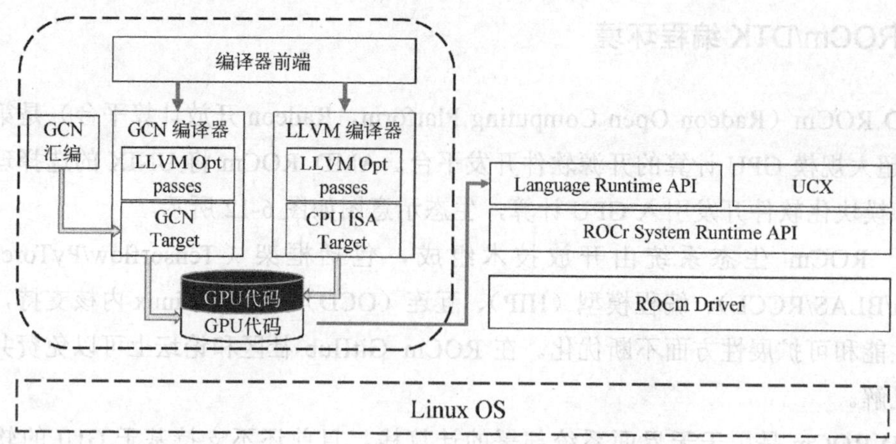

图 6-13 AMD ROCm 系统运行时示意图

DTK 一般指 DCU Toolkit，与 ROCm 生态类似，是曙光针对其 DCU 硬件平台研发的开发工具包，使开发人员能够方便使用 DCU 资源进行计算等各种操作，在使用前需要安装 DTK 环境所需要的包及驱动程序。DTK 软件包以压缩文件方式提供给开发人员使用，开发人员需要解压安装包并加载软件包提供的环境变量脚本。

开发人员将原有针对 ROCm 环境编写的 HIP 程序迁移至 DTK 时，应注意它们的区别，如表 6-1 所示。

表 6-1 ROCm 环境和 DTK 环境区别对照表

项　目	ROCm	DTK
设备端函数调用	device()函数可以调用不使用 device()修饰的函数	device()函数只能被 device()和 global()函数调用
半精度	__fp16	__half
设备端成员变量初始化	支持	不支持
-ffp-contract	OFF	Fast
核函数参数检查	弱	强

6.2 HIP 编程方法

6.2.1 HIP 与 CUDA

HIP（Heterogeous-compute Interface for Portability，异构计算可移植接口），属于 AMD 推出的 ROCm 生态上层。ROCm 的目标是建立可以代替 CUDA 的生态且支持 CUDA 源码，为了达成这个目标，ROCm 技术栈“复制”并兼容了 CUDA 技术栈，如图 6-14 和图 6-15 所示。ROCm 之于 AMD GPU 和 DCU 就相当于 CUDA 之于 NVIDIA GPU。当然除了 GPU，还有其他类 GPU 架构的处理器，如曙光 E 级原型机使用的 DCU 加速器。ROCm 生态同样适用于 DCU 加速器。因为技术栈很类似，HIP 程序和 CUDA 程序大体上是差不多的，所以 HIP 对熟悉 CUDA 编程的人员较为友好。

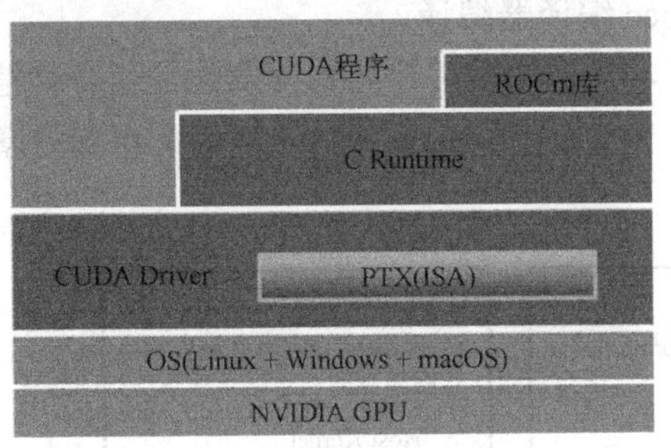

图 6-14　CUDA 生态示意图

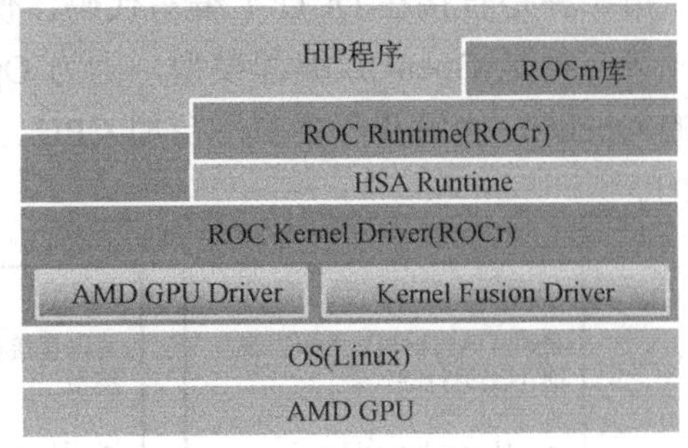

图 6-15　ROCm 生态示意图

HIP 是一种 C++运行时 API 和内核语言，允许开发人员从单源代码为 DCU、AMD GPU 和 NVIDIA GPU 创建可移植应用程序。主要特点如下。

- HIP 对 CUDA 模式下直接编码的性能影响很小或没有影响。
- HIP 允许使用单源 C++编程语言进行编码，包括模板、C++11 lambdas 表达式、类、命名空间等功能。
- HIP 允许开发人员在每个目标平台上使用开发环境和工具。
- 提供的 hipify 工具可以自动将源代码从 CUDA 转换为 HIP。
- 开发人员可以专注于平台（CUDA 或 AMD），以调整性能。

新项目可以直接用可移植的 HIP C++语言开发，并在 NVIDIA 或 AMD 平台上运行。此外，HIP 还提供了移植工具 hipify，可以轻松地将现有的 CUDA 代码移植到 HIP 层，与原始的 CUDA 应用程序相比，不会损失性能。因此，可以编译 HIP 源代码在任一平台上运行，并使用条件编译将某些功能隔离到特定平台上。值得一提的是，HIP 不是 CUDA 的临时替代品，开发人员需要进行一些手动编码和性能调优工作来完成该端口。

HIP C++代码可以用 DCU、AMD GPU 或 NVIDIA GPU 等平台上对应的编译环境进行编译和运行。

在 AMD ROCm 平台上，HIP 提供了一个构建在 HIP Clang 编译器上的头文件和运行时库。HIP 运行时实现 HIP 流、事件和内存 API，是一个与应用程序链接的对象库。

在 NVIDIA CUDA 平台上，HIP 提供了一个头文件，可以将 HIP 运行时 API 转换为 CUDA 运行时 API。头文件主要包含内联函数，因此开销非常低。使用 HIP 编程的开发人员应该期望其与使用本机 CUDA 编程具有相同的性能。可以使用 nvcc 编译代码，nvcc 是 CUDA SDK 提供的标准 C++编译器。开发人员可以使用 CUDA SDK 支持的任何工具，包括 CUDA 探查器和调试器。因此，HIP 为任一平台提供了源代码可移植性。HIP 还提供了 hipcc 编译器驱动程序，该驱动程序将根据所需平台调用适当的工具链。

6.2.2　曙光 DCU 编程模型

如图 6-16 所示，在曙光 DCU 上运行的编程模型有三种。

第一种是通过 ROCm 提供的工具 hipify 将已有的 CUDA 代码转换为可以在 DCU 上运行的代码，适合熟悉 CUDA 开发的人员及已有写好的 CUDA 代码想移植到 DCU 上的情况。

第二种是直接在 DCU 上编写代码，使用 hipcc 编译器编译。

第三种是 OpenCL 编程模型，因为 OpenCL 本身是为多平台异构开发的，适合移植已有的 OpenCL 代码及需要多平台如 CPU、GPU、FPGA 协同工作的情况，因此也支持曙光 DCU。

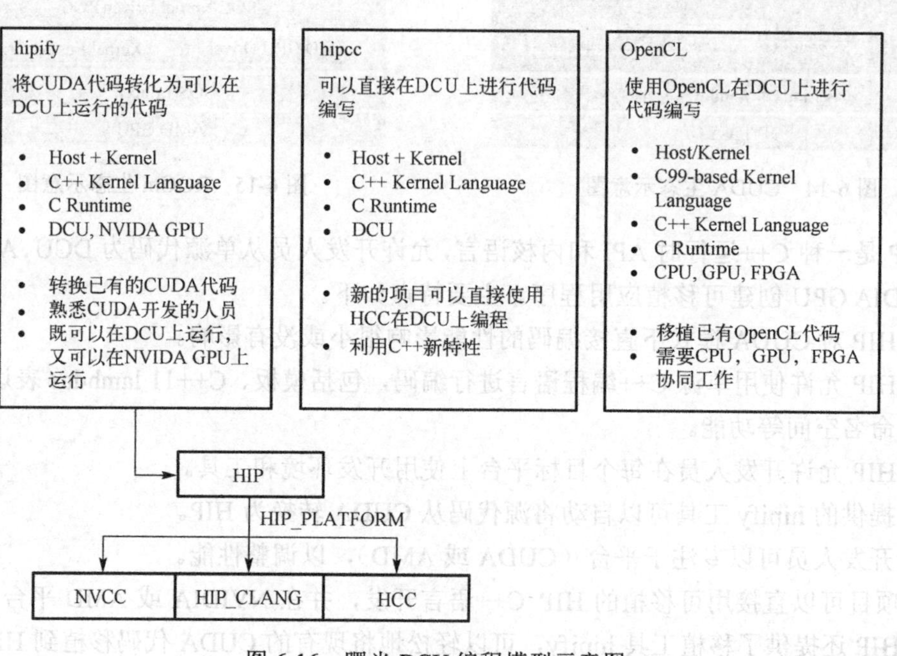

图 6-16　曙光 DCU 编程模型示意图

HIP 构建了可迁移的运行时体系结构，这个体系结构允许 HIP 程序动态地在多个平台之间切换，HIP 代码可以在 DCU 和 GPU 上运行（使用 nvcc 编译器），也可以在 DCU 上运行（使用 hipcc 编译器），还可以通过编译器 HIP_CLANG，设置环境变量 HIP_PLATFORM 以在 HCC 和 NVCC 之间进行切换。

6.2.3　HIP 编程

1. HIP 术语（如表 6-2 所示）

表 6-2　HIP 术语

术　语	描　述
host，host cpu	执行 HIP 运行时 API，并能够启动一个或多个设备的内核
default device	每个主机线程维护一个“默认设备”。大多数 HIP 运行时 API（包括内存分配、复制命令、内核启动）不用接收显式设备参数，而是隐式使用默认设备。可以使用 hipSetDevice 设置默认设备
active host thread	运行 HIP API 的线程

续表

术　语	描　述
HIP-Clang	异构 DCU 和 AMD GPU 编译器，具有在 DCU 和 AMD GPU 平台上编译 HIP 程序的能力，hipcc 编译器的底层是 HIP-Clang
hipify tools	将 CUDA 代码转换为可移植 C++代码的工具
ROCclr	虚拟设备接口，用于计算与不同后端（如 Linux 上的 ROCr 或 Windows 上的 PAL）交互的运行时。ROCclr 是一个抽象层，允许运行时不费力地在两种操作系统上工作
hipconfig	用于报告目标平台各种配置属性的工具
nvcc	nvcc 编译器

2. HIP 程序流程（如图 6-17 所示）

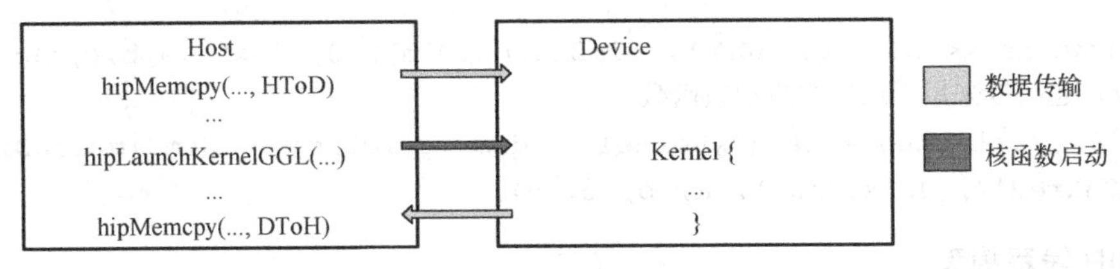

图 6-17　HIP 程序流程

HIP 是显式编程模型，需要在程序中写出详细的并行控制语句，包括数据传输、核函数启动等。核函数是运行在 DCU 上的函数。在 CPU 上运行的部分称为主机端（用于执行管理和启动），在 DCU 上运行的部分为设备端（用于执行计算）。大致的程序流程是在主机端串行前面的代码，到了需要使用 DCU 并行加速的部分，先将要算的数据通过 hipMemcpy()传递给 DCU（把 CPU 存储的内容传递给 DCU 的显存），再调用核函数启动函数 hipLaunchKernelGGL()让 DCU 开始计算，Kernel 端计算完成后用 hipMemcpy()把算好的数据从 DCU 复制回 CPU。其中，hipMemcpy()是阻塞式的，数据复制完成后才可以执行后面的程序；hipLaunchKernelGGL()是非阻塞式的，执行完后程序继续往后执行，但是在 Kernel 没有计算完成之前，最后一个 hipMemcpy()不会开始，这是因为 HIP 的 Stream 机制。

核函数启动函数 hipLaunchKernelGGL()在主机端是一个非阻塞函数，程序如下。

```
    hipLaunchKernelGGL(myKernel, //Kernel name ( __global__ void function)
        dim3(gridSize),          //Grid dimensions
        dim3(blockSize),         //Block dimensions
        0,                    //Bytes of dynamic LDS space (ignore for now)
        0,                    //Stream (0=NULL stream)
        N, a);                //Kernel arguments
```

第一个参数是核函数（Kernel）的名称，对应写好的设备端函数代码的名称；第二个参数是配置的线程网格（Grid）参数，描述线程网格中的线程块是如何组织的，支持一维到三维；第三个参数是配置的线程块（Block）参数，描述线程块中的线程是如何组织的，支持一维到三维；第四个参数是动态 LDS 空间，一般可以设置为 0；第五个参数是核函数启动时使用的流编号，用于控制不同核函数和内存复制等操作的执行关系，同一个流中的操作串行执行，不同流之间的操作可以并行执行，由 HIP 底层调度；其他核函数参数用于将主机端的参数如设备内存指针传递给核函数使用。

使用 hipLaunchKernel()也能启动核函数。也可以像 CUDA 一样使用<<< >>>启动核函数，这两种方式的参数顺序及含义与 hipLaunchKernelGGL()一致，下面是一个使用示例。

```
// Example pseudo code introducing hipLaunchKernel
__global__ MyKernel(hipLaunchParm lp, float *A, float *B, float *C, size_t N)
{
...
}

MyKernel<<<dim3(gridDim), dim3(groupDim), 0, 0>>> (a,b,c,n);
// 也可以采用下述方式启动核函数
//  hipLaunchKernel(MyKernel,  dim3(gridDim),  dim3(groupDim),  0/*dynamicShared*/, 0/*stream), a, b, c, n);
```

3. HIP 线程模型

（1）HIP 线程 3D-Grid 模型（如图 6-18 所示）

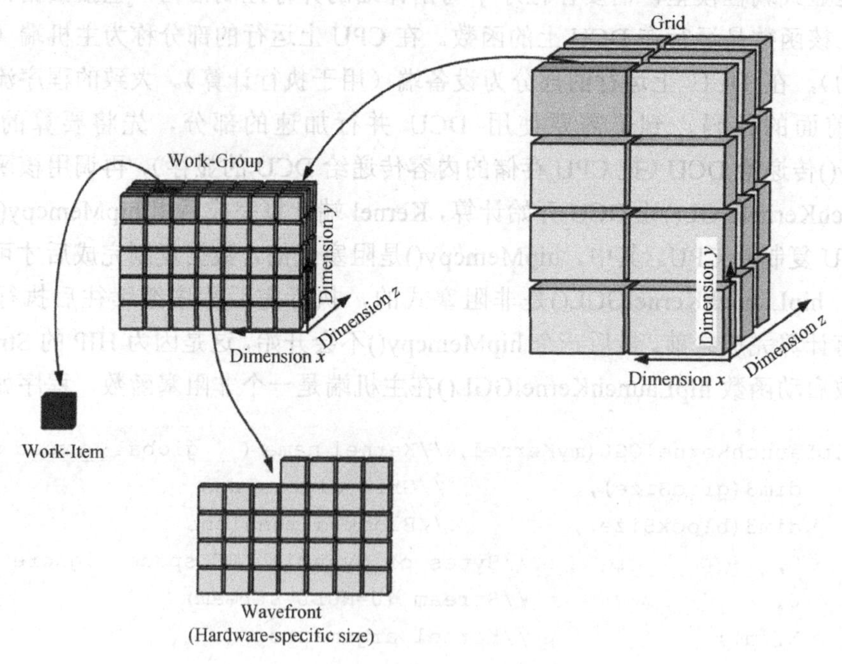

图 6-18　HIP 线程 3D-Grid 模型

在 HIP 中，设备端核函数 Kernel 执行模型被构建为三维网格（3D-Grid），核函数的算法执行结构需要映射到 3D-Grid 模型中，网格各个维度可以自行设置，方便进行 1D、2D 或 3D 的线程映射，最常用的映射方式是 1D 网格映射，3D-Grid 模型内部又划分为大小相同的 Block，每个 Block 具有众多 Thread 构成的 3D 结构，实际执行核函数计算任务的是大量的 Thread，HIP 的 3D-Grid 模型与 CUDA 编程模型、OpenCL NDRange 模型相互兼容。

执行核函数的线程可以通过表 6-3 所示的核函数内置变量获取其在 3D-Grid 模型中的位置。

表 6-3　核函数内置变量

含　义	变 量 名 称
线程所在 Block 位于 Grid 中的位置	hipBlockIdx_x,hipBlockIdx_y,hipBlockIdx_z
线程位于 Block 中的位置	hipThreadIdx_x,hipThreadIdx_y,hipThreadIdx_z
Block 的维度信息	hipBlockDim_x, hipBlockDim_y, hipBlockDim_z
Grid 的维度信息	hipGridDim_x, hipGridDim_y, hipGridDim_z

除此之外，不带 HIP 的内置变量也是支持的，例如，hipBlockIdx_x 可以写成 blockIdx.x，以此类推。下面介绍组织线程网格和线程块的数据结构 dim3。

dim3 是一种三维整数向量类型，通常用于指定 Grid 和 Block 的维度。未指定的维度初始化为 1。

```
    typedef struct dim3 {
        uint32_t x;
        uint32_t y;
        uint32_t z;
        dim3(uint32_t _x=1, uint32_t _y=1, uint32_t _z=1) : x(_x), y(_y),
z(_z){};
    };
```

（2）DCU 软硬件术语对照关系（如图 6-19 所示）

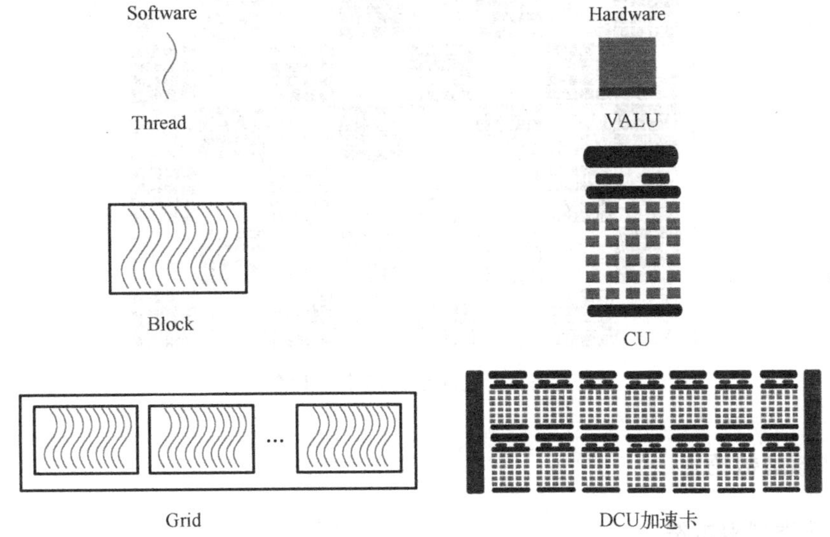

图 6-19　DCU 软硬件术语对照关系

（3）1D 线程网格实例

将算法映射到 3D-Grid 时，可以设定 Grid 和 Block 的 y、z 维度都为 1，这样可以使线程以 1D 形式在 Grid 中进行映射，线程通过内置变量获取所在的位置，如图 6-20 所示。计算线程在全局中的位置时可以使用：

int idx = hipBlockDim_x * hipBlockIdx_x + hipThreadIdx_x

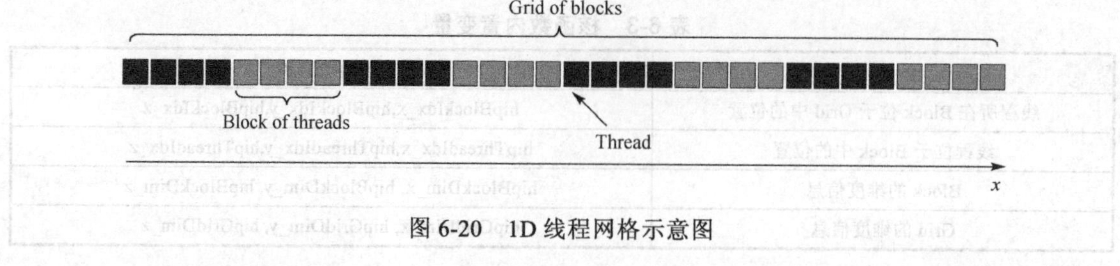

图 6-20　1D 线程网格示意图

（4）2D 线程网格实例

图 6-21 中不同颜色代表不同 Block，每个小方块代表一个 Thread，每个 Block 和 Thread 都有 2D 索引。

当计算线程在全局中的位置时，需要计算 x 和 y 两个维度信息：

int idx_x = hipBlockDim_x * hipBlockIdx_x + hipThreadIdx_x

int idx_y = hipBlockDim_y * hipBlockIdx_y + hipThreadIdx_y

类推到当线程组织为 3D-Grid 时，需要同时计算 x、y、z 三个维度信息，并行算法需要构建从计算到 3D-Grid 的映射关系。

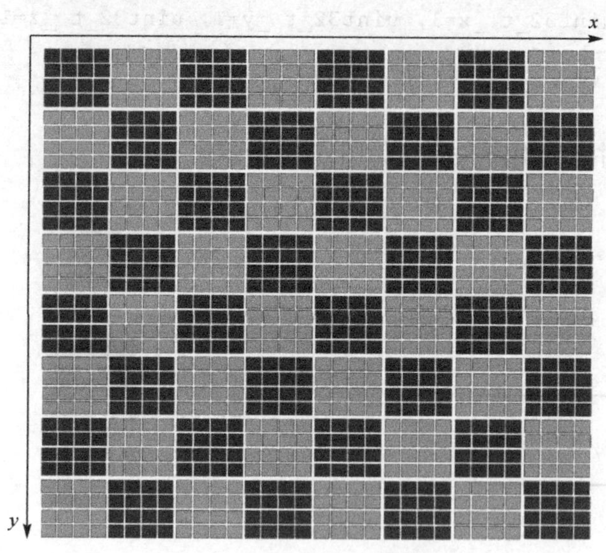

图 6-21　2D 线程网格示意图

4．HIP 核函数语言

（1）函数类型限定符

① __device__

__device__限定符所修饰的函数在设备（DCU）上执行，仅由设备端进行调用（即由__device__或__global__修饰的函数调用）。__device__关键字可以与主机关键字组合（可参考__host__）。

② __global__

__global__限定符所修饰的函数在设备上执行，从主机调用（“启动”）。HIP __global__必须具有 void 返回类型。HIP 缺乏动态并行支持，因此无法从设备端调用__global__函数。

③ __host__

__host__限定符所修饰的函数在主机上执行，从主机调用。__host__可以与__device__组合使用，在这种情况下，该函数同时为主机和设备编译。这些函数不能使用 HIP 网格坐标内置变量，如“threadIdx.x”。一种可能的解决方法是将必要的坐标信息作为参数传递给函数。__host__不能与__global__组合。

HIP 解析__noinline__和__forceinline__关键字，并将它们转换为适当的 Clang 属性。

（2）变量类型限定符

① __constant__

DCU 支持__constant__关键字。主机在启动核函数之前写入常量内存；在核函数执行期间，设备上该内存是只读的。访问常量内存的函数包括 hipGetSymbolAddress()，hipGetSymbolSize()，hipMemcpyToSymbol()，hipMemcpyToSymbolAsync()，hipMemcpyFromSymbol()，hipMemcpy- FromSymbolAsync()。

② __shared__

DCU 支持__shared__关键字。extern __shared__允许主机动态分配共享内存，并指定为核函数启动参数，以前，必须使用 HIP_DYNAMIC_SHARED 宏声明动态共享内存，以确保准确性，因为在同一核函数中使用静态共享内存可能会导致内存范围重叠和数据竞争。现在，HIP-Clang 编译器支持外部共享声明，不再需要 HIP_DYNAMIC_SHARED 选项。__shared__修饰的变量放在共享内存 LDS 上，由线程块内的线程共享。

③ __restrict__

__restrict__关键字告诉编译器该指针是访问该内存的唯一方式，无法通过其他变量或指针访问。此功能可以帮助编译器生成更好的代码。在大多数情况下，所有指针参数都必须使用此关键字才能利用此优势。

（3）原子操作函数

原子函数用于原子读写位于全局设备内存或共享内存（LDS 空间）上的数据。在原子操作期间，任何其他设备或线程都不能读取或修改该内存空间位置。如果来自不同设备或线程的多条指令指向同一内存位置，则这些指令将按未定义的顺序依次执行。

HIP 添加了以_system 为后缀的新 API，以支持系统范围的原子操作。例如，atomicAdd 表示原子类型的加操作，专用于 DCU 或 GPU 设备；atomicAdd_system 将允许开发人员将原子操作扩展到系统范围，即从 DCU 或 GPU 设备扩展到系统中的其他 CPU、DCU 和 GPU 设备。

5. HIP 内存管理

（1）hipMalloc()

```
hipError_t hipMalloc(void **ptr, size_t size);
```

用于分配设备端内存，ptr 是需要分配内存的指针，size 是需要分配的内存大小。

（2）hipFree()

```
hipError_t hipFree(void *  ptr )
```

用于释放由 hipMalloc 分配的内存。

（3）hipHostAlloc()

```
    static hipError_t hipHostAlloc(void * *  ptr,size_t size,unsigned int
flags ) [inline]
```

用于分配设备可访问页面锁定的主机内存，加快主机端和设备端之间的数据传输速度，最后一个参数可忽略。

（4）hipFreeHost()

```
static hipError_t hipFreeHost(void *  ptr ) [inline]
```

用于释放 hipHostAlloc()函数申请的内存。

（5）hipMallocPitch()

```
    hipError_t hipMallocPitch(void**ptr,size_t*pitch,size_t width,size_t
height)
```

分配至少 width×height 字节大小的线性内存。可能发生内存填充，以满足给定行对齐要求。由于内存填充导致的 width 大小的改变会返回到*pitch。目前对齐被设置为 128 字节。

其中，ptr 是需要分配设备内存的指针，pitch 是分配间距（以字节为单位），width 是请求的间距分配宽度（以字节为单位），height 是请求的间距分配高度。

（6）hipMemcpyHtoD()

```
    hipError_t  hipMemcpyHtoD(hipDeviceptr_t  dst,  void  * src,  size_t
sizeBytes)
```

主机端向设备端进行内存复制，dst 是目的地址，即设备内存指针；src 是源地址，即主机内存指针；sizeBytes 是内存复制大小，以字节为单位。

（7）hipMemcpyDtoH()

```
    hipError_t  hipMemcpyDtoH  (void * dst,  hipDeviceptr_t  src,  size_t
sizeBytes)
```

设备端向主机端进行内存复制。

（8）hipMemcpyDtoD()

```
    hipError_t hipMemcpyDtoD (hipDeviceptr_t dst,hipDeviceptr_t src,size_t
sizeBytes )
```

设备端内存之间的复制。

（9）hipMemcpyHtoDAsync()

```
    hipError_t hipMemcpyHtoDAsync(hipDeviceptr_t dst, void *src, size_t
sizeBytes, hipStream_t stream)
```

该 API 是异步内存拷贝 API，而 hipMemcpyHtoD()函数是同步的，可以通过最后一个参数指定复制的流，用于实现计算与通信重叠。其他内存复制 API 也有异步的版本，这里不再赘述。

6．HIP Stream

Stream（流）是一种逻辑队列，其中包括一系列任务，如 kernels、hipMemCpy、hipMemCpyAsync、events 等。HIP 中一个 Stream 是由主机代码发布的一系列在设备上执行的操作，例如，在主机端分配设备主存，主机向设备传输数据，核函数启动，复制数据回主机，这些操作中有些是异步的，执行顺序也是主机代码中的顺序。流能实现封装这些异步操作，并保持操作顺序，允许操作在流中排队。保证其在前面所有操作启动之后再启动，并且能查询到排队的状态。也就是说，在同一 Stream 中排队的任务需按顺序完成，在不同 Stream 中执行的任务可以重叠并共享设备资源。

（1）Stream 创建

```
    hipError_t hipStreamCreate(hipStream_t *stream);
    hipError_t hipStreamCreatewithFlags(hipStream_t *stream, unsigned int
flags);
    hipError_t hipStreamCreatewithPriority(hipStream_t *stream, unsigned
int flags, int priority)
```

（2）Stream 销毁

```
    hipError_t hipStreamDestroy(hipStream_t stream)
```

（3）返回优先级最大和最小的 Stream

```
    hipError_t  hipDeviceGetStreamPriorityRange(int  *leastPriority,  int
*greatestPriority)
```

（4）Stream 查询

```
    hipError_t hipStreamQuery(hipStream_t stream)
```

（5）等待 Stream 完成

```
    hipError_t hipStreamSynchronize(hipStream_t stream)
```

（6）在指定 Stream 中插入等待操作

```
    hipError_t  hipStreamWaitEvent(hipStream_t  stream,  hipEvent_t  event,
unsigned int flags)
```

Stream 还有一个特点就是将 0 或 NULL 作为 hipStream_t 参数传递给一个函数，表明该函数在一个名为“NULL Stream”的 Stream 上执行：在所有先前加入队列的其他 Stream 任务都完成之前，NULL Stream 上的任何任务都不会开始。因此可用作阻塞调用，如让 hipMemcpy()在 NULL Stream 上运行。

假设有以下 4 个 HIP 核函数需要执行：

```
hipLaunchKernelGGL(myKernel1, dim3(1), dim3(256), 0, 0, 256, d_a1);
hipLaunchKernelGGL(myKernel2, dim3(1), dim3(256), 0, 0, 256, d_a2);
hipLaunchKernelGGL(myKernel3, dim3(1), dim3(256), 0, 0, 256, d_a3);
hipLaunchKernelGGL(myKernel4, dim3(1), dim3(256), 0, 0, 256, d_a4);
```

每个 Kernel 函数只包含一个 Block，按照上述顺序发起时，Kernel 将在 0 号 Stream 上被顺序执行，如图 6-22 所示。

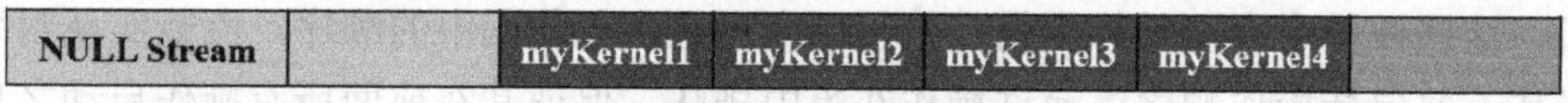

NULL Stream		myKernel1	myKernel2	myKernel3	myKernel4	

图 6-22 默认流执行核函数示意图

通过使用不同的 Stream 计算可以有效地利用 DCU 资源，如图 6-23 所示，代码如下：

```
hipLaunchKernelGGL(myKernel1, dim3(1), dim3(256), 0, stream1, 256, d_a1);
hipLaunchKernelGGL(myKernel2, dim3(1), dim3(256), 0, stream2, 256, d_a2);
hipLaunchKernelGGL(myKernel3, dim3(1), dim3(256), 0, stream3, 256, d_a3);
hipLaunchKernelGGL(myKernel4, dim3(1), dim3(256), 0, stream4, 256, d_a4);
```

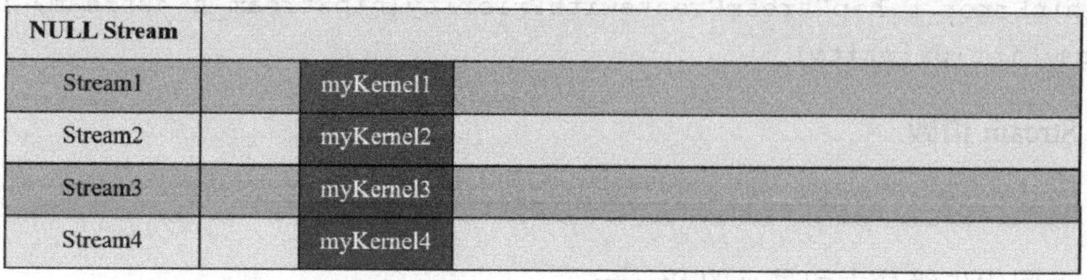

NULL Stream			
Stream1		myKernel1	
Stream2		myKernel2	
Stream3		myKernel3	
Stream4		myKernel4	

图 6-23 多流执行核函数示意图

如图 6-23 所示，多个流可以并发地在 DCU 上执行这些核函数，此外使用流还可以使 Kernel 计算与数据传输同时进行。

假设有 3 个 Kernel 及一些内存复制函数，launch 到默认 0 号 Stream 上，如图 6-24 所示，代码如下：

```
hipMemcpy(d_a1, h_a1, Nbytes, hipMemcpyHostToDevice);
hipMemcpy(d_a2, h_a2, Nbytes, hipMemcpyHostToDevice);
hipMemcpy(d_a3, h_a3, Nbytes, hipMemcpyHostToDevice);
hipLaunchKernelGGL(myKernel1, blocks, threads, 0, 0, N, d_a1);
hipLaunchKernelGGL(myKernel2, blocks, threads, 0, 0, N, d_a2);
hipLaunchKernelGGL(myKernel3, blocks, threads, 0, 0, N, d_a3);
hipMemcpy(h_a1, d_a1, Nbytes, hipMemcpyDeviceToHost);
```

```
hipMemcpy(h_a2, d_a2, Nbytes, hipMemcpyDeviceToHost);
hipMemcpy(h_a3, d_a3, Nbytes, hipMemcpyDeviceToHost);
```

NULL Stream	HToD1	HToD2	HToD3	myKernel1	myKernel2	myKernel3	DToH1	DToH2	DToH3

图 6-24　默认流执行数据复制及核函数示意图

通过异步复制函数及使用不同的 Stream 可以使计算与复制重叠，如图 6-25 所示，代码如下：

```
hipMemcpyAsync(d_a1, h_a1, Nbytes, hipMemcpyHostToDevice, stream1);
hipMemcpyAsync(d_a2, h_a2, Nbytes, hipMemcpyHostToDevice, stream2);
hipMemcpyAsync(d_a3, h_a3, Nbytes, hipMemcpyHostToDevice, stream3);
hipLaunchKernelGGL(myKernel1, blocks, threads, 0, 0, N, d_a1);
hipLaunchKernelGGL(myKernel2, blocks, threads, 0, 0, N, d_a2);
hipLaunchKernelGGL(myKernel3, blocks, threads, 0, 0, N, d_a3);
hipMemcpyAsync(h_a1, d_a1, Nbytes, hipMemcpyDeviceToHost, stream1);
hipMemcpyAsync(h_a2, d_a2, Nbytes, hipMemcpyDeviceToHost, stream2);
hipMemcpyAsync(h_a3, d_a3, Nbytes, hipMemcpyDeviceToHost, stream3);
```

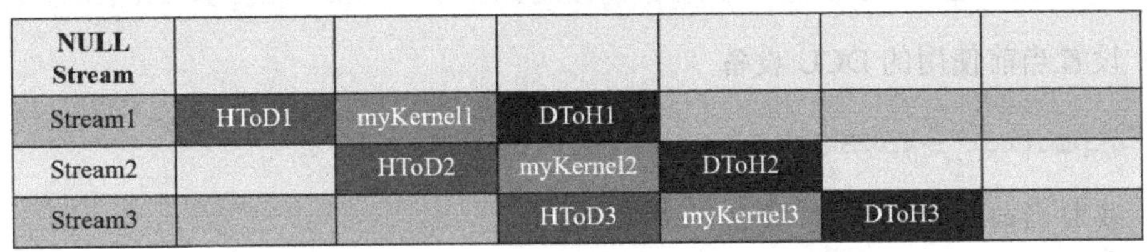

图 6-25　多流执行数据复制及核函数示意图

7. HIP Event

在 HIP 中，事件（Event）的本质就是一个标记，我们可以在流的执行中添加标记点。事件的两个基本功能是同步流的执行和监控设备的进展。流中的任意点（如核函数调用前后、设备数据拷贝调用前后等）都可以通过 HIP API 插入事件并查询事件是否完成。只有事件所在流中位于该事件之前的操作都完成后才能触发事件的完成。下面列出一些事件管理相关的函数。

（1）Event 创建

```
hipError_t hipEventCreate(hipEvent_t *event)
```

（2）Event 销毁

```
hipError_t hipEventDestroy(hipEvent_t event)
```

（3）将事件插入指定 Stream 中

```
hipError_t hipEventRecord(hipEvent_t event, hipStream_t stream)
```

事件记录了当前在 Stream 中加入队列的内容，当 Stream 的执行到达事件时，该事件被认为“完成”。

（4）Event 同步

```
hipError_t hipEventSynchronize(hipEvent_t event)
```

阻塞主机端，直至事件报告完成，实现流同步。

（5）利用 Event 计时

```
hipError_t hipEventElapsedTime(float *ms, hipEvent_t strat, hipEvent_t stop)
```

该函数返回两个事件(startEvent 和 endEvent)完成之间的毫秒时间，对 Kernel/Memcpys 计时非常有用。

8. HIP 设备管理

（1）查询系统中 DCU 设备数目

```
hipEorror_t hipGetDeviceCount(int*count)
```

（2）设置当前使用的 DCU 设备

```
hipEorror_t hipSetDevice(int devicedId)
```

（3）获取当前使用的 DCU 设备

```
hipEorror_t hipGetDevice(int *devicedId)
```

程序运行过程中也可以灵活地选取和更换使用的 DCU。

（4）查询 DCU 设备属性

```
hipEorror_t hipGetDeviceProperties(hipDeviceProp_t *prop, int deviceId)
```

其中，hipDeviceProp_t 是一个结构体，包含设备名称、显存大小、时钟频率、架构等信息。

9. HIP 错误检查

（1）获取函数错误返回值

```
hipEorror_t hipGetLasrError(void)
hipEorror_t hipPeekAtLastError(void)
```

（2）以文本形式获取错误名称

```
const char *hipGetErrorName(hipError_t hip_error)
```

（3）以字符串形式获取错误

```
const char *hipGetErrorString(hipError_t hip_error)
```

10．HIP 编程示例：向量加法

下面程序实现数组的向量加法。

```
#include <iostream>
#include <hip/hip_runtime.h>

#define HIP_ASSERT(x) (assert((x) == hipSuccess))
#define WIDTH 1024
#define HEIGHT 1024
#define NUM (WIDTH * HEIGHT)

// 线程块各维大小
#define THRERADS_PER_BLOCK_X 16
#define THRERADS_PER_BLOCK_Y 16
#define THRERADS_PER_BLOCK_Z 16
using namespace std;

// 核函数
__global__ void vectoradd_float(float *a, const float *b, const float *c,
int width, int weight) {
    // 二维线程索引
    int x = blockDim.x * blockIdx.x + threadIdx.x;
    int y = blockDim.y * blockIdy.y + threadIdx.y;
    // 转换为一维坐标
    int i = y * width + x;
    // 线程映射需要在范围内
    if (i < width * height) {
        a[i] = b[i] + c[i];
    }
}
int main() {
    // 主机端内存指针
    float *hostA;
    float *hostB;
    float *hostC;
    // 设备端内存指针
    float *deviceA;
    float *deviceB;
    float *deviceC;
    // 设备管理，打印设备信息
```

```
        hipDeviceProp_t devProp;
        hipGetDeviceProperties(&devProp, 0);
        cout << "System minor" << devProp.minor << endl;
        cout << "System major" << devProp.major << endl;
        cout << "agent prop name" << devProp.name << endl;
        // 主机端内存分配
        hostA = (float *)malloc(NUM * sizeof(float));
        hostB = (float *)malloc(NUM * sizeof(float));
        hostC = (float *)malloc(NUM * sizeof(float));
        // 主机端数据初始化
        for (int i = 0; i < NUM; i++) {
            hostB[i] = (float)i;
            hostC[i] = (float)i * 100.0f;
        }
        // 设备端内存分配
        HIP_ASSERT(hipMalloc(void**)&deviceA, NUM * sizeof(float)));
        HIP_ASSERT(hipMalloc(void**)&deviceB, NUM * sizeof(float)));
        HIP_ASSERT(hipMalloc(void**)&deviceC, NUM * sizeof(float)));
        // 内存复制主机端->设备端
        HIP_ASSERT(hipMemcpyHostToDevice(deviceB, hostB, NUM * sizeof
(float)));
        HIP_ASSERT(hipMemcpyHostToDevice(deviceC, hsotC, NUM * sizeof
(float)));
        // 主机端启动核函数
        hiplaunchKernelGGL(vectoradd_float,
                           dim3(WIDTH/THRERADS_PER_BLOCK_X, HEIGHT/
THRERADS_PER_BLOCK_Y),
                           dim3(THRERADS_PER_BLOCK_X, THRERADS_PER_
BLOCK_Y),
                           0, 0,
                           deviceA, deviceB, deviceC, WIDTH, HEIGHT);
        // 内存复制设备端->主机端
        HIP_ASSERT(hipMemcpyDeviceToHost(hostA, deviceA, NUM * sizeof
(float)));
        // 设备端内存释放
        HIP_ASSERT(hipFree(deviceA));
        HIP_ASSERT(hipFree(deviceB));
        HIP_ASSERT(hipFree(deviceC));
        // 主机端内存释放
        free(hostA);
        free(hostB);
        free(hostC);
    }
```

上面程序首先用 malloc()分配了主机端的数组 hostA、hostB、hostC，并进行了数据的初始化，然后用 hipMalloc()函数申请了设备端的数组 deviceA、deviceB、deviceC，随后通过 hipMemcpyHostToDevice()函数将 B 数组和 C 数组的数据从主机端复制至设备端，然后通过 hiplaunchKernelGGL()启动 vectoradd_float()核函数，dim3 指定了线程块的维度是二维及相应的大小，核函数还传递了设备端指针和其他参数以便核函数可以访问。在核函数中，首先通过 blockDim.x、blockIdx.x、threadIdx.x 等 HIP 内置变量获取线程 x 维和 y 维的线程 ID，并将 ID 转换成一维以便和一维向量进行对应，如果线程 ID 在 width 与 height 乘积范围内，读取 B 数组和 C 数组中的数据加到 A 数组对应位置上。核函数计算完成后回到主机端，通过 hipMemcpyDeviceToHost()函数将 A 数组的数据从设备端复制回主机端，最后使用 hipFree()函数释放设备端内存，使用 free()函数释放主机端内存。

6.3　利用 LDS 进行数据共享

6.3.1　LDS 概念

1. LDS 简介

前面章节讲到 DCU 由多个 CU 构成，每个 CU 具有 64KB 的用户可编程访问的高速片上缓存，能够实现线程块中的线程或 wavefront 内的线程之间的低延迟通信，这就是本地数据共享（LDS）。LDS 配置有 32 个 bank，每个 bank 具有 512 个 4 字节的条目。

有时，我们也将 LDS 存储空间称为共享内存。共享内存是按线程块分配的，因此线程块中的所有线程都可以访问同一共享内存空间。例如，线程块内的多个线程可以协同地将必要数据从全局设备内存加载到共享内存中，然后线程块内的线程就可以共享这个存储空间中存储的数据了。共享内存（与线程同步结合）有许多用途，例如，可以作为用户管理的数据缓存、线程块内线程快速通行（如并行归约），以及在不能实现恰当访存合并的情况下实现访存合并（coalesced memory access）。因此，利用好 LDS 可以大大提升程序性能。

2. 线程同步

在线程之间通过 LDS 共享数据时，需要避免出现数据竞争的情况，因为虽然线程块中的线程逻辑上并行运行，但并非所有线程都可以同时执行。假设两个线程 A 和 B 分别从全局内存中加载一个数据元素并将其存储到共享内存中，且 A 和 B 是两个不同 wavefront 中的线程，线程 A 想从共享内存中读取 B 存入的数据。如果 B 在 A 尝试读取它之前还没有完成它的元素的写入，此时就有一个竞争条件，可能导致未定义的行为和错误的结果。

为了保证并行线程协作时的结果正确，必须同步线程。HIP 提供了一个简单的屏障同步原语__syncthreads()。一个线程的执行只能在其所在线程块中的所有线程都执行到达__syncthreads()之后继续执行。因此，可以通过在线程将数据存储到共享内存中之后和线程从共享内存加载数据之前调用__syncthreads()来避免上面描述的竞争条件。注意，在线程执行存在分支时调用__syncthreads()是未定义的，并且可能导致死锁，线程块中的所有线程都必须在同一点调用__syncthreads()。

3．声明 LDS

（1）静态共享内存

如果共享内存数组大小在编译时已知，可以显式地声明一个该大小的数组，程序如下。

```
__global__ void staticReverse(int *d, int n) {
    __shared__ int s[64];
    int t = threadIdx.x;
    int tr = n - t - 1;
    s[t] = d[t];
    __syncthreads();
    d[t] = s[tr];
}
```

上述程序中，s 数组就是静态声明共享内存的方式。在这个核函数中，t 和 tr 是分别表示原始顺序和反向顺序的两个索引。线程先使用语句 s[t] = d[t]将数据从全局设备内存复制到共享内存，然后在两行之后使用语句 d[t] = s[tr]完成反转。最后一行代码，每个线程访问共享内存中由另一个线程写入的数据，因此在此之前，我们需要通过调用__syncthreads()来确保所有线程都已完成对共享内存的加载。

（2）动态共享内存

如果编译时共享内存的数量未知，可以使用该方式申请共享内存。在这种情况下，必须在启动核函数时使用可选的第三个执行配置参数指定每个线程块的共享内存分配大小（以字节为单位），核函数 dynamicReverse()使用大小未知的外部数组语法 extern __shared__ int s[]声明共享内存数组（注意方括号和 extern 说明符的使用），程序如下。

```
dynamicReverse<<<1, n, n * sizeof(int)>>>(d_d, n);
__global__ void dynamicReverse(int *d, int n) {
    extern __shared__ int s[];
    int t = threadIdx.x;
    int tr = n - t - 1;
    s[t] = d[t];
    __syncthreads();
    d[t] = s[tr];
}
```

4．bank 冲突

因为 LDS 是片上的，所以共享内存比主机内存和设备内存具有更高的带宽和更低的延迟，共享内存延迟大约比未缓存的全局设备内存延迟低 100 倍，前提是线程之间没有 bank 冲突。为了实现并发访问的高内存带宽，共享内存被划分为大小相等的可同时访问的内存模块，称为 bank。因此，跨越 *n* 个不同 bank 的 *n* 个地址的任何内存加载（load）和写回（store）

都可以同时提供服务，产生的有效带宽是单个 bank 带宽的 *n* 倍，对曙光 DCU 来说，*n* 等于 32。

但是，如果一个内存请求的多个地址映射到同一个 bank，则访问将被串行化。硬件会将具有 bank 冲突的内存请求拆分为所需的尽可能多的独立无冲突请求，因此访存带宽会受到影响，如果 bank 冲突严重，将非常影响性能。这里的一个例外是，当一个线程束（wavefront）中的多个线程寻址同一个共享内存位置时，会发生广播。在这种情况下，来自不同 bank 的多个广播合并为一个从请求的共享内存位置到线程的多播。为了最小化 bank 冲突，了解内存地址如何映射到 bank 及如何优化调度内存请求非常重要。每个 bank 在每个时钟周期具有 32 位带宽，连续的 32 位字分配给连续的 bank。解决 bank 冲突的常用方法是内存填充，将在后面实例中进行讨论。

如图 6-26 所示，会发生 32 路 bank 冲突，但是如果 32 个线程访问的都是 bank0 中的同一个地址的话，则不会产生 bank 冲突，而是发生广播。

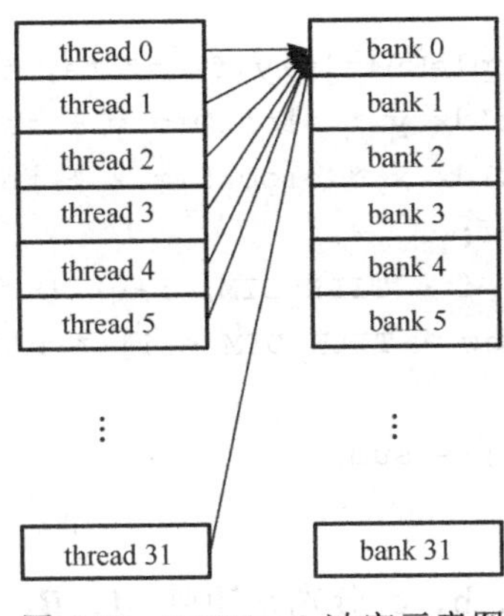

图 6-26　LDS bank 冲突示意图

6.3.2　LDS 使用实例

1. 共享内存用于矩阵乘法

共享内存支持线程块中线程之间的协作。当一个线程块中的多个线程使用全局设备内存中的相同数据时，采用共享内存只需从全局设备内存访问数据一次。共享内存也可用于避免非合并内存访问，方法是以合并模式从全局设备内存加载（load）和写回（store）数据到共享内存中，在共享内存中进行访问。除存在 bank 冲突的情况外，共享内存中的线程束不会对非顺序或未对齐的访问造成任何开销。

通过矩阵乘法 $\boldsymbol{C}=\boldsymbol{AB}$ 的简单示例说明共享内存的使用，其中，矩阵 $\boldsymbol{A}$ 维度为 $M\times w$，$\boldsymbol{B}$ 维度为 $w\times N$，$\boldsymbol{C}$ 维度为 $M\times N$。为了使核函数比较简单，假设 M 和 N 是 32 的倍数，w 为 32，尽管当前设备的线程束大小是 64，但由于 DCU 中的线程块内线程数量最大为 1024，问题的自然分解是使用 32×32 的线程块配置（启动核函数的第三个参数）进行计算。因此，就 $w\times w$ 矩阵块而言，$\boldsymbol{A}$ 是行矩阵，$\boldsymbol{B}$ 是列矩阵，$\boldsymbol{C}$ 是它们的外积，如图 6-27 所示。

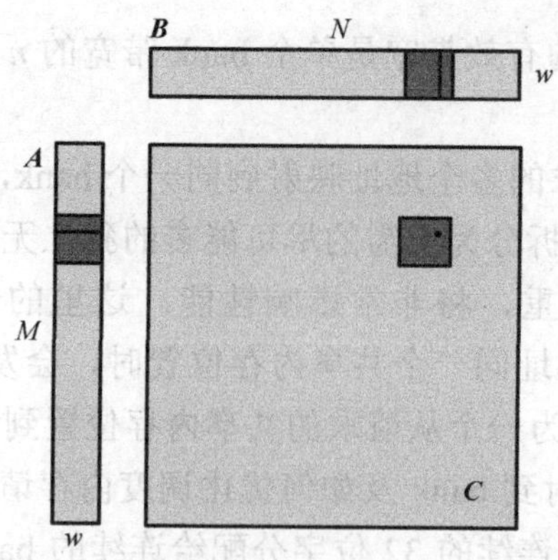

图 6-27 矩阵乘单个元素生成示意图

启动一个 *N*/*w* 乘 *M*/*w* 块大小的 Grid，其中，每个线程块从 ***A*** 的单个块和 ***B*** 的单个块计算 ***C*** 中不同块的元素。程序如下。

```
__global__ void simpleMultiply(float *a, float *b, float *c, int N) {
    int row = blockIdx.y * blockDim.y + threadIdx.y;
    int col = blockIdx.x * blockDim.x + threadIdx.x;
    float sum = 0.0f;
    for (int i = 0; i < TILE_DIM; i++) {
        sum += a[row * TILE_DIM + i] * b[i * N + col];
    }
    c[row * N + col] = sum;
}
```

在未优化的矩阵乘法中，a、b、c 分别是矩阵 ***A***、***B***、***C*** 指向全局设备内存的指针，blockDim.x, blockDim.y 和 TILE_DIM 都等于 *w*。在 *w*×*w* 的线程块中每个线程计算 ***C*** 矩阵的小块中的一个元素。row 和 col 是矩阵 ***C*** 中被某个线程计算的元素的行和列。for 循环每次迭代 ***A*** 矩阵的一行乘 ***B*** 矩阵的一列，结果写到 ***C*** 矩阵中，如图 6-28 所示。

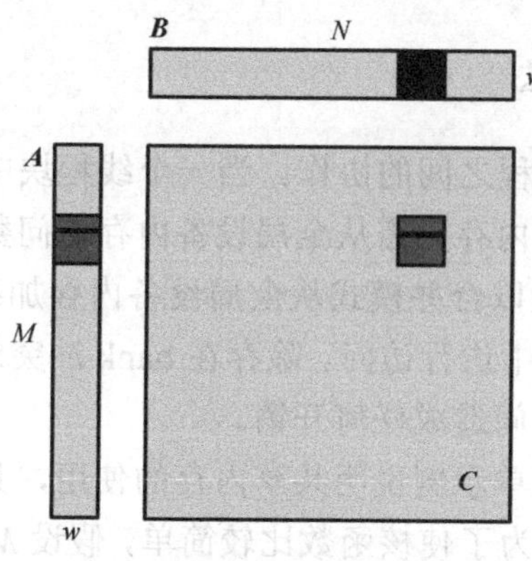

图 6-28 矩阵乘一行元素生成示意图

for 循环的每次迭代 i，一个线程束中的线程读 ***B*** 矩阵的小块，满足顺序和合并访问。然而，对每次迭代 i，线程束中的所有线程都从全局设备内存中读取矩阵 ***A*** 的相同值，因为索引 row*TILE_DIM+i 在线程束中是固定的。尽管这种访问只需 1 个访存事务，但事务中也存在带宽浪费，因为 64 字节缓存行中只使用了 4 字节。我们可以在循环的后续迭代中重用该缓存行，最终将使用整个缓存行；然而，当许多线程束同时在同一个 CU 上执行时，通常情况下，在第 i 次和第 i+1 次迭代之间，缓存行可能容易从 cache 中移出。我们可以通过读 ***A*** 矩阵的小块到共享内存中来提升性能，如以下程序所示。

```
__global__ void coalescedMultiply(float *a, float *b, float *c, int N) {
    __shared__ float aTile[TILE_DIM][TILE_DIM];

    int row = blockIdx.y * blockDim.y + threadIdx.y;
    int col = blockIdx.x * blockDim.x + threadIdx.x;
    float sum = 0.0f;
    aTile[threadIdx.y][threadIdx.x] = a[row * TILE_DIM + threadIdx.x];
    __syncthreads();
    for (int i = 0; i < TILE_DIM; i++) {
        sum += aTile[threadIdx.y][i] * b[i * N + col];
    }
    c[row * N + col] = sum;
}
```

在以上算法中，***A*** 矩阵小块中的每个元素仅从全局设备内存读取一次，以完全合并的方式（没有浪费带宽）读取到共享内存中。在 for 循环的每次迭代中，共享内存中的一个值将广播给线程束中的所有线程。注意，加载数据到 LDS 后使用__syncthreads()同步。当硬件 L1 cache 换出策略与应用程序的需求不匹配时，或者当 L1 cache 未用于从全局设备内存读取时，可以将共享内存作为用户管理的缓存。

以上算法还可以进一步优化，在计算矩阵 ***C*** 的小块的每一行时，读取 ***B*** 矩阵的整个小块。将 ***B*** 矩阵小块读取到共享内存中一次，可以消除对 ***B*** 矩阵小块的重复读取，程序如下。

```
__global__ void sharedABMultiply(float *a, float *b, float *c, int N) {
    __shared__ float aTile[TILE_DIM][TILE_DIM], bTile[TILE_DIM][TILE_
DIM];
    int row = blockIdx.y * blockDim.y + threadIdx.y;
    int col = blockIdx.x * blockDim.x + threadIdx.x;
    float sum = 0.0f;
    aTile[threadIdx.y][threadIdx.x] = a[row * TILE_DIM + threadIdx.x];
    bTile[threadIdx.y][threadIdx.x] = b[threadIdx.y * N + col];
    __syncthreads();
    for (int i = 0; i < TILE_DIM; i++) {
        sum += aTile[threadIdx.y][i] * bTile[i][threadIdx.x];
    }
    c[row * N + col] = sum;
}
```

读取 ***B*** 矩阵小块后需要调用__syncthreads()，因为线程束从共享内存中读取的数据是由不同的线程束写入共享内存的。注意，这里性能的提升不是由于改进了访存合并，而是由于避免了来自全局设备内存的冗余传输。

2. 共享内存用于矩阵转置

我们希望优化的代码是一个单精度浮点型数据矩阵的转置，其输入和输出是内存中的独立数组。为了简化说明，只考虑维度为 32 的整数倍的矩阵。除了执行几个不同的矩阵转置策略，这里还测试了简单的矩阵复制核函数，因为矩阵复制核函数的性能能反映矩阵转置核函数实现的最佳性能。对矩阵复制和转置，相关的性能度量是有效带宽，以 GB/s 为单位，计算方法是将矩阵的两倍大小（一次用于加载矩阵，一次用于写回矩阵）除以执行时间（以秒为单位）。

本例中矩阵大小为 $M \times N$，所有核函数都启动 32×8 大小的线程块（代码中的 TILE_DIM=32，BLOCK_ROWS=8），线程 Grid 大小为（N/32）×（M/32），线程块中的 x 维度对应矩阵的 N 维度，y 维度对应矩阵的 M 维度。每个线程块转置（或复制）大小为 32×32 的 TILE。因此每个线程转置 4 个矩阵元素，大部分索引计算成本都在这些元素上分摊。

（1）简单的矩阵复制

```
__global__ void copy(float *odata, const float *idata) {
    int x = blockIdx.x * TILE_DIM + threadIdx.x;
    int y = blockIdx.y * TILE_DIM + threadIdx.y;
    int width = gridDim.x * TILE_DIM; // N

    for (int j = 0; j < TILE_DIM; j += BLOCK_ROWS)
        odata[(y + j) * width + x] = idata[(y + j) * width + x];
}
```

每个线程在此例程结束时在循环中复制矩阵的 4 个元素，因为块中的线程数比块中的元素数小 4 倍（TILE_DIM/block_ROWS）。注意，计算矩阵索引 y 时必须使用 TILE_DIM，而不是 BLOCK_ROWS 或 blockDim.y。循环在矩阵的第二维度而不是第一维度上迭代，以便连续线程加载和写回连续数据，以最大化利用 GPU 的访存合并特性。

（2）简单的矩阵转置

第一个转置核函数看起来与复制核函数非常相似。唯一的区别在于 odata 的索引是经过转置后对应的索引。示例代码如下：

```
__global__ void transposeNaive(float *odata, const float *idata) {
    int x = blockIdx.x * TILE_DIM + threadIdx.x;
    int y = blockIdx.y * TILE_DIM + threadIdx.y;
    int width = gridDim.x * TILE_DIM;

    for (int j = 0; j < TILE_DIM; j += BLOCK_ROWS)
        odata[x * width + (y + j)] = idata[(y + j) * width + x];
}
```

在这个核函数中，对 idata 数据的读取满足访存合并规则，但是对 odata 的写入是跨步的。而复制核函数的 idata 读取及 odata 写入都满足访存合并规则。

有兴趣的读者可以测试发现 transposeNaive 的性能对比 copy 差多少。

（3）通过共享内存优化

对上述例子访问全局设备内存时的跨步访问，即非访存合并，可以使用共享内存来避免。图 6-29 描述了如何在矩阵转置中使用共享内存。

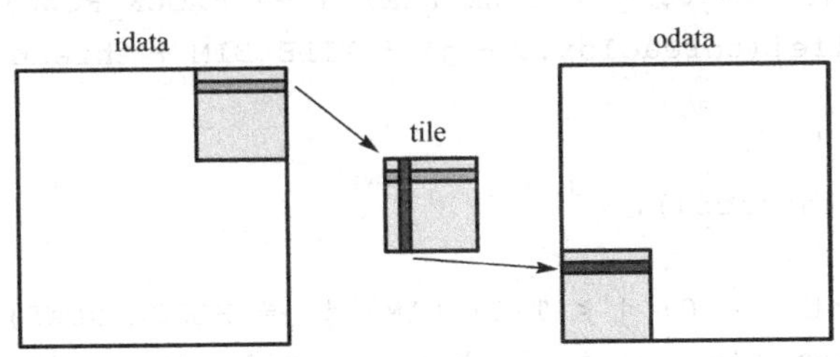

图 6-29　矩阵转置示意图

程序如下。

```
__global__ void transposeCoalesced(float *odata, const float *idata) {
    __shared__ float tile[TILE_DIM][TILE_DIM];

    int x = blockIdx.x * TILE_DIM + threadIdx.x;
    int y = blockIdx.y * TILE_DIM + threadIdx.y;
    int width = gridDim.x * TILE_DIM;

    for (int j = 0; j < TILE_DIM; j += BLOCK_ROWS)
        tile[threadIdx.y + j][threadIdx.x] = idata[(y + j) * width + x];

    __syncthreads();

    x = blockIdx.y * TILE_DIM + threadIdx.x; // transpose block offset
    y = blockIdx.x * TILE_DIM + threadIdx.y;

    for (int j = 0; j < TILE_DIM; j += BLOCK_ROWS)
        odata[(y + j) * width + x] = tile[threadIdx.x][threadIdx.y + j];
}
```

在第一个 for 循环中，线程束将 idata 中的连续数据读取到共享内存块的行中。重新计算数组索引后，共享内存块的一列被写入 odata 中的连续地址。

有兴趣的读者可以测试发现 TransposeCoaleCed 结果对比 TransposeAive 内核有改进，但它们远未达到复制内核的性能。我们可能会猜测，性能差距的原因是与使用共享内存和所需的同步屏障__syncthreads()相关的开销。我们可以使用以下程序（使用共享内存的复制核函数）轻松测试这一点。

```
    __global__ void copySharedMem(float *odata, const float *idata) {
        __shared__ float tile[TILE_DIM * TILE_DIM];

        int x = blockIdx.x * TILE_DIM + threadIdx.x;
        int y = blockIdx.y * TILE_DIM + threadIdx.y;
        int width = gridDim.x * TILE_DIM;

        for (int j = 0; j < TILE_DIM; j += BLOCK_ROWS)
            tile[(threadIdx.y + j) * TILE_DIM + threadIdx.x] = idata[(y +
j) * width + x];

        __syncthreads();

        for (int j = 0; j < TILE_DIM; j += BLOCK_ROWS)
            odata[(y + j) * width + x] = tile[(threadIdx.y + j) * TILE_DIM
+ threadIdx.x];
    }
```

实际上，在这种情况下，__synchthreads()调用在技术上是不需要的，因为元素的操作是由同一线程执行的，这里包含它是为了模拟转置行为。有兴趣的读者可以测试发现问题不在于使用共享内存或屏障同步。

（4）共享内存 bank 冲突

对 32×32 个元素的共享内存块，一列数据中的所有元素都映射到同一个 bank，导致出现 bank 冲突的最坏情况：读取一列数据会导致 32 路 bank 冲突。幸运的是，解决方案是简单地在共享内存块的声明中填充宽度，使块宽为 33 个元素，而不是 32 个，程序如下。

```
    __shared__ float tile[TILE_DIM][TILE_DIM+1];
```

有兴趣的读者可以测试发现消除 bank 冲突的核函数性能已经很接近 copy 核函数的性能了。

在这个例子中，我们介绍了三个表示矩阵转置的各种优化的核函数。核函数展示了如何使用共享内存合并全局设备内存访问，以及如何填充数组以避免共享内存 bank 冲突。从核函数的相对收益来看，合并全局设备内存访问是目前实现良好性能的关键方面，许多应用程序也是如此。

6.4 线程间通信

6.4.1 Block 级线程通信

采用__syncthreads()语句（即 barrier 指令）可以使线程块中的所有线程同步，同一 Block 中的线程可以采用 LDS 通信，线程将数据写入共享内存 LDS 中，经过线程块线程同步，其他线程可以从 LDS 中获取正确的数据。

6.4.2　wavefront 级线程通信

1．线程束操作

（1）线程束投票函数

```
int __all(int predicate)
int __any(int predicate)
uint64_t __ballot(int predicate)
```

线程束中的线程称为通道（lane），编号为 0 到 63（线程束大小减一）。对这些函数，每个线程 lane 贡献 1 bit 的值，并广播到线程束的所有 lane，因此一共有 64 bit 标记每个线程的 predicate 的值是 0 还是 1。如果线程束任意一个线程的 predicate 值为 1，则__any()返回 1，否则返回 0。如果线程束所有线程的 predicate 值为 1，则__all()返回 1，否则返回 0。__ballot()函数返回 64bit 的线程投票结果。

（2）线程束洗牌函数

```
int __shfl (int var, int srcLane, int width=warpSize);
float __shfl (float var, int srcLane, int width=warpSize);
int __shfl_up (int var, unsigned int delta, int width=warpSize);
float __shfl_up (float var, unsigned int delta, int width=warpSize);
int __shfl_down (int var, unsigned int delta, int width=warpSize);
float __shfl_down (float var, unsigned int delta, int width=warpSize) ;
int __shfl_xor (int var, int laneMask, int width=warpSize);
float __shfl_xor (float var, int laneMask, int width=warpSize);
```

线程束洗牌函数可以获取线程束中其他线程寄存器的值或进行移动等操作。

2．其他指令（如表 6-4 所示）

表 6-4　其他 wavefront 级线程通信指令表

指令	ds_permute_b32/ ds_bpermute_b32	ds_swizzle_b32	DPP Modifier
描述	基于 vGPR 中地址排列 lane 上数据的指令	基于在指令的偏移字段中编码的模式排列 lane 上数据的指令	允许 VOP1/VOP2 指令从另一条 lane 上获取一个参数的修饰符
可用的跨 lane 通信模式	无约束条件	以四个为一组进行全横向共享，并且限制在 32 组以内。例如： ● 交换组 1、2、4、8 或 16； ● 以 2、4、8、16 或 32 为一组进行反转； ● 广播 2、4、8、16 或 32 组中的任何 lane； ● 可以使用位掩码表示的任何其他洗牌操作	● 以四个为一组进行全横向共享 ● wavefront 移动/旋转一个 lane ● 行移动/旋转 1～15 个 lane ● 在一行或半行内反转 ● 将每行的第 15 号 lane 广播到下一行 ● 广播 31 号 lane 给第 2、3 行

续表

性能考量	● 需要 s_waitcnt 指令，但是提供低延迟 ● 需要额外的 vGPR 提供地址 ● 可能需要额外的指令读取或生成地址	需要 s_waitcnt 指令，但是提供低延迟	● 以全指令速率运行 ● 如果先前的 vALU 指令修改了用于共享数据的输入 vGPR，则需要 2 个等待状态 ● 如果先前的 vALU 指令修改了 EXEC 掩码，则需要 5 个等待状态 ● 向指令流追加额外的双字（32 位）

下面主要介绍 ds-permute 指令。

（1）介绍

ds_permute_b32 和 ds_bpermute_b32 指令利用 LDS 硬件在 wavefront 的 64 个 lane 之间传递数据，但它们实际上并没有将数据写入 LDS 存储空间。这些指令不需要配对存在（如 wavefront 存在不活跃的 lane）。它们提供了一种不同的方式来表示 lane 的寻址。ds_permute_b32 指令的功能是正向数据重排（push 语义），即将当前 lane 的数据放置到 lane i 中；ds_bpermute_b32 指令的功能是向后数据重排（pull 语义），即从 lane i 中读取数据。它们有以下语法：

```
ds_permute_b32 dest, addr, src [offset:addr_offset] // push to dest
ds_bpermute_b32 dest, addr, src [offset:addr_offset] // pull from src

// Examples:
ds_permute_b32 v0, v1, v2
ds_bpermute_b32 v0, v0, v1 offset:0x10
```

其中，dest、addr 和 src 是向量通用寄存器，addr_offset 是可选的立即数偏移。这两条指令都从 src 获取数据，根据提供的地址（addr + addr_offset）将其洗牌，并将结果保存到 dest 寄存器中。整个过程分为以下两个逻辑步骤：

① 所有活跃 lane 都将数据写入临时缓冲区。

② 所有活跃 lane 都从临时缓冲区读取数据，未初始化的位置被视为零值。

（2）在 permute 指令中寻址

permute 指令在 lane 之间移动数据，但仍然使用字节寻址的概念，其他 LDS 相关的指令也是如此。因此，addr vGPR 中的值应该是目的 lane 的 id 乘以 4，因为 vGPR 值的宽度为 4 字节。

（3）向后排列示例

考虑 ds_bpermute_b32 示例，如图 6-30 所示，其中包含简化的八 lane wavefront；其中，不活跃的 lane 上的通信用虚线表示（表示其未实际参与通信）。

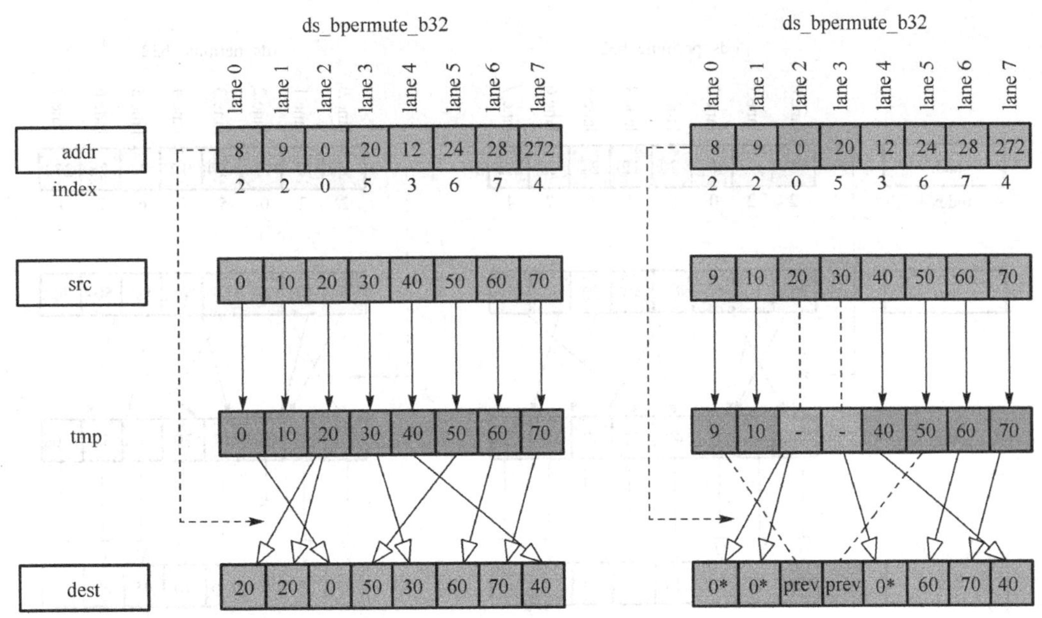

图 6-30 向后排列示意图

在第一步，所有 lane 将数据从 src 写入 tmp 所指的位置；在第二步，它们都基于 addr 中的地址从 tmp 缓冲区中读取数据。index 值给出第二步中 tmp 元素的真实索引。如图 6-30 所示，addr 在 lane 0 和 lane 1 上的值是不同的，但是这两个 addr 都指向同一 tmp 元素，因为 addr 是按照 lane id×4 来索引目的 lane 的（4 整除 8 为 2，4 整除 9 也是 2），所以 lane 0 和 lane 1 的索引都是 2，都从 lane 2 读取数据。对包含 64 个 lane 的 wavefront，该机制的底层是通过取地址的最低一个字节，并忽略掉该字节最低的两个有效地址位（这里 8 个 lane 的 wavefront 也是类似的）实现的。类似地，地址 272 在 lane 7 的线程束范围内且在 src 寄存器中指向索引为 4 的元素（即 4 整除 272，然后按 8 取模；其中 8 是 wavefront 中 lane 的数量）。

图 6-30 的右侧显示了一个示例，该示例使用相同的参数值，但 EXEC 掩码禁用了 lane 2 和 lane 3。因此，指令不会覆盖与这些 lane 对应的 dest 元素。此外，一些 lane 从未初始化的 tmp 元素读取，因此接收到零值。

（4）向前排列示例

所有 lane 根据 addr 寄存器中的地址将 src 数据写入 tmp 缓冲器，在第二步直接从 tmp 再写入 dest。这里的所有内容都与第一个示例类似，但有一个例外：一些 lane 可以写入同一个 tmp 元素（考虑图 6-31 中的 lane 0 和 lane 1）。此时会有写入冲突，处理冲突的方式也很简单，即以 ID 较大的 lane 上的数据为准。

值得一提的是广播方式，wavefront 内的线程可以基于 ds_bpermute_b32 指令将数据广播给其他 64 个线程。

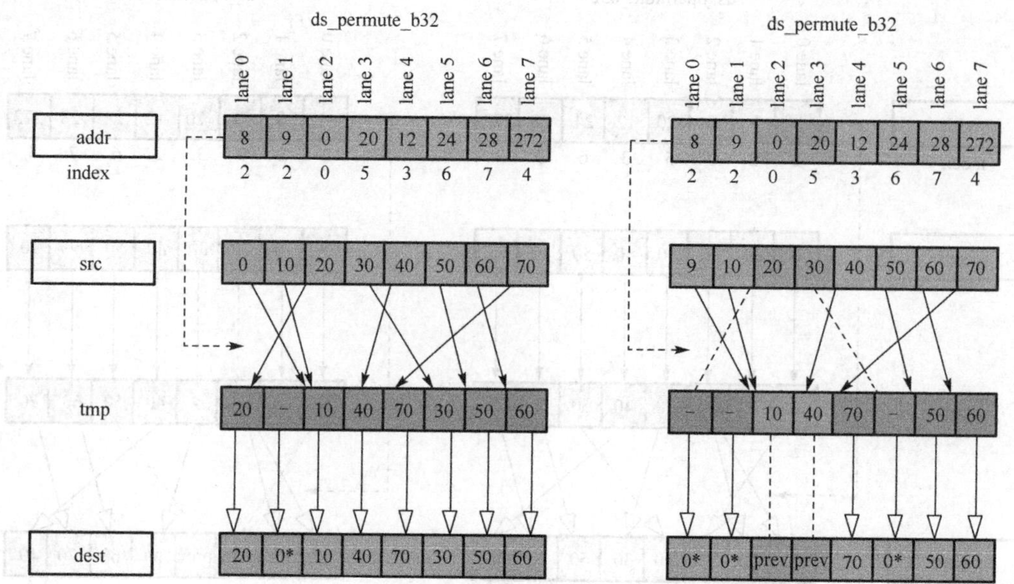

图 6-31　向前排列示意图

6.5　reduce 优化

本节对 DCU 或 GPU 编程中的重要操作 reduce 进行了逐步优化的演示。

1. 第一阶段

```
__global__ void reduce1(int *g_idata, int *g_odata) {
    extern __shared__ int sdata[];
    // each thread loads one element from global to shared mem
    unsigned int tid = threadIdx.x;
    unsigned int i = blockIdx.x * blockDim.x + threadIdx.x;
    sdata[tid] = g_idata[i];
    __syncthreads();
    // do reduction in shared mem
    for (unsigned int s = 1; s < blockDim.x; s *= 2) {
        if (tid % (2 * s) == 0) {
            sdata[tid] += sdata[tid + s];
        }
        __syncthreads();
    }
    // write result for this block to global mem
    if (tid == 0)
        g_odata[blockIdx.x] = sdata[0];
}
```

在 reduce1()核函数中，通过 extern 方式声明动态共享内存，根据后续使用情况可以得知其大小为线程块的大小，每个线程块中的线程从全局设备内存中将数据加载到共享内存。在__syncthreads()完成线程块内线程同步后开始归约，步长 s 从 1 开始，对线程 ID 为 2 倍 s 整数倍的线程，将共享内存中索引当前线程 ID+s 处的数据加到当前线程 ID 的位置。每次归约操作都需要__syncthreads()同步，下一次循环 s 为上一次的两倍，直至完成所有元素的归约，如图 6-32 所示。

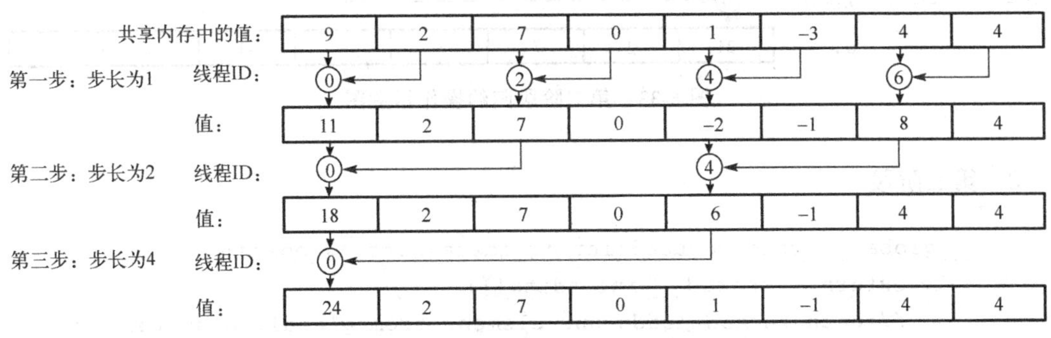

图 6-32 第一阶段归约操作示意图

上述程序的缺点是高度发散，线程束非常低效，并且%运算符运算速度非常慢。

2. 第二阶段

```
__global__ void reduce2(int *g_idata, int *g_odata) {
    extern __shared__ int sdata[];
    // each thread loads one element from global to shared mem
    unsigned int tid = threadIdx.x;
    unsigned int i = blockIdx.x * blockDim.x + threadIdx.x;
    sdata[tid] = g_idata[i];
    __syncthreads();
    // do reduction in shared mem
    for (unsigned int s = 1; s < blockDim.x; s *= 2) {
        int index = 2 * s * tid;
        if (index < blockDim.x) {
            sdata[index] += sdata[index + s];
        }
        __syncthreads();
    } // write result for this block to global mem
    if (tid == 0)
        g_odata[blockIdx.x] = sdata[0];
}
```

第二阶段的代码相较于第一阶段的改进主要在于进行归约操作的线程变成相邻的线程，提高了线程束的执行效率，如图 6-33 所示。

这段代码的主要缺点是会发生 LDS bank 冲突。

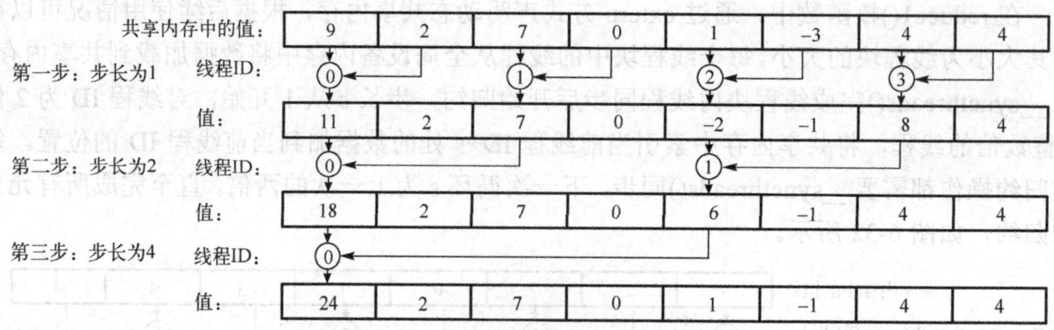

图 6-33　第二阶段归约操作示意图

3. 第三阶段

```
__global__ void reduce3(int *g_idata, int *g_odata) {
    extern __shared__ int sdata[];
    // each thread loads one element from global to shared mem
    unsigned int tid = threadIdx.x;
    unsigned int i = blockIdx.x * blockDim.x + threadIdx.x;
    sdata[tid] = g_idata[i];
    __syncthreads();

    for (unsigned int s = blockDim.x / 2; s > 0; s >>= 1) {
        if (tid < s) {
            sdata[tid] += sdata[tid + s];
        }
        __syncthreads();
    }
    if (tid == 0)
        g_odata[blockIdx.x] = sdata[0];
}
```

第三阶段的代码改变了归约的方式，s 初始值为线程块大小的一半，每次循环将共享内存中后半部分 s 个元素的结果累加到前半部分的 s 个元素中，下一次循环 s 为上一次的一半，最终结果归约到线程块中的 0 号线程上，如图 6-34 所示。

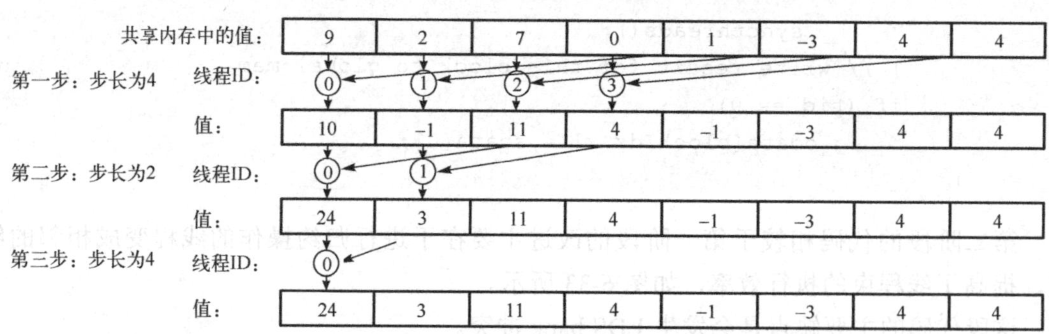

图 6-34　第三阶段归约操作示意图

可以发现，此时是顺序寻址，没有 LDS bank 冲突，但现在的问题是一半的线程在第一次迭代时是空闲的，浪费了计算资源。

4．第四阶段

```
__global__ void reduce4(int *g_idata, int *g_odata) {
    extern __shared__ int sdata[];
    // each thread loads one element from global to shared mem
    unsigned int tid = threadIdx.x;
    unsigned int i = blockIdx.x * (blockDim.x * 2) + threadIdx.x;
    sdata[tid] = g_idata[i] + g_idata[i + blockDim.x];
    __syncthreads();

    for (unsigned int s = blockDim.x / 2; s > 0; s >>= 1) {
        if (tid < s) {
            sdata[tid] += sdata[tid + s];
        }
        __syncthreads();
    }
    if (tid == 0)
        g_odata[blockIdx.x] = sdata[0];
}
```

第四阶段的代码将线程块数量减半，第一次加法在加载数据的时候进行，避免了计算资源的浪费。归约操作的运算强度低，因此一个可能的瓶颈是指令开销，包括非核心计算的加载、写回或算术的辅助指令，换言之就是地址算法和循环开销。可以考虑采用循环展开。

5．第五阶段

```
__device__ void warpReduce(volatile int *sdata, int tid) {
    sdata[tid] += sdata[tid + 64];
    sdata[tid] += sdata[tid + 32];
    sdata[tid] += sdata[tid + 16];
    sdata[tid] += sdata[tid + 8];
    sdata[tid] += sdata[tid + 4];
    sdata[tid] += sdata[tid + 2];
    sdata[tid] += sdata[tid + 1];
}
__global__ void reduce5(int *g_idata, int *g_odata) {
    extern __shared__ int sdata[];
    // each thread loads one element from global to shared mem
    unsigned int tid = threadIdx.x;
    unsigned int i = blockIdx.x * (blockDim.x * 2) + threadIdx.x;
    sdata[tid] = g_idata[i] + g_idata[i + blockDim.x];
```

```
    __syncthreads();

    for (unsigned int s = blockDim.x / 2; s > 64; s >>= 1) {
        if (tid < s)
            sdata[tid] += sdata[tid + s];
        __syncthreads();
    }
    if (tid < 64)
        warpReduce(sdata, tid);
    if (tid == 0)
        g_odata[blockIdx.x] = sdata[0];
}
```

随着归约的进行，活跃的线程减少，当 s<=64 时，只剩下一个线程束。指令在一个线程束内时是 SIMD 同步的。这意味着当 s<=64 时，不需要进行__syncthreads()，因此将这一部分独立出来成 warpReduce()函数，不再需要 tid<s 的判断。此外，在函数内进行循环展开，也能减少一定开销。

6. 第六阶段

```
    template <unsigned int blockSize> __device__ void warpReduce(volatile
int *sdata, int tid) {
        if (blockSize >= 128)
            sdata[tid] += sdata[tid + 64];
        if (blockSize >= 64)
            sdata[tid] += sdata[tid + 32];
        if (blockSize >= 32)
            sdata[tid] += sdata[tid + 16];
        if (blockSize >= 16)
            sdata[tid] += sdata[tid + 8];
        if (blockSize >= 8)
            sdata[tid] += sdata[tid + 4];
        if (blockSize >= 4)
            sdata[tid] += sdata[tid + 2];
        if (blockSize >= 2)
            sdata[tid] += sdata[tid + 1];
    }
    template <unsigned int blockSize> __global__ void reduce6(int *g_idata,
int *g_odata) {
        extern __shared__ int sdata[];
        // each thread loads one element from global to shared mem
        unsigned int tid = threadIdx.x;
        unsigned int i = blockIdx.x * (blockDim.x * 2) + threadIdx.x;
        sdata[tid] = g_idata[i] + g_idata[i + blockDim.x];
```

```
    __syncthreads();
    if (blockSize >= 1024) {
        if (tid < 512) {
            sdata[tid] += sdata[tid + 512];
        }
        __syncthreads();
    }
    if (blockSize >= 512) {
        if (tid < 256) {
            sdata[tid] += sdata[tid + 256];
        }
        __syncthreads();
    }
    if (blockSize >= 256) {
        if (tid < 128) {
            sdata[tid] += sdata[tid + 128];
        }
        __syncthreads();
    }
    if (tid < 64) {
        warpReduce<blockSize>(sdata, tid);
    }
    if (tid == 0)
        g_odata[blockIdx.x] = sdata[0];
}

void reduce_wrapper(int *d_idata, int *d_odata) {
    switch (threads) {
    case 1024:
        reduce6<1024><<<dimGrid, dimBlock, smemSize>>>(d_idata, d_odata);
        break;
    case 512:
        reduce6<512><<<dimGrid, dimBlock, smemSize>>>(d_idata, d_odata);
        break;
    case 256:
        reduce6<256><<<dimGrid, dimBlock, smemSize>>>(d_idata, d_odata);
        break;
    case 128:
        reduce6<128><<<dimGrid, dimBlock, smemSize>>>(d_idata, d_odata);
        break;
    case 64:
        reduce6<64><<<dimGrid, dimBlock, smemSize>>>(d_idata, d_odata);
        break;
    case 32:
```

```
                reduce6<32><<<dimGrid, dimBlock, smemSize>>>(d_idata, d_odata);
                break;
            case 16:
                reduce6<16><<<dimGrid, dimBlock, smemSize>>>(d_idata, d_odata);
                break;
            case 8:
                reduce6<8><<<dimGrid, dimBlock, smemSize>>>(d_idata, d_odata);
                break;
            case 4:
                reduce6<4><<<dimGrid, dimBlock, smemSize>>>(d_idata, d_odata);
                break;
            case 2:
                reduce6<2><<<dimGrid, dimBlock, smemSize>>>(d_idata, d_odata);
                break;
            case 1:
                reduce6<1><<<dimGrid, dimBlock, smemSize>>>(d_idata, d_odata);
                break;
            }
        }
```

第六阶段的代码主要根据 Block 大小将归约操作模板化，在可用性上进行了优化，根据 Block 大小将输入数据归约成不同大小。

7. 第七阶段

```
        template <typename T, int WF_SIZE>
        __device__ __forceinline__ void SHFL_DOWN_WF_REDUCE(T &total_sum, const
T local_sum) {
            total_sum += local_sum;
            if (WF_SIZE > 32) {
                total_sum += __shfl_down(total_sum, 32, WF_SIZE);
            }
            if (WF_SIZE > 16) {
                total_sum += __shfl_down(total_sum, 16, WF_SIZE);
            }
            if (WF_SIZE > 8) {
                total_sum += __shfl_down(total_sum, 8, WF_SIZE);
            }
            if (WF_SIZE > 4) {
                total_sum += __shfl_down(total_sum, 4, WF_SIZE);
            }
            if (WF_SIZE > 2) {
                total_sum += __shfl_down(total_sum, 2, WF_SIZE);
            }
            if (WF_SIZE > 1) {
```

```
            total_sum += __shfl_down(total_sum, 1, WF_SIZE);
        }
    }

    template <unsigned int blockSize> __global__ void reduce7(int *g_idata,
int *g_odata) {
        extern __shared__ int sdata[];
        // each thread loads one element from global to shared mem
        unsigned int tid = threadIdx.x;
        unsigned int i = blockIdx.x * (blockDim.x * 2) + threadIdx.x;
        sdata[tid] = g_idata[i] + g_idata[i + blockDim.x];
        __syncthreads();
        if (blockSize >= 1024) {
            if (tid < 512) {
                sdata[tid] += sdata[tid + 512];
            }
            __syncthreads();
        }
        if (blockSize >= 512) {
            if (tid < 256) {
                sdata[tid] += sdata[tid + 256];
            }
            __syncthreads();
        }
        if (blockSize >= 256) {
            if (tid < 128) {
                sdata[tid] += sdata[tid + 128];
            }
            __syncthreads();
        }
        if (blockSize >= 128) {
            if (tid < 64) {
                sdata[tid] += sdata[tid + 64];
            }
            __syncthreads();
        }
        if (tid < 64) {
            int t0_sum = 0;
            SHFL_DOWN_WF_REDUCE<int, 64>(t0_sum, sdata[tid]);
            if (tid == 0)
                g_odata[blockIdx.x] = t0_sum;
        }
    }

    void reduce_wrapper(int *d_idata, int *d_odata) {
```

```
        switch (threads) {
        case 1024:
            reduce7<1024><<<dimGrid, dimBlock, smemSize>>>(d_idata, d_odata);
            break;
        case 512:
            reduce7<512><<<dimGrid, dimBlock, smemSize>>>(d_idata, d_odata);
            break;
        case 256:
            reduce7<256><<<dimGrid, dimBlock, smemSize>>>(d_idata, d_odata);
            break;
        case 128:
            reduce7<128><<<dimGrid, dimBlock, smemSize>>>(d_idata, d_odata);
            break;
        case 64:
            reduce7<64><<<dimGrid, dimBlock, smemSize>>>(d_idata, d_odata);
            break;
        case 32:
            reduce7<32><<<dimGrid, dimBlock, smemSize>>>(d_idata, d_odata);
            break;
        case 16:
            reduce7<16><<<dimGrid, dimBlock, smemSize>>>(d_idata, d_odata);
            break;
        case 8:
            reduce7<8><<<dimGrid, dimBlock, smemSize>>>(d_idata, d_odata);
            break;
        case 4:
            reduce7<4><<<dimGrid, dimBlock, smemSize>>>(d_idata, d_odata);
            break;
        case 2:
            reduce7<2><<<dimGrid, dimBlock, smemSize>>>(d_idata, d_odata);
            break;
        case 1:
            reduce7<1><<<dimGrid, dimBlock, smemSize>>>(d_idata, d_odata);
            break;
        }
    }
```

第七阶段代码的优化在于当归约操作进行到一个线程束内时，我们可以用线程束通信代替共享内存操作，直接获取线程束中其他线程寄存器的值，效率更高。

8. 第八阶段

```
    template <typename T, int WF_SIZE>
    __device__ __forceinline__ void SHFL_DOWN_WF_REDUCE(T &total_sum, const
T local_sum) {
```

```
        total_sum += local_sum;
        if (WF_SIZE > 32) {
            total_sum += __shfl_down(total_sum, 32, WF_SIZE);
        }
        if (WF_SIZE > 16) {
            total_sum += __shfl_down(total_sum, 16, WF_SIZE);
        }
        if (WF_SIZE > 8) {
            total_sum += __shfl_down(total_sum, 8, WF_SIZE);
        }
        if (WF_SIZE > 4) {
            total_sum += __shfl_down(total_sum, 4, WF_SIZE);
        }
        if (WF_SIZE > 2) {
            total_sum += __shfl_down(total_sum, 2, WF_SIZE);
        }
        if (WF_SIZE > 1) {
            total_sum += __shfl_down(total_sum, 1, WF_SIZE);
        }
    }

    template <unsigned int blockSize>
    __global__ void reduce8(int *g_idata, int *g_odata, unsigned int n) {
    extern __shared__ int sdata[];
    unsigned int tid = threadIdx.x;
    unsigned int i = blockIdx.x*(blockSize*2) + tid;
    unsigned int gridSize = blockSize*2*gridDim.x;
    sdata[tid] = 0;
    while (i < n) { sdata[tid] += g_idata[i] + g_idata[i+blockSize]; i +=
gridSize; }
    __syncthreads();
    if (blockSize >= 1024) { if (tid < 512) { sdata[tid] += sdata[tid + 512]; }
__syncthreads(); }
    if (blockSize >= 512) { if (tid < 256) { sdata[tid] += sdata[tid + 256]; }
__syncthreads(); }
    if (blockSize >= 256) { if (tid < 128) { sdata[tid] += sdata[tid + 128]; }
__syncthreads(); }
    if (blockSize >= 128) {
    if (tid < 64) { sdata[tid] += sdata[tid + 64]; } __syncthreads(); }
    if (tid < 64) {
        int t0_sum = 0;
        SHFL_DOWN_WF_REDUCE<int, 64>(t0_sum, sdata[tid]);
        if (tid == 0) g_odata[blockIdx.x] = t0_sum;
    }
```

第八阶段代码的优化在于用多个线程加载数据。

习　题

1. 对比 NVIDIA GPU 和 DCU 在硬件架构上的差异。

2. 如何测量 DCU 的 L1 data cache 大小及 L1 data cache line 大小？

3. 尝试通过 rocm-smi 等命令输出的信息，计算 DCU 的理论访存带宽和理论峰值性能。

4. 实现 6.7 节的各种 reduce 算法，并测试比较其性能差异。

5. 利用 LDS 实现矩阵转置，矩阵大小为 1024×1024 和 2048×2048 两种，并分析 bank 冲突情况，尝试解决 bank 冲突。

6. 利用 warp vote 函数，实现统计 bitmap 中的比特 1 的数量的统计。（考虑 bitmap 分别位于 local memory 和 device memory 中）。

7. 实现稠密矩阵（该稠密矩阵中较多位置为 0）转 CSR 格式的算法，并在 DCU 或 GPU 上测试。

8. 思考占用率问题：哪些因素会影响 CU 内被调度进来执行的 Block 数量？

9. 编程实现深度学习中的卷积操作。

10. 如何评估程序的实际访存带宽和实际峰值性能？思考哪些程序或算法是计算密集型，哪些程序是访存密集型？

注：编程类习题使用 CUDA 或者 HIP 编程，在 GPU 上或者 DCU 上测试均可。

第 7 章 异构混合架构上的算法设计

无论是科学计算还是现在的 AI 模型训练，其底层都离不开基础算法的支撑，如矩阵操作、基础原语（如排序、规约等）、SpMV。例如，在 AI 领域，神经网络的卷积操作就是利用矩阵乘法实现的，经典的直接卷积公式是通过图像到列和滤波器数据集之间的矩阵乘积实现的。除了卷积神经网络（多用于 CV 领域），在 NLP 领域模型中的核心计算也均为矩阵乘法计算。再如，在科学计算中，无论是计算流体力学还是气象模拟，都涉及大规模的线性方程组的求解，其底层会涉及各类稀疏矩阵的运算（如 SpMV）。

因此，基础算法性能的表现直接影响上层应用的性能。如何发挥机器性能，不断提高、突破现有算法的访存带宽和计算速度，逼近理论极限，一直是高性能计算研究人员追求的主题。例如，NVIDIA 的 cublas 库，通过各种优化手段（数据预取、汇编指令调整甚至考虑寄存器的 bank 冲突），将矩阵乘法的性能发挥到了极致（能达到 95%以上的硬件理论浮点计算能力）。当有新异构计算硬件出现时，高性能计算研究人员会花很多精力和底层体系结构充分磨合，不断打磨底层基础软件设施，充分发挥硬件的强大性能，以支撑上层应用软件更快、更稳定地运行。

目前，国产超算的异构硬件基本都是国产化的，其基础软件（如数学库、算法库等）和应用生态建设还不够成熟。因此，在国产超算上发挥其性能往往更具有挑战性。作为高性能计算研究人员，在充分了解硬件架构的基础上，学习相关的面向国产异构架构上的经典算法和优化技术是十分有必要的，这无论是对优化底层基础算法还是对上层应用，都十分关键。

本章从几个典型的基础算法例子入手，探讨如何进行高效的异构混合算法设计与性能优化。本章重点讨论如何在异构架构上进行并行任务划分及负载均衡设计，如何高效地进行访存，如何高效地进行计算及恰当的计算与访存的重叠等内容。

7.1 DCU 上的前缀和

本节介绍如何在曙光 DCU 上实现高效的前缀和算法。

7.1.1 Prefix Sum 简介

前缀和（Prefix Sum）是一个基础并行计算原语。其根据输入元素本身是否参与本轮输出数据的计算可分为 Inclusive Scan 及 Exclusive Scan，其中，Inclusive Scan 输出中的第 i 个元素包括输入中的第 i 个元素的贡献，而 Exclusive Scan 是不包括第 i 个输入元素的贡献的。假设给定长度为 n 的输入数组 input，要求输出数组 ouput。Inclusive Scan 中 ouput 数组中的任意元素满足：

$$\mathrm{output}[k]=\sum_{i=0}^{k}\mathrm{input}[i],\quad 0\leqslant k<n$$

其主机端 C++代码实现如下：

```
template <typename T>
void scan_host(const std::vector<T>& input, std::vector<T>& output) {
    T sum = static_cast<T>(0);

    for (int i = 0; i < input.size(); ++i) {
        sum += input[i];
        output[i] = sum;
    }
}
```

Exclusive Scan 中 output 数组中的任意元素满足：

$$\mathrm{output}[0]=0$$

$$\mathrm{output}[k]=\sum_{i=0}^{k-1}\mathrm{input}[i],\quad 1\leqslant k<n$$

其主机端 C++代码实现如下：

```
template < typename T>
void scan_host(const std::vector<T>& input, std::vector<T>& output) {
    T sum = static_cast<T>(0);
    for (int i = 0; i < input.size(); ++i) {
        output[i] = sum;
        sum += input[i];
    }
}
```

本节以 Inclusive Scan 为主，主要探讨 Inclusive Scan 在曙光 DCU 上的实现与优化。

7.1.2 并行难点

通过主机端代码不难发现，Inclusive Scan 对并行化不是很友好，output[i+1]依赖于 output[i]的结果。在主机端代码中，计算次数为 $O(n)$，访存次数为 $O(2n)$，即完整读取一次 input 数组，完整写回一次 output 数组，对访存性能的优化要求十分高。

主机端这种线性计算，在 n 为 8 且 input 数组中的值均为 1 的情况下，如图 7-1 所示。

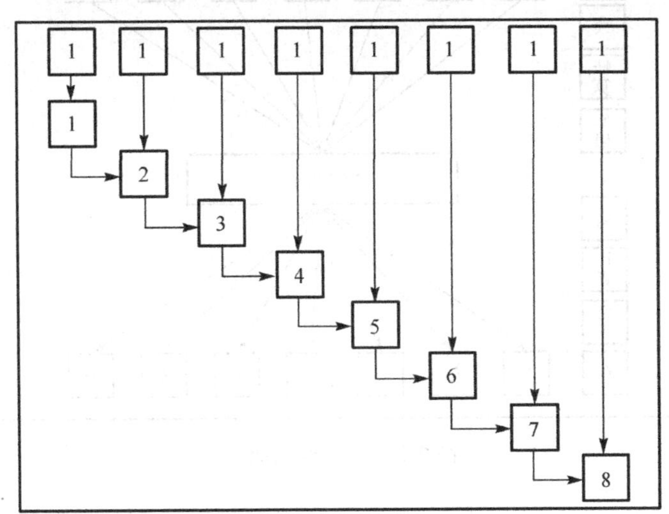

图 7-1　主机端 scan 图

这种计算方式对单 CPU（不考虑超线程及 SIMD）是可以接受的，这种情况下由于 CPU 相较于 DCU 只存在少量计算单元，主要面向顺序指令执行，因此不存在太大计算资源的浪费。若考虑在 DCU 上实现上述串行算法，可以使用单个线程完成全部计算，代码如下，与主机端基本一致。

```
    template < typename T>
    __global__ void scan_single_thread_kernel(const size_t n, const T *input,
T *output) {
        // thread id in global
        const int global_thread_id = threadIdx.x + blockDim.x * blockIdx.x;
        if (global_thread_id == 0) {
            T sum = static_cast<T>(0);
            for (int i = 0; i < n; ++i) {
                sum += input[i];
                output[i] = sum;
            }
        }
```

然而 DCU 有大量计算单元，通过 SIMT（单指令多线程）模型执行，如果使用上述方法实现会出现图 7-2 这种情况。

图 7-2 中，t_0～t_7 表示 wavefront 内的线程，整个设备中只有单个线程活跃，即 0 号线程不断地在执行加载数据、计算、写回数据这一过程，而设备内其他线程始终处于空转状态。为此需要进一步考虑如何充分利用 DCU 设备计算能力强的这一特点，提升程序性能。

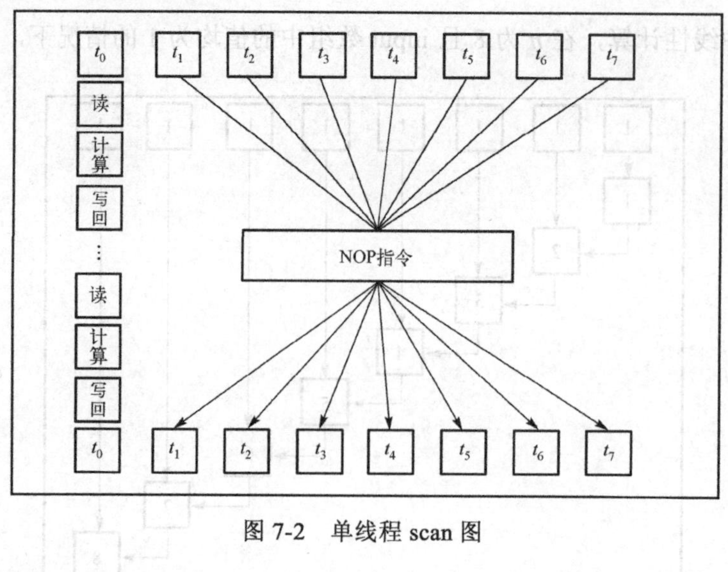

图 7-2　单线程 scan 图

7.1.3　wavefront Scan 算法

DCU 的计算核心部件是 SIMD，每个 CU 包含 4 个 SIMD，线程按 wavefront 组织在 SIMD 上执行，每个 wavefront 包含 64 个线程。当输入数组长度为 64 时，考虑如何充分利用 wavefront 上的 64 个线程实现 Inclusive Scan，程序如下。

```
template < typename T, size_t VEC_SIZE>
__device__ void scan_in_vector_device(T *num) {
    // thread id in vector
    const int vector_thread_id = threadIdx.x % VEC_SIZE;
    // vector reduce
    for (int j = 1; j < VEC_SIZE; j <<= 1) {
        T tmp = __shfl_up(*num, j, VEC_SIZE);
        if (vector_thread_id >= j) {
            *num += tmp;
        }
    }
}
```

当 VEC_SIZE = 8 时，上述过程如图 7-3 所示，每个线程进行 $O(\log_2 n)$ 次计算便可以完成 wavefront 内的 Inclusive scan，同理也可以实现 Exclusive scan。

注：本书中针对 DCU 的大多数算法都可以移植到 AMD GPU 或者 NVIDIA GPU 上。其中，对 DCU 和 AMD GPU，wavefront 中线程数量设置为 64，对 NVIDIA GPU 则为 32。如无特殊说明，本书中均以 64 进行说明，下同。

在上述实现中，使用洗牌函数（Warp Shuffle Functions）实现 wavefront 内部线程数据的通信，ROCm 支持的几种洗牌函数如下：

- __shfl(int var, int src_lane, int width=warpSize)
- __shfl_down(int var, int src_lane, int width=warpSize)

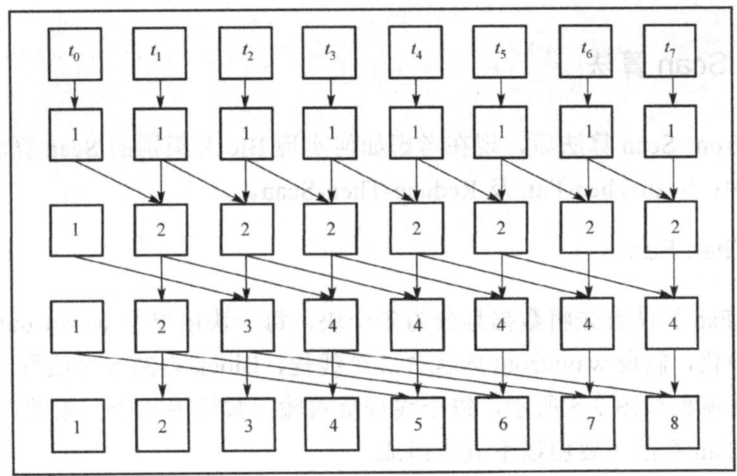

图 7-3　wavefront Scan 算法图

- __shfl_up(int var, int src_lane, int width=warpSize)
- __shfl_xor(int var, int src_lane, int width=warpSize)

上述洗牌函数分别有针对 int、unsigned int、float、double、long、long long 数据类型的重载实现，对应功能如图 7-4 所示。

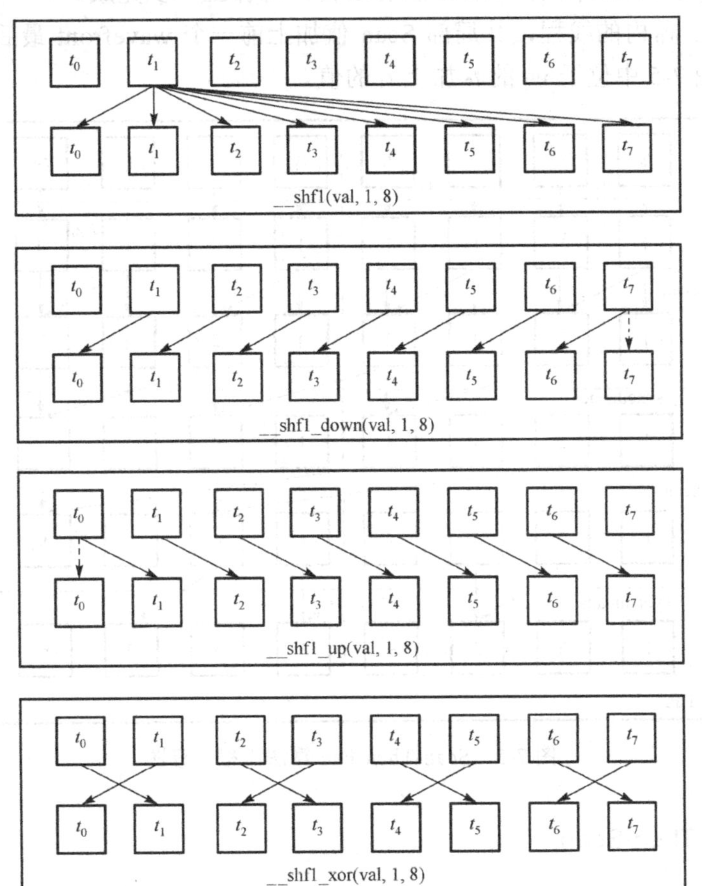

图 7-4　洗牌函数功能示意图

7.1.4 Block Scan 算法

完成 wavefront Scan 算法后，现在考虑如何实现 Block 级别的 Scan 算法。Block Scan 算法主要有两种：Scan-Then-Fan 及 Reduce-Then-Scan。

1. Scan-Then-Fan

Scan-Then-Fan 算法首先将数据划分为多个块，每一块由单个 wavefront 负责计算。这里进行了适当简化，假设 wavefront 内包含 2 个线程，Block 内共 8 个线程。当输入数组长度为 8 时，算法流程如图 7-5 所示，每个线程负责输入数组中一个元素的计算。

Scan-Then-Fan 算法主要由以下五步组成。

- 在 wavefront 内部对数据进行 Inclusive Scan 操作，wavefront 内每个线程得到局部 Scan 值。
- 使用__syncthreads()同步 Block 所有线程，确保所有线程完成局部 Scan 值的计算。
- 对每个 wavefront 最后一个线程的局部值进行 Scan 操作，图中对 Block 内线程 t_1、t_3、t_5、t_7 进行 Inclusive Scan 操作，这一步可以使用单个 wavefront 计算。
- 使用__syncthreads()同步 Block 所有线程，确保上一步完成。
- 所有不在 w_0 内的线程，其局部 Scan 值加上前一个 wavefront 最后一个线程的局部值，如图 7-5 中位于 w_1 的 t_2 加上 t_1 的值。

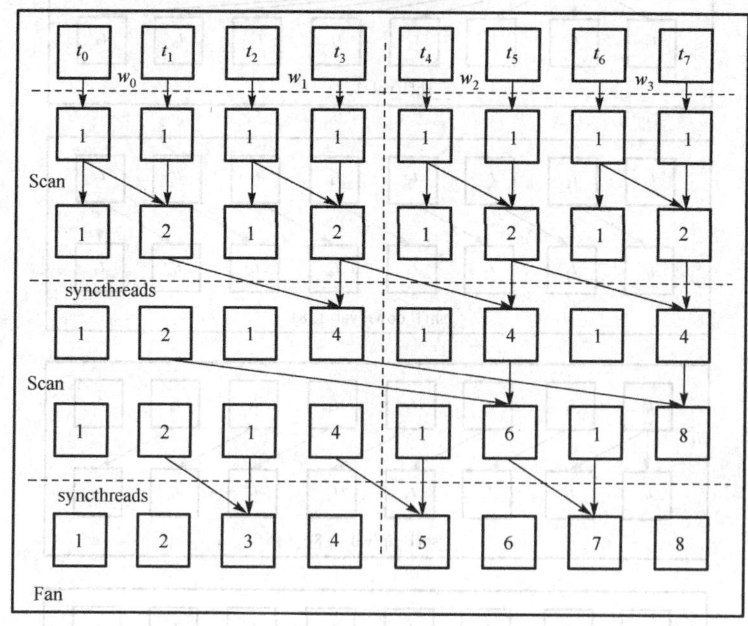

图 7-5　Scan-Then-Fan 算法流程示意图

2. Reduce-Then-Scan

与 Scan-Then-Fan 算法类似，Reduce-Then-Scan 算法首先计算 wavefront 内所有线程数

据之和 sum，然后对 sum 做 Scan，最后对 wavefront 内数据做 Scan 并加上 Scan 后的 sum 值。同样，这里假设 wavefront 内包含 2 个线程，Block 内共 8 个线程。当输入数组长度为 8 时，算法流程如图 7-6 所示，每个线程负责输入数组中一个元素的计算。

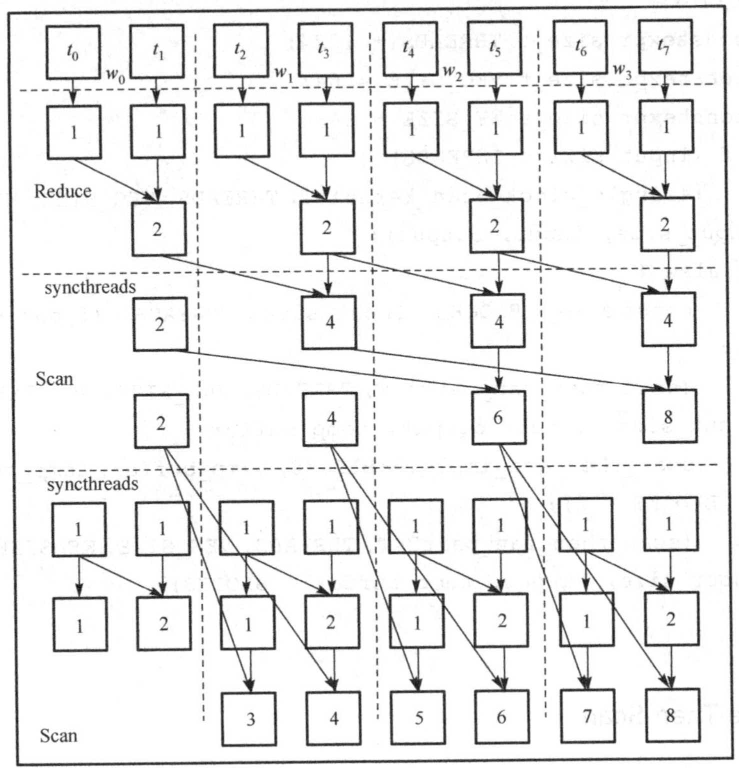

图 7-6 Reduce-Then-Scan 算法流程示意图

7.1.5 全局 Scan 算法

一个 DCU 设备上包含若干 CU，每个 CU 又包含 4 个 SIMD，如果只有单个 Block 执行，将极大浪费 DCU 的计算资源。因此需要考虑如何在 Block 级别的 Scan 算法上实现全局级别的 Scan 算法，支持若干 Block 同时执行。

1. Scan-Then-Fan

将 Block 级别的 Scan-Then-Fan 算法推广到全局级别，可以将 Block 级别 Scan-Scan-Fan 算法中的三个核心操作采用三个不同的核函数执行。

- scan_then_fan_part1 完成数据的 Scan 操作，并将 Block 内最后一个元素的值写入 temp_buffer 内元素。
- scan_then_fan_impl 递归调用实现对 temp_buffer 中元素的 Scan 操作。
- scan_then_fan_part2 将 temp_buffer 中的值加到 output 数组内元素。

示例如下。

```
template < typename T>
void scan_then_fan_impl(const size_t input_size, const T* input, T* output, T* temp_buffer) {
    constexpr size_t THREADS = 1024;
    constexpr size_t VEC_SIZE = 64;
    constexpr size_t WF_SIZE = 64;
    if (input_size < THREADS) {
        (single_block_scan_kernel<T, THREADS, VEC_SIZE, WF_SIZE>)<<<1, THREADS>>>(input_size, input, output);
    } else {
        const size_t BLOCKS = input_size / THREADS + (input_size % THREADS == 0 ? 0 : 1);
        (scan_then_fan_part1<T, THREADS, VEC_SIZE, WF_SIZE>)<<<BLOCKS, THREADS>>>(input_size, input, output, temp_buffer);
        scan_then_fan_impl<T>(BLOCKS, temp_buffer, temp_buffer + BLOCKS, temp_buffer + BLOCKS * 2);
        (scan_then_fan_part2<T, THREADS, VEC_SIZE, WF_SIZE>)<<<BLOCKS, THREADS>>>(input_size, output, temp_buffer + BLOCKS);
    }
}
```

2. Reduce-Then-Scan

Reduce-Then-Scan 算法同样可以将 Block 级别 Reduce-Scan-Scan 算法中的三个核心操作采用三个不同的核函数执行。

- reduce_then_scan_part1 完成数据的 reduce 操作，并将输入数据之和写入 temp_buffer。
- reduce_then_scan_impl 递归调用实现对 temp_buffer 中元素的 Scan 操作。
- reduce_then_scan_part2 对输入数据进行 Scan 操作，并将 temp_buffer 中的值加到 output 数组内元素。

示例如下。

```
template < typename T>
void reduce_then_scan_impl(const size_t input_size, const T* input, T* output, T* temp_buffer) {
    constexpr size_t THREADS = 1024;
    constexpr size_t VEC_SIZE = 64;
    constexpr size_t WF_SIZE = 64;
    if (input_size < THREADS) {
        (single_block_scan_kernel<T, THREADS, VEC_SIZE, WF_SIZE>)<<<1, THREADS>>>(input_size, input, output);
    } else {
```

```
            const size_t BLOCKS = input_size / THREADS + (input_size % THREADS
== 0 ? 0 : 1);

            (reduce_then_scan_part1<T,    THREADS,    WF_SIZE>)<<<BLOCKS,
THREADS>>>(input_size, input, temp_buffer);
            reduce_then_scan_impl<T>(BLOCKS, temp_buffer, temp_buffer +
BLOCKS, temp_buffer + BLOCKS * 2);
            (reduce_then_scan_part2<T, THREADS, VEC_SIZE, WF_SIZE>) <<<BLOCKS,
THREADS>>>(input_size, input, output, temp_buffer + BLOCKS);
        }
    }
```

上述 Scan-Then-Fan 算法与 Reduce-Then-Scan 算法的过程类似，但是有本质的区别。Scan-Then-Fan 算法访存次数为 $O(4n)$，而 Reduce-Then-Scan 算法访存次数为 $O(3n)$。

7.1.6　更高效的 Scan 算法

下面介绍的 Decoupled-Lookback 是一种访存次数与串行算法一致均为 $O(2n)$的算法。原理如图 7-7 所示。

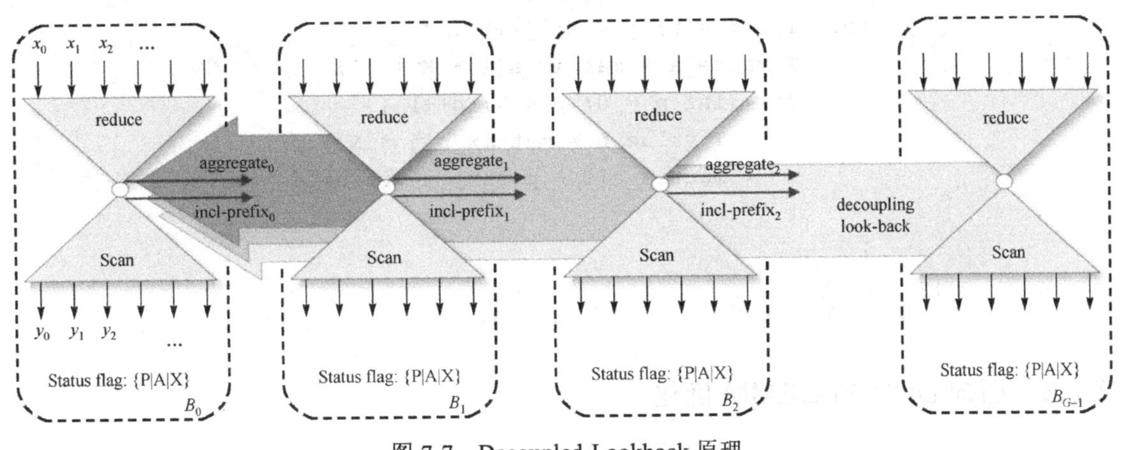

图 7-7　Decoupled-Lookback 原理

该算法由 *Single-pass Parallel Prefix Scan with Decoupled Look-back* 论文提出，通过一种 Lookback 机制，实现线程块直接的同步，保证访存次数为 $O(2n)$，即只读取一次输入数据，写回一次，是一种十分高效的算法。此部分仅作为扩展阅读。

7.2　通用矩阵乘

本节介绍如何在曙光 DCU 上实现高效的通用矩阵乘算法。

7.2.1　GEMM 简介

通用矩阵乘（General Matrix Multiply，GEMM）是许多科学应用中的关键部分，在科学计算、深度学习等领域有着广泛的应用。该算法在各平台的BLAS库中均有实现。假设给定矩阵 $\boldsymbol{A}$ 及矩阵 $\boldsymbol{B}$，要求计算矩阵 $\boldsymbol{C}$，矩阵 $\boldsymbol{C}$ 满足：

$$\boldsymbol{C}=\alpha*\boldsymbol{A}*\boldsymbol{B}+\beta*\boldsymbol{C}$$

其中，α 和 β 均为标量，矩阵 $\boldsymbol{A}$ 为 M 行 K 列，矩阵 $\boldsymbol{B}$ 为 K 行 N 列，矩阵 $\boldsymbol{C}$ 为 M 行 N 列。

7.2.2 并行难点

GEMM操作是计算密集型操作，以单精度通用矩阵乘（SGEMM）为例，当 α 为1、β 为0时CPU基础实现代码如下：

```
template < typename T>
void gemm_host(const size_t M, const size_t N, const size_t K,
                 const std::vector<T>& matrix_a, const std::vector<T>&
matrix_b,
                 std::vector<T>& matrix_c) {
    std::fill(matrix_c.begin(), matrix_c.end(), static_cast<T>(0));
    for (int i = 0; i < M; i++) {
        for (int j = 0; j < K; j++) {
            T value_a = matrix_a[i * K + j];
            for (int p = 0; p < N; p++) {
                T value_b = matrix_b[j * N + p];
                matrix_c[i + p * M] += value_a * value_b;
            }
        }
    }
}
```

7.2.3 面向DCU的GEMM优化

不同于CPU，DCU包含众多CU，如何充分利用所有CU是提升性能的关键。

1. 矩阵划分

Block级别GEMM操作的矩阵划分原理如图7-8所示。每个Block从设备内存读取矩阵 $\boldsymbol{A}$ 的若干行和矩阵 $\boldsymbol{B}$ 的若干列来计算矩阵 $\boldsymbol{C}$ 的一部分数据并将其写回设备内存。在上述任务划分的模式下，Block之间不存在数据冲突。

为了简化后续计算，这里将每个Block负责矩阵 $\boldsymbol{A}$ 的行数BlockItemsY及负责矩阵 $\boldsymbol{B}$ 的列数BlockItemsX设置为相同值，即ITEMS_PER_BLOCK。计算每个Block负责矩阵 $\boldsymbol{A}$ 和矩阵 $\boldsymbol{B}$ 范围的代码如下所示。通过计算可以得到当前Block负责矩阵 $\boldsymbol{A}$ 的行区间[block_row_begin_a，block_row_end_a)及矩阵 $\boldsymbol{B}$ 的列区间[block_col_begin_b，block_col_end_b)。

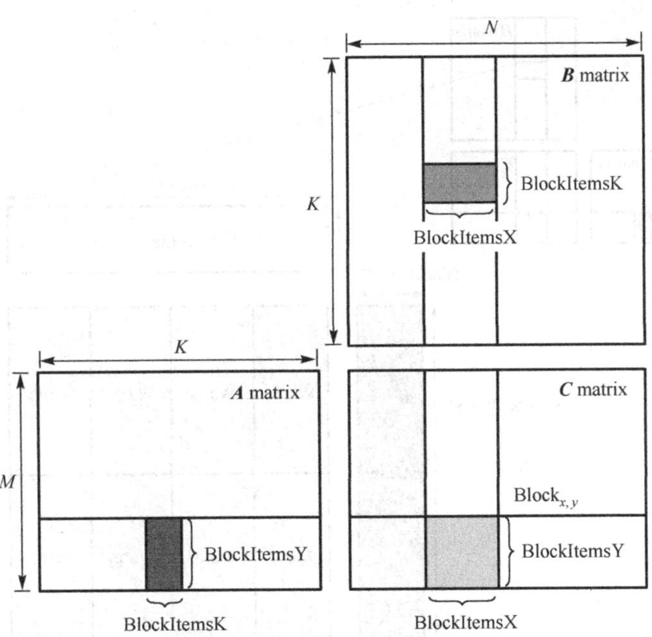

图 7-8　Block 级别 GEMM 操作的矩阵划分原理

```
    const int block_id_a = blockIdx.x / (N / ITEMS_PER_BLOCK + (N % ITEMS_PER_
BLOCK == 0 ? 0 : 1));
    const int block_id_b = blockIdx.x % (N / ITEMS_PER_BLOCK + (N % ITEMS_PER_
BLOCK == 0 ? 0 : 1));

    const size_t block_row_begin_a = block_id_a * ITEMS_PER_BLOCK;
    const size_t block_row_end_a = min(block_row_begin_a + ITEMS_PER_BLOCK, M);

    const size_t block_col_begin_b = block_id_b * ITEMS_PER_BLOCK;
    const size_t block_col_end_b = min(block_col_begin_b + ITEMS_PER_BLOCK, N);
```

如图 7-9 所示，Block 每轮计算需要从设备内存加载 ITEMS_PER_BLOCK 行矩阵 ***A*** 数据及 ITEMS_PER_BLOCK 列矩阵 ***B*** 数据并将加载的数据写入到 LDS 中。其中，矩阵 ***A*** 的数据存储于 A tile 部分，矩阵 ***B*** 的数据存储于 B tile 部分。Block 内 wavefront 对计算任务进行进一步划分，每个 wavefront 从 LDS 中读取部分数据，并计算一小块矩阵 ***C*** 的值。在上述任务划分的模式下，Block 内的 wavefront 之间不存在数据冲突。

为了简化后续计算，这里将每个 wavefront 负责 A tile 的行数及负责 B tile 的列数设置为相同值，即 ITEMS_PER_WF。计算 wavefront 读取 A tile 和 B tile 的范围的代码如下所示。通过计算得到当前 wavefront 负责矩阵 ***A*** 的行区间 wf_row_lds_begin_a，wf_row_lds_end_a)及矩阵 ***B*** 的列区间[wf_col_lds_begin_b，wf_col_lds_end_b)。

```
    __shared__ float lds_a[TILE_K][ITEMS_PER_BLOCK];
    __shared__ float lds_b[TILE_K][ITEMS_PER_BLOCK];

    const int wf_x = block_wf_id / (ITEMS_PER_BLOCK / ITEMS_PER_WF);
    const int wf_y = block_wf_id % (ITEMS_PER_BLOCK / ITEMS_PER_WF);
```

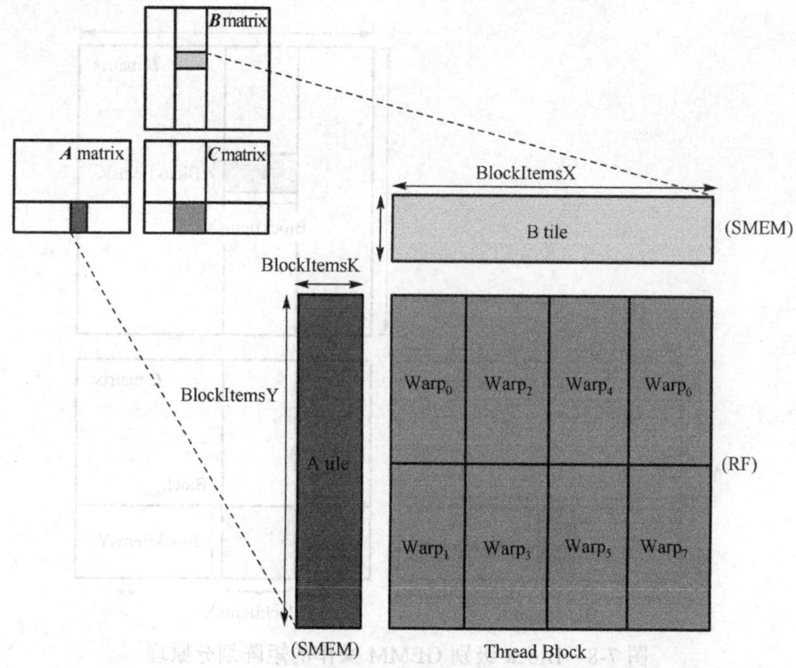

图 7-9　wavefront 级别 GEMM 操作的矩阵划分原理

```
const int wf_row_lds_begin_a= wf_x * ITEMS_PER_WF;
const int wf_row_lds_end_a= wf_row_lds_begin_a + ITEMS_PER_WF;

const int wf_col_lds_begin_b= wf_y * ITEMS_PER_WF;
const int wf_col_lds_end_b= wf_col_lds_begin_b + ITEMS_PER_WF;
```

如图 7-10 所示，wavefront 内每个 Thread 负责小规模的计算，Thread 将 LDS 内的数据读取到寄存器中，以供后续计算使用。

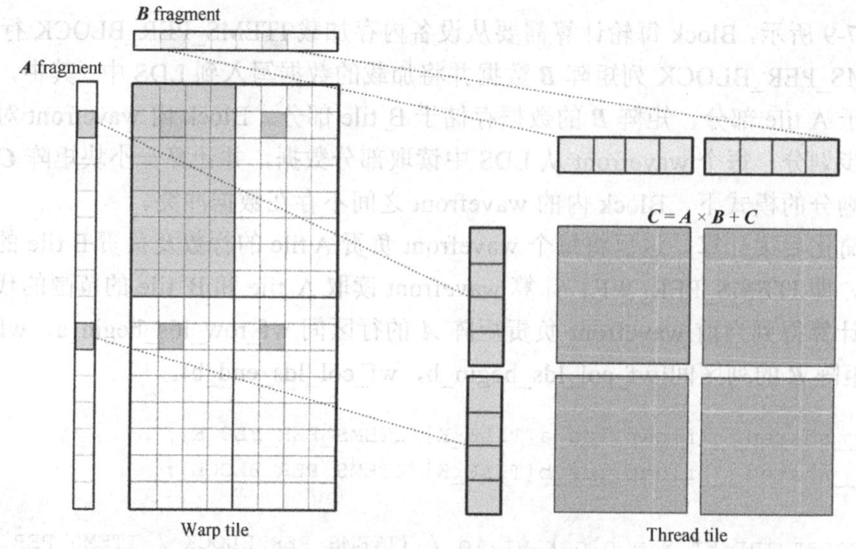

图 7-10　Thread 级别矩阵划分原理

为了简化后续计算，这里将每个 Thread 负责 A tile 的行数及负责 B tile 的列数设置为相同值，即 ITEMS_PER_THREAD。其代码如下所示。通过计算得到当前 Thread 负责矩阵 ***A*** 的行区间 [thread_row_lds_begin_a， thread_row_lds_end_a)，矩阵 ***B*** 的列区间 [thread_col_lds_begin_b，thread_col_lds_end_b)。

```
        float reg_a[ITEMS_PER_THREAD];
        float reg_b[ITEMS_PER_THREAD];
        float reg_c[ITEMS_PER_THREAD][ITEMS_PER_THREAD];

        const int thread_x = wf_thread_id / (ITEMS_PER_WF / ITEMS_PER_THREAD);
        const int thread_y = wf_thread_id % (ITEMS_PER_WF / ITEMS_PER_THREAD);

        const int thread_row_lds_begin_a= wf_row_lds_begin_a + thread_x * ITEMS_
PER_THREAD;
        const int thread_row_lds_end_a= thread_row_lds_begin_a + ITEMS_PER_
THREAD;

        const int thread_col_lds_begin_b = wf_col_lds_b_begin + thread_y * ITEMS_
PER_THREAD;
        const int thread_col_lds_end_b= thread_col_lds_begin_b + ITEMS_PER_
THREAD;
```

2. 线程级别

Block 中每个线程从 LDS 中读取矩阵 ***A*** 和矩阵 ***B*** 的 ITEMS_PER_THREAD*ITEMS_PER_THREAD 大小的数据到寄存器中，再从寄存器中读取数据计算中间结果累加到存储矩阵 ***C*** 结果的寄存器中。而且，从 LDS 中读取矩阵 ***A*** 信息时采用列优先模式，读取矩阵 ***B*** 信息时采用行优先模式，保证数据读取和写入都是连续的。程序如下。

```
        #pragma unroll
        for (int thread_k = 0; thread_k < TILE_K; ++thread_k) {
            if (k + thread_k < K) {
                #pragma unroll ITEMS_PER_THREAD
                for (int i = 0; i < ITEMS_PER_THREAD; ++i) {
                    reg_a[i] = lds_a[thread_k][thread_row_lds_a_begin + i];
                }
                #pragma unroll ITEMS_PER_THREAD
                for (int i = 0; i < ITEMS_PER_THREAD; ++i) {
                    reg_b[i] = lds_b[thread_k][thread_col_lds_begin_b + i];
                }
                #pragma unroll ITEMS_PER_THREAD
                for (int i = 0; i < ITEMS_PER_THREAD; ++i) {
                    #pragma unroll ITEMS_PER_THREAD
                    for (int j = 0; j < ITEMS_PER_THREAD; ++j) {
                        reg_c[i][j] += reg_a[i] * reg_b[j];
                }
```

```
            }
        }
    }
```

3．Block 级别

Block 内每个线程每次从设备内存中加载 TILE_K*ITEMS_PER_BLOCK 个元素到寄存器中，再从寄存器中将这部分数据复制到 LDS 中。程序如下。

```
    for (int k = 0; k < K; k += TILE_K) {
        const int block_col_begin_a = k;
        const int block_col_end_a = min(block_col_begin_a + TILE_K, K);
        const int block_row_begin_b = k;
        const int block_row_end_b = min(block_row_begin_b + TILE_K, K);
        // global mem -> reg

        #pragma unroll
        for (int i = 0; i < REG_LDG_SIZE; i++) {
            const int row = block_row_begin_a + block_thread_id / (TILE_K
/ REG_LDG_SIZE);
            const int col = block_col_begin_a + block_thread_id % (TILE_K
/ REG_LDG_SIZE) * REG_LDG_SIZE + i;
            if (row < block_row_end_a && col < block_col_end_a) {
                ldg_a[i] = matrix_a_ptr(row, col);
            }
        }
        #pragma unroll
        for (int i = 0; i < REG_LDG_SIZE; i++) {
            const  int  row  =  block_row_begin_b  +  block_thread_id  /
(ITEMS_PER_BLOCK / REG_LDG_SIZE);
            const  int  col  =  block_col_begin_b  +  block_thread_id  %
(ITEMS_PER_BLOCK / REG_LDG_SIZE) * REG_LDG_SIZE + i;
            if (row < block_row_end_b && col < block_col_end_b) {
                ldg_b[i] = matrix_b_ptr(row, col);
            }
        }
        __syncthreads();
        // reg -> lds
        #pragma unroll
        for (int i = 0; i < REG_LDG_SIZE; i++) {
            const int row = block_thread_id / (TILE_K / REG_LDG_SIZE);
            const int col = block_thread_id % (TILE_K / REG_LDG_SIZE) *
REG_LDG_SIZE + i;
            lds_a[col][row] = ldg_a[i];
        }
```

```
        #pragma unroll
        for (int i = 0; i < REG_LDG_SIZE; i++) {
            const int row = block_thread_id / (ITEMS_PER_BLOCK /
REG_LDG_SIZE);
            const int col = block_thread_id % (ITEMS_PER_BLOCK / REG_LDG_SIZE)
* REG_LDG_SIZE + i;
            lds_b[row][col] = ldg_b[i];
        }
        __syncthreads();
        EACH_THREAD_GEMM();
        __syncthreads();
    }
```

4. 数据写回

数据由 Block 中的每个线程写回，从寄存器 reg_c 中读取数据并写回矩阵 ***C*** 中。程序如下。

```
    for (int j = 0; j < ITEMS_PER_THREAD; j++) {
        for (int i = 0; i < ITEMS_PER_THREAD; i++) {
            const int c_row = block_row_begin_a + thread_row_lds_begin_a + i;
            const int c_col = block_col_begin_b + thread_col_lds_begin_b + j;
            if (c_row < block_row_end_a && c_col < block_col_end_b) {
                matrix_c_ptr(c_row, c_col) = alpha * reg_c[i][j] + beta *
matrix_c_ptr(c_row, c_col);
            }
        }
    }
```

7.2.4 BENCHMARK

本书将上述 GEMM 实现（mygemm）和系统的 rocblas 库的实现（基准程序）进行了性能测试对比。可以发现，本书实现的 GEMM 要比 rocblas 库实现的性能高一些。测试如下。

1. 基准程序

```
    template < typename T>
    void rocblas_gemm_wrapper(rocblas_handle& handle, const float alpha,
const float beta, const size_t M, const size_t N, const size_t K,
                              const T* matrix_a_ptr, const T* matrix_b_ptr,
                              T* matrix_c_ptr) {
        rocblas_operation transa = rocblas_operation_transpose;
        rocblas_operation transb = rocblas_operation_transpose;

        rocblas_sgemm(handle, transa, transb, M, N, K, &alpha, matrix_a_ptr,
K, matrix_b_ptr, N, &beta, matrix_c_ptr, M);
    }
```

2．测试结果

实验环境：

硬件：CPU+DCU；编译器版本：compiler/dtk/22.04。

实验数据：

M：4096；N：4096；K：1024。

测试结果如表 7-1 所示。

表 7-1　测试结果

方　法	time use（μs）	浮点运算次数
rocblas gemm（AMD 标准库实现）	10640.3	3.2TFOPS
mygemm	5708.6	6.0TFOPS

7.3　DCU 上的稀疏矩阵向量乘

7.3.1　概述

稀疏矩阵向量乘（Sparse Matrix-Vector Multiplication，SpMV）在科学计算、图形分析、信号处理等领域有着广泛的应用。其中参与计算的矩阵是稀疏的，即矩阵中大部分元素都为零。在稀疏矩阵向量乘中，其性能瓶颈是访存，如何提高访存性能成为关键。

$$\boldsymbol{y}=\alpha\times\boldsymbol{A}\times\boldsymbol{x}+\beta\times\boldsymbol{y} \tag{7-1}$$

式（7-1）中，$\boldsymbol{A}$ 是行数为 m、列数为 n、非零元素个数为 nnz 的稀疏矩阵。$\boldsymbol{x}$ 是长度为 n 的稠密向量，$\boldsymbol{y}$ 是长度为 m 的稠密向量，α 是矩阵 $\boldsymbol{A}$ 的系数，β 为向量 $\boldsymbol{y}$ 的系数。

目前业界基于异构多核 GPU/DCU 计算系统对 CSR 存储格式的 SpMV 算法进行了各种优化，并使其计算性能得到了显著的提升，如 CSR-Scalar 算法、CSR-Vector 算法、CSR-Stream 算法和 CSR-Adaptive 算法。

7.3.2　稀疏矩阵 CSR 存储格式

对稀疏矩阵，CSR 是一种最通用、应用最广泛的格式。CSR 格式将稀疏矩阵按行存储，其列坐标数组与值采用单独的数组进行存储，并对矩阵行坐标进行压缩。如图 7-11 所示，对稀疏矩阵的每一行，CSR 格式不记录所有非零元素的行坐标，而使用一个指针表示每一行元素的起始位置。关于该存储格式及其他格式，第 8 章会有更详细的描述。

7.3.3　并行难点

由于高效的压缩率，CSR 格式成为稀疏矩阵最常用的存储形式。下面以 CSR 格式为例，对 SpMV 算法在曙光 DCU 上的设计与实现进行介绍。

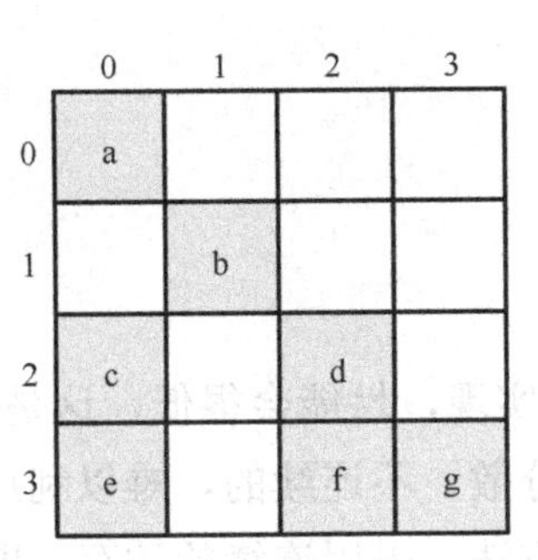

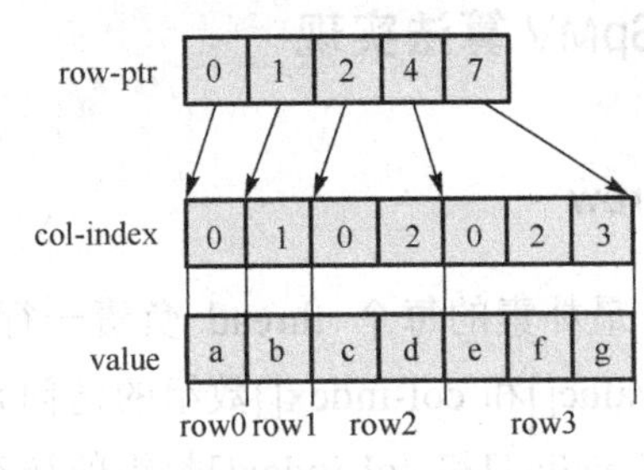

图 7-11　CSR 格式

在式(7-1)中，矩阵 ***A*** 使用 CSR 格式存储，即包括三个数组：value[nnz]、row_ptr[m+1] 和 col_index[nnz]。其中，value 数组存储矩阵 ***A*** 中每位非零元素的值，row_ptr 数组存储矩阵 ***A*** 每一行首位非零元素在 value 数组的位置，col_index 数组存储矩阵 ***A*** 中每位非零元素的列序号。向量 ***x*** 和向量 ***y***，分别使用数组 x[n]和数组 y[m]存储。

SpMV 最简单的实现就是一个线程计算矩阵中一行的策略，该算法也称 CSR-Scalar 算法，实现代码如下：

```
const int thread_id = threadIdx.x + blockDim.x * blockIdx.x;
const int next_row_step = blockDim.x * gridDim.x;
double y0 = 0.0;
for (int i = thread_id; i < m; i += next_row_step) {
    y0 = 0.0;
    for (int j = rowptr[i]; j < rowptr[i + 1]; j++) {
        y0 += value[j] * x[col_index[j]];
    }
    y[i] = alpha * y0 + beta * y[i];
}
```

该策略最致命的问题是，各线程间访问 value 数组和 col_index 数组是不连续的，造成性能低下。如图 7-12 所示，该算法只有在稀疏矩阵每行仅有一个非零元素时访存才是连续的。当然，一个线程处理一行的优点在于实现简单，以及各线程对 ***y*** 向量的访问（无论是 load 还是 store 操作），都是连续的。

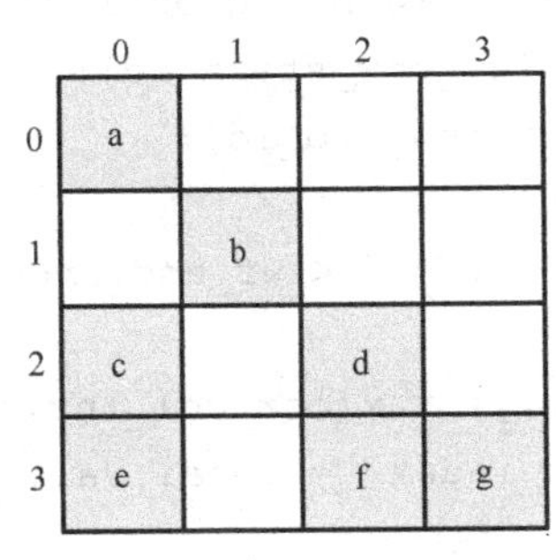

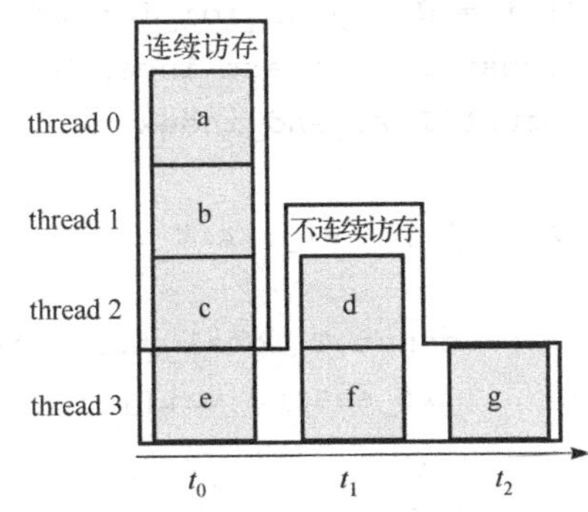

图 7-12　thread-row 算法访存

7.3.4 高效 SpMV 算法实现

1. thread-row

如上所述，最朴素的每个 thread 负责一行的实现，性能会很低，这是由于 wavefront 内各 thread 对 value[]和 col-index[]数组的访问是分散、不连续的，难以利用访存合并。为此，我们改变对 value[]和 col-index[]数组的访存方法，采用连续的访存，即使各线程的访存连续。实现线程间访存连续最容易想到的方法就是利用 LDS，各线程连续地进行访存，先将从设备内存中加载的数据缓存到 LDS 中，再非连续地从 LDS 中读取数据。

基于这种利用 LDS 来进行连续访存的思想，采取不同的任务划分方式，将任务以 wavefront 划分，每个 wavefront 中所有 thread 共同负责多行的计算。如图 7-13 所示，对矩阵 ***A*** 的计算，属于同一个 wavefront 中的 thread0～thread3 连续计算 row_ptr[0]到 row_ptr[3]之间的矩阵 ***A*** 所有非零元素与对应 ***x*** 向量的乘积。

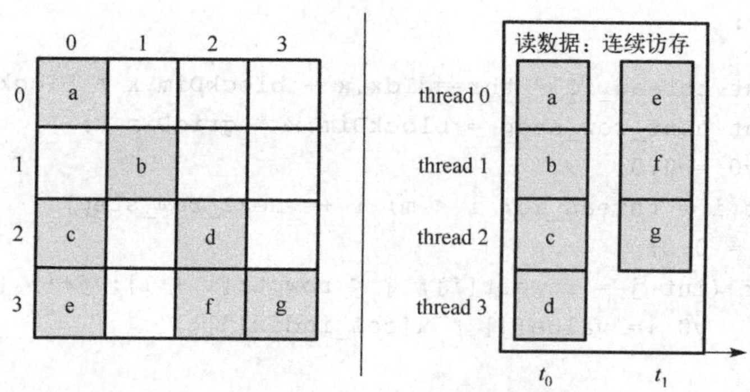

图 7-13 thread-row 算法连续加载数据到 LDS 中

该算法访存连续地加载数据到 LDS 中的伪代码如下：

```
    __shared__ T shared_data[shared_len];
    T *_wf_shared_val = shared_data + wf_shared_offset;
    ...
    for (I i = N * g_wf_id; i < wf_rounds; i += N * global_wf_num) {
        const I wf_start_index = row_ptr[wf_row_start_id];
        const I wf_end_index = row_ptr[wf_row_end_id];

        for (I j = wf_start_index + tid_in_wf; j < wf_end_index; j += WF_
SIZE) {
            const T local_val = csr_val[j] * x[csr_col_inx[j]];
            _wf_shared_val[j - wf_start_index] = local_val;
        }
    }
```

上述伪代码通过线程间连续访存的方式，加载矩阵值、列索引，并通过列索引加载向量 $\boldsymbol{x}$ 中对应的数据，并将其与矩阵值相乘，乘法的结果以该线程在 wavefront 中的顺序作为索引，写入 LDS 缓存中。

在 thread 完成上述非零元素的乘法计算后，还需要进行规约过程，即对矩阵中一行的乘法结果进行求和。这部分可以直接读取预先存储在 LDS 中的计算结果，进行相加即可。利用 thread 完成 reduce 操作，程序如下。

```
const T y_local = y[reduce_row_id];
T sum = static_cast<T>(0);
for (I k = reduce_start_index; k < reduce_end_index; k++) {
    sum += _wf_shared_val[k];
}
const T y_result = alpha * sum + beta * y_local;
y[reduce_row_id] = y_result;
```

其中，每个线程从 LDS 中读取属于该线程对应行的结果，进行求和，最后将结果写回设备内存。如图 7-14 所示，在结果写回步骤中，$\boldsymbol{y}$ 向量的加载和写回也是连续的，可进行访存合并，有效地提高了访存效率。

由于 DCU 的 LDS 不是无限大的，只有 64KB，当矩阵行非零元素较多时，LDS 可能存储不了所有线程对应的矩阵行。这时该算法就会遇到麻烦，导致结果计算错误或者访存越界。而且，即使所用数据需求没有超过总的 LDS 空间，但当 Block 内的 LDS 空间使用得较多时，也会使得 DCU 调度进来进行计算的 Block 数量不足，导致同时活跃的 wavefront 数量不足，从而导致性能下降。

因此，该算法仅适用于我们确认矩阵中行非零元素数量不会超过某个上限（即存储需求不会超 LDS 大小），才可以使用。当矩阵行非零元素较多，或者某些特定行的非零元素较多时，我们就需要考虑如何进行高效的 LDS 空间利用（如分块加载），或者转去考虑其他类型的算法。

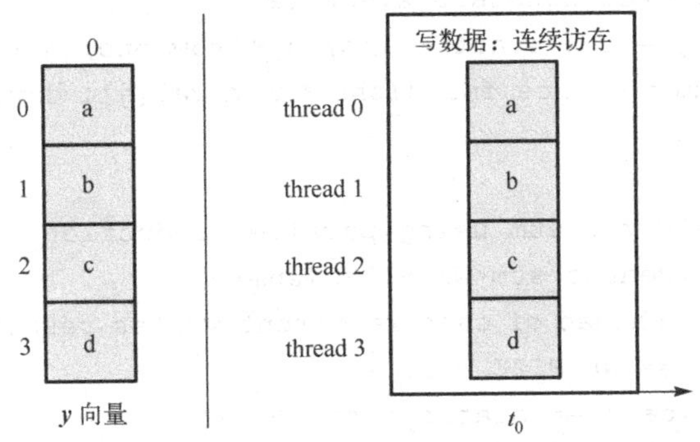

图 7-14　thread-row 算法连续写回数据

2. wavefront-row

wavefront-row 策略将矩阵 $\boldsymbol{A}$ 进行按行划分，将每一行的计算分配给 DCU 中的一个

wavefront，计算操作包括 $\boldsymbol{A}$ 该行中每个元素与向量 $\boldsymbol{x}$ 对应元素的乘法及最后将所有乘积求和的 reduce 操作，各行按照顺序循环的方式进行分配。如图 7-15 所示，对矩阵 $\boldsymbol{A}$ 的计算，首先 wavefront 0 中的 thread 0～thread 63 连续计算 row_ptr[0]到 row_ptr[1]之间的矩阵 $\boldsymbol{A}$ 所有非零元素与向量 $\boldsymbol{x}$ 中对应元素的乘积，然后通过 wavefront 内的 reduce 操作将计算结果规约到最后一个线程上，最后该线程负责结果的写回。

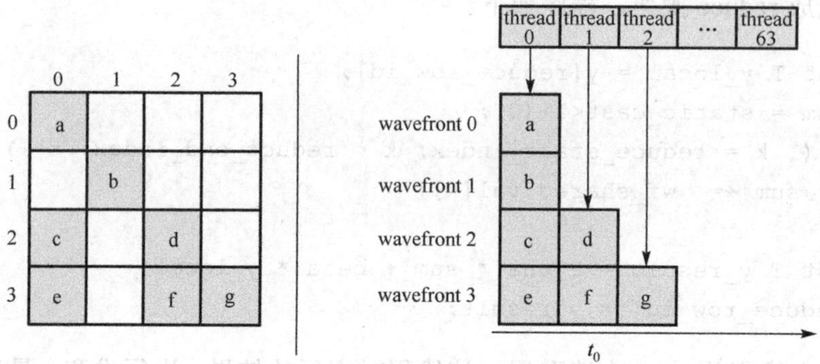

图 7-15 wavefront-row 算法

该算法代码如下：

```
    const int lid = hipThreadIdx_x & (WF_SIZE - 1); // local id in the wavefront
    const J gid = hipBlockIdx_x * BLOCK_SIZE + hipThreadIdx_x;
                                                    // global thread id
    const J nwf = hipGridDim_x * BLOCK_SIZE / WF_SIZE;   // step length
    // Loop over rows
    for (J row = gid / WF_SIZE; row < m; row += nwf) {
        // Each wavefront processes one row
        I row_start = row_offset[row];
        I row_end = row_offset[row + 1];
        T sum = static_cast<T>(0);
        // Loop over non-zero elements
        for (I j = row_start + lid; j < row_end; j += WF_SIZE) {
             sum = device_fma(alpha * csr_val[j], device_ldg(x + csr_col_
ind[j]), sum);
        }
        // Obtain row sum using parallel reduction
        sum = wfreduce_sum<WF_SIZE>(sum);
        // First thread of each wavefront writes result into global memory
        if (lid == WF_SIZE - 1) {
            if (beta == static_cast<T>(0)) {
                y[row] = sum;
            } else {
                y[row] = sum + beta * y[row];
            }
        }
    }
```

对于 wavefront-row 策略，如果一行中的非零元素数量较多，该策略可以让所有线程都活跃起来（除了最后一轮）。例如，一行有 80 个非零元素，对某 wavefront，其第一轮中 64 个线程共需要取 64 个非零元素，第二轮（也是最后一轮）共需要取 24 个元素。该算法有两个问题。一是当行非零元素小于 64 时（这种情况经常存在），wavefront 中的空闲线程会有很多，导致资源的浪费（如图 7-15 中的例子）。二是行非零元素较多时（如大于 64 但小于 256），wavefront 内的总计算轮次不多，在最后一轮会存在空闲线程导致整体上资源利用率不高。综上，该算法只比较适用于行非零元素很多的情况，而不适用于行非零元素数很少的情况，特别是行非零元素数量小于 wavefront 内线程数量的情况。

3. vector-row

考虑到实际情况中，一些稀疏矩阵的行非零元素数量远小于 wavefront 内线程数量，那么使用 wavefront-row 计算策略时会导致同一时刻单个 wavefront 中的部分线程处于空转状态，造成计算资源的浪费。针对这类矩阵，可将一个 wavefront 划分为多个线程组，使用一个 wavefront 计算矩阵的多行。其中，一个线程组称为一个 vector（线程数量一般是 2 的正整数次幂），该算法也称为 CSR-Vector 算法。如图 7-16 所示，每个由 4 个线程组成的 vector 负责矩阵一行的计算。

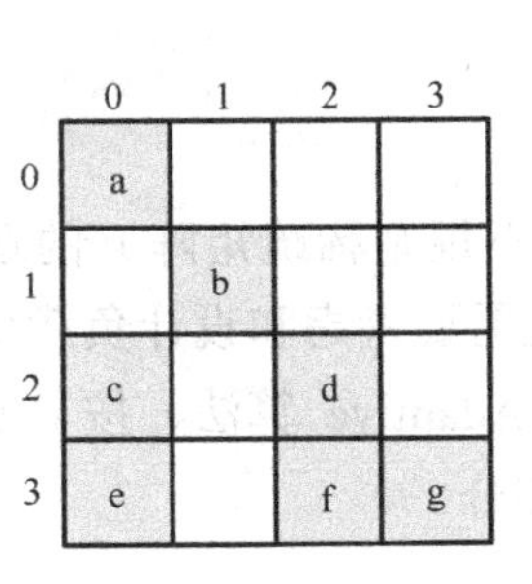

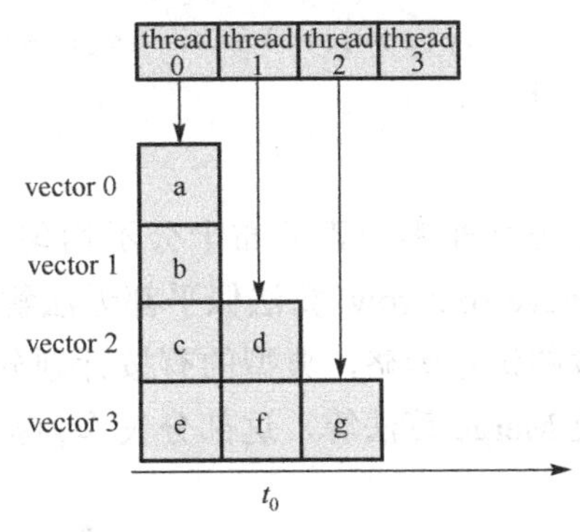

图 7-16　vector-row 算法

如下面的代码所示，通过 VECTOR_SIZE 变量（VECTOR_SIZE 是一个 vector 内包含的线程数量，一般是 2 的正整数次幂），将每个 wavefront 划分为多个 vector，并让每个 vector 中的线程共同计算一行，而每个 vector 中的 thread 则负责一行中的多个数据的计算。

其实它的思想和上述的 wavefront-row 算法几乎是一样，区别在于这里可以调整"一组线程"中线程的数量，或者可以说 wavefront-row 是 vector-row 的一种特例。该算法相比于 wavefront-row 算法，可以处理一些行非零元素较少的情况，会让资源利用率得到一定的提升。

```
        const int global_thread_id = threadIdx.x + blockDim.x * blockIdx.x;
        const int vector_thread_id = global_thread_id % VECTOR_SIZE; // local
thread id in current vector
        const int vector_id = global_thread_id / VECTOR_SIZE;
                                                        // global vector id
```

```
    const int vector_num = gridDim.x * blockDim.x / VECTOR_SIZE;
                                          // total vectors on device

    for (int row = vector_id; row < m; row += vector_num) {
        const int row_start = row_offset[row];
        const int row_end = row_offset[row + 1];
        T sum = static_cast<T>(0);

        for (int i = row_start + vector_thread_id; i < row_end; i += VECTOR_
SIZE) {
            sum += csr_val[i] * x[csr_col_ind[i]];
        }

        // reduce inside a vector
        for (int i = VECTOR_SIZE >> 1; i > 0; i >>= 1) {
            sum += __shfl_down(sum, i, VECTOR_SIZE);
        }

        if (vector_thread_id == 0) {
            y[row] = beta * y[row] + alpha * sum;
        }
    }
```

对一些矩阵行非零元素分布十分不均匀（或者称不规则稀疏矩阵）的场景，上述的 vector-row、wavefront-row 算法似乎都无法解决，这就需要考虑和设计负载均衡的任务划分策略和高效的访存策略，典型的有按行划分的 CSR-Adaptive 算法、按非零元素划分的 HOLA 算法及 Merge 算法等，这部分仅作为扩展阅读部分。

习　题

1．利用 7.1.3 部分的洗牌函数编写设备端函数计算 wavefront 内数据的最大值。

2．利用 7.1.3 部分的洗牌函数编写设备端函数计算 wavefront 内数据的总和。

3．在习题 2 的基础上，面向 DCU、GPU 平台，设计并实现设备端求和算法。

4．修改 7.1.3 部分的 wavefront Scan 算法为 Exclusive Scan 实现。

5．阅读 Decoupled-Lookback 算法对应的论文，并尝试实现。

6．面向 DCU、GPU 平台，设计稠密矩阵转稀疏 CSR 格式的高效算法。

7．修改 7.2.3 部分的 GEMM 算法，使其可以分别设置每个 thread 处理矩阵 ***A*** 的行数与矩阵 ***B*** 的列数。

8．面向 DCU、GPU 平台，设计稠密矩阵转置算法。

9．尝试在 GEMM 计算前对矩阵 ***A*** 进行转置操作，统计矩阵 ***A*** 转置后 GEMM 用时并计算其 FLOPS。

10．思考 SpMV 中 vector-row 算法的缺点。

11．实现高效的 DCU 或 GPU 上的排序算法（提示：flash sort、双调排序、merge 排序等）。

12．阅读论文 *Structural Agnostic SpMV: Adapting CSR-Adaptive for Irregular Matrices* 尝试复现论文中的 CSR-Adaptive SpMV 算法。或者阅读论文 *Globally homogeneous, locally adaptive sparse matrix-vector multiplication on the GPU*，尝试复现按非零元素分割的 SpMV 算法。测试并分析该算法在不规则稀疏矩阵（不同行非零元素差别很大）下的性能。

第 8 章 异构混合架构常用算法库

8.1 算法库介绍

8.1.1 常见算法库层次

目前，常见的算法库有很多，表 8-1 列出了常见算法库的层次关系及对应的应用场景。功能上从左到右是由底层到顶层的关系，调用关系则是右侧依赖于左侧。

表 8-1 算法库层次

算法库	向量、矩阵运算		矩阵操作	线性系统求解		非线性系统求解	微分方程求解
	稠密矩阵	稀疏矩阵	QR 分解、LU 分解、特征值、最小二乘	直接法	迭代法（Krylov 子空间+预处理）	Newton(like)方法	常微分方程求解 、偏微分方程求解
BLAS、OpenBLAS、cuTLASS、cuBLAS、rocBLAS	√						
cuSparse、rocSPARSE		√					
LAPACK、cuSOLVER、rocSOLVER、scaLAPACK			√	√			
Intel-MKL	√	√	√	√			
numps				√			
AmgX					√		
SUNDIALS （包含 CVODE、CVODES、ARKODE）					√	√	√
PETSc					√	√	√

8.1.2 国内外典型超算上的算法库

超算是将大量的处理器集中在一起以处理庞大的数据量，同时运算速度比常规计算机快数倍的计算机。但是从结构上看，超算和普通计算机都是大同小异的，并行化处理使人们可以对庞大数据进行处理，其意义十分重大。国内外典型超算上的算法库如表 8-2 所示。

表 8-2　国内外典型超算上的算法库

超　算	硬 件 架 构	算　法　库	功　　能
Aurora	Intel CPU + Intel GPU	Intel-MKL	向量、矩阵运算、矩阵操作、直接法求解线性方程组
		Intel-oneDNN	AI 算法库
Summit	IBM Power 9 CPU + NVIDIA V100 GPU	cub、thrust	设备通信库
		cuTLASS、cuBLAS	稠密矩阵运算
		cuSparse	稀疏矩阵运算
		LAPACK、cuSOLVER、scaLAPACK	矩阵操作
		AmgX	迭代法求解线性系统
		PETSc（支持 GPU）	迭代法求解线性系统、非线性系统求解、微分方程求解
		cuFFT	傅里叶变换
		cudnn	AI 算法库
Fugaku	A64FX Arm CPU	EigenExa（日本国立理化学研究所）	矩阵操作
		KMATH_RANDOM（日本国立理化学研究所）	随机数生成
		SSL II (富士通) （FFT、稀疏矩阵、非线性方程、ODE、正交、随机数）	稀疏矩阵运算、矩阵操作
		KMATH_FFT3D（日本国立理化学研究所）	傅里叶变换
		BLAS-X（日本国立理化学研究所）	稠密矩阵运算
		LAPCAK、ScaLapack(富士通)	矩阵操作
Frontier	AMD CPU + AMD GPU	BLAS、LAPACK、ScaLAPACK	向量、矩阵运算、矩阵操作
		rocBLAS、rocSPARSE	向量、矩阵运算
		PETSc	迭代法求解线性系统、非线性系统求解、微分方程求解
		rocPRIM、thrust	设备通信库
		rocSOLVER	矩阵操作、直接法求解线性系统

8.2　稠密矩阵计算库：rocBLAS、cuBLAS、swBLAS

本节先介绍基础的 BLAS 数学库，再介绍不同平台的稠密矩阵计算相关算法库，包括 rocBLAS、cuBLAS、swBLAS 三种。

8.2.1　BLAS 接口介绍

BLAS（Basic Linear Algebra Subprograms）是一个线性代数核心子程序的集合，主要包括向量和矩阵的基本操作。BLAS 库是最基本和最重要的数学库之一，广泛应用于计算科学。目前，世界上有关矩阵运算的软件几乎都调用 BLAS 库；重要的稠密线性代数算法软件包（如 EISPACK、LINPACK、LAPACK 和 ScaLAPACK 等）的底层都是以 BLAS 为支撑的。BLAS 目前已成为线性代数领域的一个标准 API 库。

BLAS 库中根据运算对象的不同，可分为三级，分别是向量与向量操作、向量与矩阵操作、矩阵与矩阵操作。

1. BLAS 接口命名规范

BLAS 接口命名结构有如下规则：

```
<character><name><mod>( )
```

其中，<character>域用于指出数据类型，如表 8-3 所示。

表 8-3 数据类型表

数据类型	含义
s	单精度实型
d	双精度实型
c	单精度复型
z	双精度复型

一些函数将二者组合成 sc、dz 等，如 scasum，接收一个复数输入，返回实数结果。

<name>域，在 BLAS Level 1 中包含操作的类型。例如，BLAS Level 1 函数接口中?dot、?rot、?swap 分别用于计算向量点积、向量旋转和向量交换。但在 BLAS Level 2 和 BLAS Level 3 中反映矩阵类型，如表 8-4 所示。

表 8-4 矩阵类型表

矩阵类型	含义	矩阵类型	含义
ge	普通矩阵	hp	Hermitian 矩阵（压缩存储）
gb	普通带状矩阵	hb	Hermitian 带状矩阵
sy	对称矩阵	tr	三角矩阵
sp	对阵矩阵（压缩存储）	tp	三角矩阵（压缩存储）
sb	对称带状矩阵	tb	三角带状矩阵
he	Hermitian 矩阵		

<mod>域，提供一些其他操作细节。

在 BLAS Level 1 中的<mod>域，如表 8-5 所示。

表 8-5 BLAS Level 1 中<mod>域表

Level 1 <mod>	含义
c	共轭向量
u	非共轭向量
g	Givens 旋转设置
m	改进 Givens 旋转
mg	改进 Givens 旋转设置

在 BLAS Leve2 中的<mod>域，如表 8-6 所示。

表 8-6 BLAS Level 2 中<mod>域表

Level 2 <mod>	含 义
mv	矩阵和向量乘积
sv	使用矩阵-向量操作求解线性方程组
r	秩 1 更新
r2	秩 2 更新

在 BLAS level3 中的<mod>域，如表 8-7 所示。

表 8-7 BLAS Level 3 中<mod>域表

Level 3 <mod>	含 义
mm	矩阵和矩阵乘积
sm	求解含有多个未知向量的线性方程组
rk	秩 k 更新
r2k	秩 2k 更新

2. BLAS 函数

下面对 BLAS Level 1、2 和 3 的各个函数进行说明，包括函数接口、数据类型等，分别如表 8-8、表 8-9 和表 8-10 所示。

表 8-8 BLAS Level 1 函数汇总表

子 程 序 组	数 据 类 型	描 述
?asum	s,d,sc,dz	向量元素求和
s,d,sc,dz	s,d,c,z	标量-向量乘
?copy	s,d,c,z	向量复制
?dot	s,d	点积
?sdot	sd,d	扩展精度点积
?dotc	c,z	共轭点积
?dotu	c,z	非共轭点积
?nrm2	s,d,sc,dz	欧几里得范数
?rot	s,d,cs,zd	Plane 变换
?rotg	s,d,c,z	Givens 变换
?rotm	s,d	修改的 Plane 变换
?rotmg	s,d	修改的 Givens 变换
?scal	s,d,c,z,cs,zd	向量-标量乘
?swap	s,d,c,z	向量-向量交换
i?amax	s,d,c,z	向量最大绝对值的下标
i?amin	s,d,c,z	向量最小绝对值的下标

表 8-9　BLAS Level 2 函数汇总表

子程序组	数据类型	描　述
?gbmv	s,d,c,z	带状矩阵-向量积
?gemv	s,d,c,z	矩阵-向量积
?ger	s,d	秩 1 更新
?gerc	c,z	共轭矩阵秩 1 更新
?geru	c,z	非共轭矩阵秩 1 更新
?hbmv	c,z	Hermitian 带状矩阵-向量积
?hemv	c,z	Hermitian 矩阵-向量积
?her	c,z	Hermitian 矩阵秩 1 更新
?her2	c,z	Hermitian 矩阵秩 2 更新
?hpmv	c,z	Hermitian packed 矩阵-向量积
?hpr	c,z	Hermitian packed 矩阵秩 1 更新
?hpr2	c,z	Hermitian packed 矩阵秩 2 更新
?sbmv	s,d	对称带状矩阵-向量积
?spmv	s,d	对称 packed 带状矩阵-向量积
?spr	s,d	对称 packed 矩阵秩 1 更新
?spr2	s,d	对称 packed 矩阵秩 2 更新
?symv	s,d	对称矩阵-向量积
?syr	s,d	对称矩阵秩 1 更新
?syr2	s,d	对称矩阵秩 2 更新
?tbmv	s,d,c,z	三角带状矩阵-向量积
?tbsv	s,d,c,z	系数矩阵为三角带状矩阵的线性方程组求解
?tpmv	s,d,c,z	三角 packed 矩阵-向量积
?tpsv	s,d,c,z	系数矩阵为三角 packed 矩阵的线性方程组求解
?trmv	s,d,c,z	三角矩阵-向量积
?trsv	s,d,c,z	系数矩阵为三角矩阵的线性方程组求解

表 8-10　BLAS Level 3 函数汇总表

子程序组	数据类型	描　述
?gemm	s,d,c,z	矩阵-矩阵乘
?hemm	c,z	Hermitian 矩阵-矩阵乘
?herk	c,z	Hermitian 矩阵秩 k 更新
?her2k	c,z	Hermitian 矩阵秩 2k 更新
?symm	s,d,c,z	对称矩阵-矩阵乘
?syrk	s,d,c,z	三角矩阵秩 k 更新
?syr2k	s,d,c,z	三角矩阵秩 2k 更新
?trmm	s,d,c,z	三角矩阵-矩阵乘
?trsm	s,d,c,z	三角矩阵的线性矩阵-矩阵方程组求解

3. 矩阵数据布局

对一个矩阵，在内存中有行优先（行主存储）和列优先（列主存储）两种存储方式。示例如下：

原矩阵 $\boldsymbol{A}$：

$$\boldsymbol{A}=\begin{bmatrix} a_{11} & a_{12} & a_{13} \\ a_{21} & a_{22} & a_{23} \end{bmatrix}$$

列优先：$\boldsymbol{A}=\{a_{11},a_{21},a_{12},a_{22},a_{13},a_{23}\}$

行优先：$\boldsymbol{A}=\{a_{11},a_{12},a_{13},a_{21},a_{22},a_{23}\}$

常用 BLAS API 的实现算法库默认使用的是列优先存储。例如，rocBLAS 和 cuBLAS 等。但是，C 和 C++的二维数组使用行优先存储，因此用这些语言编写的应用程序不能将 BLAS 数组语义用于二维数组。相应地，可定义宏或内联函数以在一维数组上实现矩阵。

对以机械方式移植到 C 的 FORTRAN 代码，可以选择保留基于 1 的索引（FORTRAN 数组索引从 1 开始），以避免转换循环的需要。在这种情况下，可以通过以下宏计算行“i”和列“j”中矩阵元素的数组索引。

```
#define IDX2F(i,j,ld) ((((j)-1)*(ld))+((i)-1))
```

在列优先的情况下，ld 指的是分配矩阵的行数（即使只使用它的子矩阵）。对 C 和 C++代码，最有可能选择基于 0 的索引，在这种情况下，行“i”和列“j”中矩阵元素的数组索引可以通过以下宏计算。

```
#define IDX2C(i,j,ld) (((j)*(ld))+(i))
```

8.2.2 rocBLAS

rocBLAS 是 AMD 针对自家 GPU 推出的线性代数计算库，也支持曙光 DCU，可用于在 AMD GPU 和 DCU 上进行矩阵和向量计算，rocBLAS 接口上兼容 Netlib BLAS 和 cuBLAS-v2 API。

rocBLAS 通过调用 rocblas_create_handle 初始化，并通过调用 rocblas_destroy_handle 终止。rocblas_handle 包含 HIP 流、临时设备工作空间和启用或禁用日志记录的模式（默认为禁用日志记录）三部分。

rocBLAS 函数在主机上运行，它们调用 HIP 启动 HIP Stream 在设备上运行的 rocBLAS 核函数。核函数是异步的，除非该函数将标量结果从设备返回到主机，并且分配了临时设备内存。

rocBLAS 的错误处理是返回一个 rocblas_status，若函数执行成功则返回 rocblas_status_success。

表 8-11 列出了 rocBLAS 使用的数据类型。

表 8-11　rocBLAS 使用的数据类型

数 据 类 型	含　义
rocblas_handle	保存 rocBLAS 库的上下文结构的指针类型
rocblas_int	指定是将 int32 用于 LP64 还是将 int64 用于 ILP64
rocblas_stride	在矩阵或向量之间跨步 strided_batched 函数
rocblas_half	rocblas_half的结构定义
rocblas_bfloat16	表示大于 16 位浮点数的结构
rocblas_float_complex	表示具有单精度实部和虚部的复数的结构
rocblas_double_complex	表示具有双精度实部和虚部的复数的结构

例如，调用 rocblas_sgemm()函数，实现矩阵乘。函数功能如下。

$$\boldsymbol{C} = \alpha * \mathrm{op}(\boldsymbol{A}) * \mathrm{op}(\boldsymbol{B}) + \beta * \boldsymbol{C}$$

具体代码如下。

```
#include "rocblas.h"
#include "utility.hpp"
#include <hip/hip_runtime.h>

// 矩阵A : 100 * 300; 矩阵B : 300 * 200; 矩阵C : 100 * 200
#define DIM1 100
#define DIM2 200
#define DIM3 300

// CPU 端的矩阵乘法
template <typename T>
void mat_mat_mult(T alpha,T beta,int M,int N,int K,T*  A,int As1,int As2,
                  T* B,int Bs1,int Bs2,T* C,int Cs1,int Cs2){
    for(int i1 = 0; i1 < M; i1++){
        for(int i2 = 0; i2 < N; i2++){
            T t = 0.0;
            for(int i3 = 0; i3 < K; i3++){
                t += A[i1 * As1 + i3 * As2] * B[i3 * Bs1 + i2 * Bs2];
            }
            C[i1 * Cs1 + i2 * Cs2] = beta * C[i1 * Cs1 + i2 * Cs2] + alpha
* t;
        }
    }
}

int main()
{
    // transa = rocblas_operation_none 代表矩阵A不转置
```

```
        // transb = rocblas_operation_transpose 代表矩阵 B 转置
        rocblas_operation transa = rocblas_operation_none, transb = rocblas
_operation_transpose;
        float   alpha = 1.1, beta = 0.9;

        rocblas_int m = DIM1, n = DIM2, k = DIM3;
        rocblas_int lda, ldb, ldc, size_a, size_b, size_c;
        int   a_stride_1, a_stride_2, b_stride_1, b_stride_2;
        rocblas_cout << "sgemm example" << std::endl;
        if(transa == rocblas_operation_none){
            lda        = m;
            size_a     = k * lda;
            a_stride_1 = 1;
            a_stride_2 = lda;
            rocblas_cout << "N";
        }else{
            lda        = k;
            size_a     = m * lda;
            a_stride_1 = lda;
            a_stride_2 = 1;
            rocblas_cout << "T";
        }
        if(transb == rocblas_operation_none){
            ldb        = k;
            size_b     = n * ldb;
            b_stride_1 = 1;
            b_stride_2 = ldb;
            rocblas_cout << "N: ";
        }else{
            ldb        = n;
            size_b     = k * ldb;
            b_stride_1 = ldb;
            b_stride_2 = 1;
            rocblas_cout << "T: ";
        }
        ldc    = m;
        size_c = n * ldc;

        // 分配 Host 主机端内存
        std::vector<float> ha(size_a);
        std::vector<float> hb(size_b);
        std::vector<float> hc(size_c);
        std::vector<float> hc_gold(size_c);
```

```
        // Host 端初始化数据
        srand(1);
        for(int i = 0; i < size_a; ++i){
            ha[i] = rand() % 17;
        }
        for(int i = 0; i < size_b; ++i){
            hb[i] = rand() % 17;
        }
        for(int i = 0; i < size_c; ++i){
            hc[i] = rand() % 17;
        }
        hc_gold = hc;

        // 分配 Device 设备端内存
        float *da, *db, *dc;
        hipMalloc(&da, size_a * sizeof(float));
        hipMalloc(&db, size_b * sizeof(float));
        hipMalloc(&dc, size_c * sizeof(float));

        // 将矩阵数据从 Host 端复制到 Device 端
        hipMemcpy(da, ha.data(), sizeof(float) * size_a, hipMemcpyHostTo-
Device);
        hipMemcpy(db, hb.data(), sizeof(float) * size_b, hipMemcpyHostTo-
Device);
        hipMemcpy(dc, hc.data(), sizeof(float) * size_c, hipMemcpyHostTo-
Device);

        rocblas_handle handle;
        rocblas_create_handle(&handle);

        // 调用 rocblas_sgemm()函数，对矩阵乘进行求解
        rocblas_sgemm(handle, transa, transb, m, n, k, &alpha, da, lda, db,
ldb, &beta, dc, ldc);

        // 将计算结果从 Device 端复制到 Host 端
        hipMemcpy(hc.data(), dc, sizeof(float) * size_c, hipMemcpyDevice-
ToHost);

        // CPU 端计算矩阵乘结果，结果放到 hc_data[],用于对 GPU 计算结果进行验证
        float max_relative_error = std::numeric_limits<float>::min();
        mat_mat_mult<float>(alpha,beta,m,n,k,ha.data(),a_stride_1,a_
stride_2,hb.data(),b_stride_1,b_stride_2,hc_gold.data(),1,ldc);
        // 验证 CPU 计算的结果与 GPU 计算结果的误差是否满足精度要求
        for(int i = 0; i < size_c; i++){
```

```
            float relative_error = (hc_gold[i] - hc[i]) / hc_gold[i];
            relative_error = relative_error > 0 ? relative_error : -relative_
error;
            max_relative_error
                = relative_error < max_relative_error ? max_relative_error :
relative_error;
        }
        float eps = std::numeric_limits<float>::epsilon();
        float tolerance = 10;
        if(max_relative_error != max_relative_error || max_relative_error
> eps * tolerance){
            rocblas_cout << "FAIL: max_relative_error = " << max_relative_
error << std::endl;
        }else{
            rocblas_cout << "PASS: max_relative_error = " << max_relative_
error << std::endl;
        }
        hipFree(da);
        hipFree(db);
        hipFree(dc);
        rocblas_destroy_handle(handle);
        return EXIT_SUCCESS;
    }
```

8.2.3　cuBLAS

cuBLAS 库是 NVIDIA 针对 GPU 推出的线性代数计算库，实现了 BLAS API，用于在 GPU 上做矩阵和向量计算。

cuBLAS 库有如下特点：

- CUDA 自带 cuBLAS 库，无须独立安装；
- 使用的时候，包含头文件即可，#include "cublas_v2.h"；
- 列优先数组，并以索引 1 为基准。

cuBLAS 库公开的三组 API 如下。

- cuBLAS API：应用程序必须在 GPU 内存空间中分配所需的矩阵和向量，用数据填充它们，调用对应的 cuBLAS 函数，然后将结果从 GPU 内存空间上传回主机中。
- cuBLASXt API：在 CPU 端分配数据，并将用户的请求操作和数据调度到系统的一个或多个 GPU 中。
- cuBLASLt API：一个轻量级的库，专门用于 GEMM，具有新的灵活 API。

cuBLAS 只支持密集向量和密集矩阵操作，不支持如 cuSPARSE 的多种稀疏格式。cuBLAS 的函数返回状态类型为 cublasStatus_t，若函数执行成功则返回 CUBLAS_STATUS_SUCCESS。

表 8-12 列出了 cuBLAS 使用的数据类型。

表 8-12 cuBLAS 使用的数据类型

数 据 类 型	含 义
cublasHandle_t	保存 cuBLAS 库的上下文结构的指针类型
cublasStatus_t	用于函数状态的返回
cublasOperation_t	指示对密集矩阵执行哪个操作
cublasFillMode_t	指示密集矩阵的哪个部分被填充
cublasDiagType_t	指示稠密矩阵的主对角线是否为单位元素
cublasSideMode_t	指示稠密矩阵是在特定函数求解矩阵方程的左侧还是右侧
cublasPointerMode_t	指示标量是否通过主机或设备上的引用传递
cublasAtomicsMode_t	指示是否可以使用具有使用原子替代实现的 cuBLAS 例程
cublasGemmAlgo_t	用于指定 GPU 体系结构上矩阵与矩阵乘法的算法
cublasComputeType_t	用于选择计算的精度模式

调用 cuBLAS 函数计算矩阵与向量乘的主要代码片段如下。

```
    // 创建 cuBLAS 句柄
    cublasCreate(&handle);
    // 分配设备端内存
    cudaMalloc((void **)&dA, sizeof(float) * M * N);
    cudaMalloc((void **)&dX, sizeof(float) * N);
    cudaMalloc((void **)&dY, sizeof(float) * M);
    // 将输入传输到设备端
    cublasSetVector(N, sizeof(float), X, 1, dX, 1);
    cublasSetVector(M, sizeof(float), Y, 1, dY, 1);
    cublasSetMatrix(M, N, sizeof(float), A, M, dA, M);
    // 执行矩阵向量乘法
    cublasSgemv(handle, CUBLAS_OP_N, M, N, &alpha, dA, M, dX, 1, &beta, dY,
1);
    // 从设备端获取输出向量
    cublasGetVector(M, sizeof(float), dY, 1, Y, 1);
```

8.3 稀疏矩阵计算库：rocSPARSE、cuSPARSE、swSPARSE

稀疏矩阵在数值分析中，是其元素大部分为零的矩阵。事实上，实际问题中大规模矩阵基本上都是稀疏矩阵，稀疏度在 90%甚至 99%以上。在科学与工程领域求解线性模型时经常出现大型的稀疏矩阵。

本节先介绍常用的稀疏矩阵的存储格式，再介绍稀疏矩阵运算相关算法库，包括 rocSPARSE、cuSPARSE、swSPARSE 三种。

8.3.1 常用的稀疏矩阵的存储格式

对于稀疏矩阵，可以通过仅存储矩阵非零元素来大幅度降低内存需求。根据矩阵非零元素的数量和分布，可以使用不同的数据结构。稀疏矩阵具有多种存储格式，主要包括 COO

（Coordinate List，坐标列表）、CSR（Compressed Sparse Row，稀疏行压缩）、CSC（Compressed Sparse Column，稀疏列压缩）、ELL、HYB 等。下面介绍其中几种典型的稀疏矩阵存储格式。

1. COO 格式

COO 格式将稀疏矩阵内所有非零元素以行列坐标加值的方式存储，核心思想是存储矩阵中每个非零元素的行坐标、列坐标及其元素值。如下例所示，COO 格式记录稀疏矩阵内每位非零元素的行坐标、列坐标及值。

$$\boldsymbol{M}=\begin{bmatrix}3 & 0 & 1 & 0\\0 & 0 & 0 & 0\\0 & 2 & 4 & 1\\1 & 0 & 0 & 1\end{bmatrix}$$

$$\Downarrow$$

$$\mathbf{row}_{\text{indices}}=\begin{bmatrix}0 & 0 & 2 & 2 & 2 & 3 & 3\end{bmatrix}$$

$$\mathbf{column}_{\text{indices}}=\begin{bmatrix}0 & 2 & 1 & 2 & 3 & 0 & 3\end{bmatrix}$$

$$\mathbf{values}=\begin{bmatrix}3 & 1 & 2 & 4 & 1 & 1 & 1\end{bmatrix}$$

2. CSR 格式

CSR 格式将稀疏矩阵按行存储，核心思想是存储矩阵的行偏移量和非零元素的列坐标及元素值。其列坐标数组与值数组与 COO 格式保持一致，但与 COO 格式不同的是 CSR 格式对矩阵行坐标进行压缩。如下例所示，对稀疏矩阵的每一行，CSR 格式不记录所有非零元素的行坐标，而使用一个指针表示该行元素的起始位置。

$$\boldsymbol{M}=\begin{bmatrix}3 & 0 & 1 & 0\\0 & 0 & 0 & 0\\0 & 2 & 4 & 1\\1 & 0 & 0 & 1\end{bmatrix}$$

$$\Downarrow$$

$$\mathbf{row}_{\text{indices}}=\begin{bmatrix}0 & 2 & 2 & 5 & 7\end{bmatrix}$$

$$\mathbf{column}_{\text{indices}}=\begin{bmatrix}0 & 2 & 1 & 2 & 3 & 0 & 3\end{bmatrix}$$

$$\mathbf{values}=\begin{bmatrix}3 & 1 & 2 & 4 & 1 & 1 & 1\end{bmatrix}$$

3. ELLPACK（ELL）

ELL 的核心思想是用两个与原始矩阵有相同行数的矩阵来分别存储列号和数值，行号用自身所在的行来表示。

ELL 格式在 CSR 格式的基础上进行了两处修改：填充和转换。

（1）填充：确定最长行为每一行分配足够的空间来保存最长行的数据，如下例所示。

$$\boldsymbol{M}=\begin{bmatrix}3&0&1&0\\0&0&0&0\\0&2&4&1\\1&0&0&1\end{bmatrix}$$

$$\Downarrow$$

$$\textbf{values}=\begin{bmatrix}3&1&*\\ *&*&*\\2&4&1\\1&1&*\end{bmatrix}\qquad \textbf{column}_{\textbf{indices}}=\begin{bmatrix}0&2&*\\ *&*&*\\1&2&3\\0&3&*\end{bmatrix}$$

填充值有以下两种策略。

① 值中放置 0，给出实际为 0 的列索引，如下例所示。

$$\boldsymbol{M}=\begin{bmatrix}3&0&1&0\\0&0&0&0\\0&2&4&1\\1&0&0&1\end{bmatrix}$$

$$\Downarrow$$

$$\textbf{values}=\begin{bmatrix}3&1&0\\0&0&0\\2&4&1\\1&1&0\end{bmatrix}\qquad \textbf{column}_{\textbf{indices}}=\begin{bmatrix}0&2&1\\0&1&2\\1&2&3\\0&3&1\end{bmatrix}$$

② 在任意一个数组中放置无效指示符，调整算法。例如，调整值数组，如下例所示。

$$\boldsymbol{M}=\begin{bmatrix}3&0&1&0\\0&0&0&0\\0&2&4&1\\1&0&0&1\end{bmatrix}$$

$$\Downarrow$$

$$\textbf{values}=\begin{bmatrix}3&1&0\\0&0&0\\2&4&1\\1&1&0\end{bmatrix}\qquad \textbf{column}_{\textbf{indices}}=\begin{bmatrix}0&2&*\\ *&*&*\\1&2&3\\0&3&*\end{bmatrix}$$

（2）转换：稀疏矩阵以列优先格式存储，如下例所示。

$$\textbf{values}=\begin{bmatrix}3&1&0\\0&0&0\\2&4&1\\1&1&0\end{bmatrix}\longrightarrow\begin{bmatrix}3&0&2&1&1&0&4&1&0&0&1&0\end{bmatrix}$$

$$\textbf{column}_{\text{indices}} = \begin{bmatrix} 0 & 2 & * \\ * & * & * \\ 1 & 2 & 3 \\ 0 & 3 & * \end{bmatrix} \longrightarrow [0*1\ 0\ 2*\ 23**\ 3*]$$

4．Hybrid ELL/COO（HYB）

HYB 的核心思想是对 ELL 格式的一种修正，如果原稀疏矩阵中某一行特别多，造成其他行的存储空间的浪费，就把这些多出来的元素用 COO 格式单独存储，如下例所示。

$$\boldsymbol{M} = \begin{bmatrix} 3 & 0 & 1 & 0 \\ 0 & 0 & 0 & 0 \\ 0 & 2 & 4 & 1 \\ 1 & 0 & 0 & 1 \end{bmatrix}$$

⇩

$$\text{ELL:}\quad \textbf{values} = \begin{bmatrix} 3 & 1 \\ 0 & 0 \\ 2 & 4 \\ 1 & 1 \end{bmatrix} \qquad \textbf{column}_{\text{indices}} = \begin{bmatrix} 0 & 2 \\ * & * \\ 1 & 2 \\ 0 & 3 \end{bmatrix}$$

$$\text{COO:}\quad \textbf{row}_{\text{indices}} = [2] \qquad \textbf{column}_{\text{indices}} = [3] \qquad \textbf{values} = [1]$$

稠密存储格式是把矩阵中的每个值都存储在一个多维数组中，稠密存储格式与其他几种稀疏存储格式的内存需求、特点及使用场景的对比，如表 8-13 所示。

表 8-13　稀疏矩阵存储格式对比表

存储格式	内存需求	特点	使用场景
稠密格式	MN	—	—
CSR	$2MNS+M+1$	灵活	涉及矩阵运算、操作等
ELL	$2MK$	快速	矩阵随机产生，每行元素数量相差不大
COO	$3MNS$	灵活	非常稀疏的矩阵
HYB	$>3MNS$，$<2MK$	灵活、快速	矩阵基本随机，但有些行可能会很密集

注：假设存储格式中的一个值和一个索引与所占用的存储空间是一样的。

M：矩阵行数。

N：矩阵列数。

K：最密集行非零元素数量。

S：稀疏度，值位于[0,1]，数值越大越稠密。

8.3.2　rocSPARSE

rocSPARSE 是 AMD 在 ROCm 运行时和工具链之上实现的稀疏计算库，其提供了基本线性代数子例程。rocSPARSE 使用 HIP 实现，并针对 AMD 最新的独立 GPU 进行了优化，且支持 DCU 硬件。

rocSPARSE 库中根据运算对象的不同，可分为以下三级：

- 在稀疏向量和稠密向量之间的操作；
- 在稀疏矩阵和稠密向量之间的操作；
- 稀疏矩阵和密集格式的多个向量（矩阵）之间的操作。

所有 rocSPARSE 库函数都是非阻塞的，并且相对于主机异步执行。它们可能会在实际计算完成之前返回。若要强制同步，可以使用 hipDeviceSynchronize()和 hipStreamSynchronize()这两个函数。这能够使得设备或特定 Stream 上执行的 rocSPARSE 函数都已完成计算。

表 8-14 列出了 rocSPARSE 使用的数据类型。

表 8-14　rocSPARSE 使用的数据类型

数据类型	含　义	数据类型	含　义
rocsparse_handle	rocSPARSE 库的上下文句柄	rocsparse_indextype	rocSPARSE 索引类型列表
rocsparse_mat_descr	矩阵的描述符	rocsparse_datatype	rocSPARSE 数据类型列表
rocsparse_mat_info	保存所有矩阵数据的信息	rocsparse_format	稀疏矩阵格式列表
rocsparse_hyb_mat	HYB 矩阵存储格式	rocsparse_spmv_alg	SpMV 算法列表
rocsparse_action	指定执行操作的位置	rocsparse_spsv_alg	SpSV 算法列表
rocsparse_hyb_partition	HYB 矩阵分区类型	rocsparse_spsv_stage	SpSV 阶段列表
rocsparse_index_base	指定矩阵索引基数	rocsparse_spsm_alg	SpSM 算法列表
rocsparse_matrix_type	指定矩阵类型	rocsparse_spsm_stage	SpSM 阶段列表
rocsparse_fill_mode	指定矩阵填充模式	rocsparse_spmm_alg	SpMM 算法列表
rocsparse_diag_type	指示对角线的条目是否为 1	rocsparse_spmm_stage	SpMM 阶段列表
rocsparse_operation	指定是否是转置矩阵	rocsparse_sddmm_alg	sddmm 算法列表
rocsparse_pointer_mode	指示指针是设备指针还是主机指针	rocsparse_spgemm_stage	SpGEMM 阶段列表
rocsparse_analysis_policy	在分析函数中指定策略	rocsparse_spgemm_alg	SpGEMM 算法列表
rocsparse_solve_policy	在三角求解器和因式分解中指定策略	rocsparse_sparse_to_dense_alg	稀疏到稠密算法列表
rocsparse_layer_mode	指示图层是否有位掩码处于活动状态	rocsparse_dense_to_sparse_alg	稠密到稀疏算法列表
rocsparse_status	rocSPARSE 状态列表	rocsparse_gtsv_interleaved_alg	交错 gtsv 算法的列表

例如，调用 rocsparse_spgemm()函数，实现 CSR 格式的稀疏矩阵乘。函数功能如下。

$$\boldsymbol{C}=\alpha\times\text{op}\left(\boldsymbol{A}\right)\times\text{op}\left(\boldsymbol{B}\right)+\beta\times\boldsymbol{D}$$

具体矩阵如下：

$$1.5\times\begin{bmatrix}1&2&0&3&0\\0&4&5&0&0\\6&0&0&7&8\end{bmatrix}\times\begin{bmatrix}1&2\\3&0\\0&0\\4&5\\0&6\end{bmatrix}+2.0\times\begin{bmatrix}0&1\\2&3\\0&4\end{bmatrix}=\begin{bmatrix}28.5&27.5\\22&6\\51&150.5\end{bmatrix}$$

实现代码如下。

```
#include <hip/hip_runtime_api.h>
```

```
#include <iostream>
#include <rocsparse.h>
#include <vector>
int main(int argc, char* argv[])
{
    rocsparse_handle handle;
    rocsparse_create_handle(&handle);
    // Matrix A (m x k)
    int64_t m = 3, n = 2, k = 5;
    // 初始化矩阵 A 的数据
    int64_t nnz_A = 8;
    int64_t hcsr_row_ptr_A[4] = {0, 3, 5, 8};
    int32_t hcsr_col_ind_A[8] = {0, 1, 3, 1, 2, 0, 3, 4};
    double hcsr_val_A[8] = {1.0, 2.0, 3.0, 4.0, 5.0, 6.0, 7.0, 8.0};

    // 设置矩阵 A 不转置
    rocsparse_operation trans_A = rocsparse_operation_none;

    // Matrix B (k x n)
    int64_t nnz_B = 6;
    int64_t hcsr_row_ptr_B[6] = {0, 2, 3, 3, 5, 6};
    int32_t hcsr_col_ind_B[6] = {0, 1, 0, 0, 1, 1};
    double hcsr_val_B[6] = {1.0, 2.0, 3.0, 4.0, 5.0, 6.0};
    rocsparse_operation trans_B = rocsparse_operation_none;

    // Matrix D (m x n)
    int64_t nnz_D = 4;
    int64_t hcsr_row_ptr_D[4] = {0, 1, 3, 4};
    int32_t hcsr_col_ind_D[4] = {1, 0, 1, 1};
    double hcsr_val_D[4] = {1.0, 2.0, 3.0, 4.0};

    double alpha = 1.5, beta  = 2.0;
    int64_t *dcsr_row_ptr_A, *dcsr_row_ptr_B, *dcsr_row_ptr_C, *dcsr_
row_ptr_D;
    int32_t *dcsr_col_ind_A, *dcsr_col_ind_B, *dcsr_col_ind_C, *dcsr_
col_ind_D;
    double  *dcsr_val_A , *dcsr_val_B , *dcsr_val_C , *dcsr_val_D;
    hipMalloc((void**)&dcsr_row_ptr_A, sizeof(int64_t) * (m + 1));
    hipMalloc((void**)&dcsr_col_ind_A, sizeof(int32_t) * nnz_A);
    hipMalloc((void**)&dcsr_val_A, sizeof(double) * nnz_A);
    hipMalloc((void**)&dcsr_row_ptr_B, sizeof(int64_t) * (k + 1));
    hipMalloc((void**)&dcsr_col_ind_B, sizeof(int32_t) * nnz_B);
    hipMalloc((void**)&dcsr_val_B, sizeof(double) * nnz_B);
    hipMalloc((void**)&dcsr_row_ptr_D, sizeof(int64_t) * (m + 1));
```

```
        hipMalloc((void**)&dcsr_col_ind_D, sizeof(int32_t) * nnz_D);
        hipMalloc((void**)&dcsr_val_D, sizeof(double) * nnz_D);
        hipMalloc((void**)&dcsr_row_ptr_C, sizeof(int64_t) * (m + 1));

        hipMemcpy(dcsr_row_ptr_A, hcsr_row_ptr_A, sizeof(int64_t) * (m+1),
hipMemcpyHostToDevice);
        hipMemcpy(dcsr_col_ind_A, hcsr_col_ind_A, sizeof(int32_t) * nnz_A,
hipMemcpyHostToDevice);
        hipMemcpy(dcsr_val_A,  hcsr_val_A,  sizeof(double)  *  nnz_A,
hipMemcpyHostToDevice);
        hipMemcpy(dcsr_row_ptr_B, hcsr_row_ptr_B, sizeof(int64_t) * (k+1),
hipMemcpyHostToDevice);
        hipMemcpy(dcsr_col_ind_B, hcsr_col_ind_B, sizeof(int32_t) * nnz_B,
hipMemcpyHostToDevice);
        hipMemcpy(dcsr_val_B,  hcsr_val_B,  sizeof(double)  *  nnz_B,
hipMemcpyHostToDevice);
        hipMemcpy(dcsr_row_ptr_D, hcsr_row_ptr_D, sizeof(int64_t) * (m+1),
hipMemcpyHostToDevice);
        hipMemcpy(dcsr_col_ind_D, hcsr_col_ind_D, sizeof(int32_t) * nnz_D,
hipMemcpyHostToDevice);
        hipMemcpy(dcsr_val_D,  hcsr_val_D,  sizeof(double)  *  nnz_D,
hipMemcpyHostToDevice);

        // 创建稀疏矩阵描述符
        rocsparse_spmat_descr A;
        rocsparse_spmat_descr B;
        rocsparse_spmat_descr D;
        rocsparse_spmat_descr C;
        rocsparse_index_base base  = rocsparse_index_base_zero;
        rocsparse_indextype  itype = rocsparse_indextype_i64;
        rocsparse_indextype  jtype = rocsparse_indextype_i32;
        rocsparse_datatype   ttype = rocsparse_datatype_f64_r;
        rocsparse_create_csr_descr(
            &A, m, k, nnz_A, dcsr_row_ptr_A, dcsr_col_ind_A, dcsr_val_A,
itype, jtype, base, ttype);
        rocsparse_create_csr_descr(
            &B, k, n, nnz_B, dcsr_row_ptr_B, dcsr_col_ind_B, dcsr_val_B,
itype, jtype, base, ttype);
        rocsparse_create_csr_descr(
            &D, m, n, nnz_D, dcsr_row_ptr_D, dcsr_col_ind_D, dcsr_val_D,
itype, jtype, base, ttype);
        rocsparse_create_csr_descr(
            &C, m, n, 0, dcsr_row_ptr_C, nullptr, nullptr, itype, jtype, base,
ttype);
```

```
        // 获取所需的缓存区大小
        size_t buffer_size;
        rocsparse_spgemm(handle,trans_A,trans_B,&alpha,A,B,&beta,D,C,
ttype,
                        rocsparse_spgemm_alg_default,rocsparse_spgemm_
stage_auto,
                        &buffer_size,nullptr);
        // 分配临时缓冲区
        void* temp_buffer;
        hipMalloc(&temp_buffer, buffer_size);
        // 获取 C 的非零数和 C 的行指针
        rocsparse_spgemm(handle,trans_A,trans_B,&alpha,A,B,&beta,D,C,
ttype,
                        rocsparse_spgemm_alg_default,rocsparse_spgemm_
stage_auto,
                        &buffer_size,temp_buffer);
        int64_t rows_C,cols_C,nnz_C;
        rocsparse_spmat_get_size(C, &rows_C, &cols_C, &nnz_C);
        std::cout << "Matrix C: " << rows_C << " x " << cols_C << " with "
<< nnz_C
                << " non-zero elements" << std::endl;

        // 计算 C 的列索引和值
        hipMalloc((void**)&dcsr_col_ind_C, sizeof(int32_t) * nnz_C);
        hipMalloc((void**)&dcsr_val_C, sizeof(double) * nnz_C);

        // 设置 C 的指针
        rocsparse_csr_set_pointers(C,  dcsr_row_ptr_C,  dcsr_col_ind_C,
dcsr_val_C);
        // SpGEMM 计算
        rocsparse_spgemm(handle,trans_A,trans_B,&alpha,A,B,&beta,D,C,
ttype,
                        rocsparse_spgemm_alg_default,rocsparse_spgemm_
stage_auto,
                        &buffer_size,temp_buffer);

        std::vector<int64_t> hcsr_row_ptr_C(m + 1);
        std::vector<int32_t> hcsr_col_ind_C(nnz_C);
        std::vector<double>  hcsr_val_C(nnz_C);
        hipMemcpy(hcsr_row_ptr_C.data(), dcsr_row_ptr_C, sizeof(int64_t) *
(m + 1), hipMemcpyDeviceToHost);
        hipMemcpy(hcsr_col_ind_C.data(), dcsr_col_ind_C, sizeof(int32_t) *
nnz_C, hipMemcpyDeviceToHost);
```

```
        hipMemcpy(hcsr_val_C.data(), dcsr_val_C, sizeof(double) * nnz_C,
hipMemcpyDeviceToHost);

        // 输出结果
        std::cout << "C row pointer:";
        for(int i = 0; i < m + 1; ++i){
            std::cout << " " << hcsr_row_ptr_C[i];
        }
        std::cout << std::endl << "C column indices:";
        for(int i = 0; i < nnz_C; ++i){
            std::cout << " " << hcsr_col_ind_C[i];
        }
        std::cout << std::endl << "C values:";
        for(int i = 0; i < nnz_C; ++i){
            std::cout << " " << hcsr_val_C[i];
        }
        std::cout << std::endl;

        rocsparse_destroy_spmat_descr(A);
        rocsparse_destroy_spmat_descr(B);
        rocsparse_destroy_spmat_descr(D);
        rocsparse_destroy_spmat_descr(C);
        rocsparse_destroy_handle(handle);
        hipFree(dcsr_row_ptr_A);
        hipFree(dcsr_col_ind_A);
        hipFree(dcsr_val_A);
        hipFree(dcsr_row_ptr_B);
        hipFree(dcsr_col_ind_B);
        hipFree(dcsr_val_B);
        hipFree(dcsr_row_ptr_D);
        hipFree(dcsr_col_ind_D);
        hipFree(dcsr_val_D);
        hipFree(dcsr_row_ptr_C);
        hipFree(dcsr_col_ind_C);
        hipFree(dcsr_val_C);
        hipFree(temp_buffer);
        return 0;
    }
```

8.3.3 cuSPARSE

cuSPARSE 包含一系列处理稀疏矩阵的基本线性代数子程式，是 CUDA 函数库的一部分，支持 C、C++进行调用。

cuSPARSE 库根据运算对象的不同，可分为以下四级：

- 在稀疏向量和稠密向量之间的操作；
- 在稀疏矩阵和稠密向量之间的操作；
- 稀疏矩阵和密集格式的多个向量（矩阵）之间的操作；
- 转换：不同格式矩阵之间转换操作。

cuSPARSE 支持 float、double、cuComplex、cuDoubleComplex 四种矩阵数据类型，前两种是标准 C 的类型，后两种包含在 cuComplex.h 头文件中。cuSPARSE 库函数是相对于主机异步执行的，并且在结果计算出来前会回到主机控制。

开发人员可以用 cudaDeviceSynchronize()函数确认 cuSPARSE 函数库里的异步 API 调用已经计算完毕。

cuSPARSE 库 API 有如下特点。

- 线程安全：该库是线程安全的，函数可以从多个主机线程调用。
- 流并行性：如果应用程序执行多个小型独立的计算，或者它与多个并行任务进行数据传输，可以使用 CUDA 流进行叠加。
- 向后兼容：源代码级别向后兼容新版本。

表 8-15 列出了 cuSPARSE 使用的数据类型。

表 8-15　cuSPARSE 使用的数据类型

数 据 类 型	含　义
cusparseStatus_t	指示库函数的返回状态
cusparseHandle_t	保存 cuSPARSE 库的上下文结构的指针类型
cusparsePointerMode_t	指示标量是否通过主机或设备上的引用传递
cusparseAction_t	指定执行操作的位置
cusparseDirection_t	指示密集矩阵的元素是按行解析还是按列解析
cusparseMatDescr_t	描述矩阵的形状和属性

调用 cuSPARSE 函数计算矩阵向量乘的主要代码片段如下。

```
    // 创建 cuSPARSE 句柄
    cusparseCreate(&handle);
    // 向量和稠密矩阵 A 分配设备端内存
    ...
    // 构造矩阵 A 的描述符
    cusparseCreateMatDescr(&descr);
    cusparseSetMatType(descr, CUSPARSE_MATRIX_TYPE_GENERAL);
    cusparseSetMatIndexBase(descr, CUSPARSE_INDEX_BASE_ZERO);
    // 将输入向量和密集矩阵 A 传输到设备端
    ...
    // 计算矩阵 A 的非零元素个数
    cusparseSnnz(handle, CUSPARSE_DIRECTION_ROW, M, N, descr, dA, M,
dNnzPerRow, &totalNnz);
```

```
        // 分配设备端内存存储 CSR 格式的 A
        ...
        // 使用 GPU 函数，将稠密格式的矩阵 A 转换为 CSR 格式
        cusparseSdense2csr(handle, M, N, descr, dA, M, dNnzPerRow, dCsrValA,
dCsrRowPtrA, dCsrColIndA);
        // 执行矩阵向量乘法，矩阵 A 为 CSR 格式
        cusparseScsrmv(handle, CUSPARSE_OPERATION_NON_TRANSPOSE, M, N, totalNnz,
&alpha, descr, dCsrValA, dCsrRowPtrA, dCsrColIndA, dX, &beta, dY);
        // 将结果向量复制回主机端
        cudaMemcpy(Y, dY, sizeof(float) * M, cudaMemcpyDeviceToHost);
```

8.3.4 swSPARSE

swSPARSE 使用 C 开发，目前提供 C 的接口。该稀疏计算库主要面向神威系列超算。目前，swSPARSE 支持 SW26010 和 SW26010P 两款异构计算硬件及其上的从核硬件。下面根据函数的不同功能进行了分类，具体函数及使用方法如下。

1. 创建

create、allocate 和 export 都支持 CSR、CSC 和 COO 格式。

① create 表示创建完整的矩阵对象，将用户提供的数据复制到内部分配的内存中。例如：

```
        swSparse_s_create_csr(swSparseMatrix    *matrix,    swSparseInt    m,
swSparseInt n, swSparseInt nnz,
        swSparseInt *row_offsets, swSparseInt *column_indices, float *values,
swSparseMatrixOptions options);
```

② allocate 表示只分配内存，没有初始化实际数据。例如：

```
        swSparse_s_allocate_csr(swSparseMatrix    *matrix,    swSparseInt    m,
swSparseInt n, swSparseInt nnz,swSparseMatrixOptions options);
```

③ 使用 allocate 分配后，可以用 export 获取内部分配的内存地址，由用户初始化数据。例如：

```
        swSparse_s_export_csr(swSparseMatrix    matrix,    swSparseInt    *m,
swSparseInt *n, swSparseInt *nnz,
        swSparseInt **row_offsets, swSparseInt **column_indices, float **values);
```

2. 销毁

销毁创建的矩阵对象。例如：

```
        swSparse_destroy(swSparseMatrix matrix);
```

3．矩阵重排

在三角分解与求解中，其排列会被保存起来，在求解时对应向量也会重排，支持 CSR、CSC 和 COO 格式。其中，new_mat 可以取 SWSPARSE_IN_PLACE，表示操作后的结果写到 old_mat 里。

① 矩阵行重排。例如：

```
    swSparse_reorder_rows(swSparseMatrix old_mat, swSparseMatrix *new_mat,
const swSparseInt *riperm);
```

② 矩阵列重排。例如：

```
    swSparse_reorder_columns(swSparseMatrix old_mat, swSparseMatrix *new_
mat, const swSparseInt *ciperm);
```

4．基础格式转换

只能在 CSR、CSC 和 COO 格式之间互转，new_mat 可以取 SWSPARSE_IN_PLACE。例如：

```
    swSparse_convert_csr(swSparseMatrix old_mat, swSparseMatrix *new_mat);
```

5．转置

同格式转换，支持 CSR、CSC 和 COO 格式的转置，转置后的矩阵格式与转置前相同，同样 new_mat 可以取 SWSPARSE_IN_PLACE。例如：

```
    swSparse_convert_csr(swSparseMatrix old_mat, swSparseMatrix *new_mat);
```

6．SpMV、SpMM 和 SpGEMM

SpMV 和 SpMM 的计算都是分为两个阶段的，要求 inspect 时 old_format 为 CSR 格式，execute 时输入的 matrix 为 inspect 输出的 new_format。SpGEMM 则是一个阶段，要求 a 和 b 同为 CSR 格式或同为 CSC 格式。

① SpMV

```
    swSparse_mv_inspect(swSparseMatrix old_format, swSparseMatrix *new_
format, swSparseMatrixOptions options);
    swSparse_s_mv_execute(swSparseMatrix matrix, const float *x, float *y);
```

② SpMM

```
    swSparse_mm_inspect(swSparseMatrix old_format, swSparseMatrix *new_
format, swSparseMatrixOptions options);
    swSparse_s_mm_execute(swSparseMatrix matrix, swSparseInt nvec, const float
*x, swSparseInt ldx, float *y, swSparseInt ldy);
```

③ SpGEMM

```
swSparse_gemm(swSparseMatrix a, swSparseMatrix b, swSparseMatrix *c,
swSparseMatrixOptions op_a, swSparseMatrixOptions op_b);
```

调用 swSPARSE 函数计算矩阵与向量乘的主要代码片段如下。

```
// 初始化 nelem、dim、pos
/*
    nelem 为 stencil 结构依赖点的数量，同样为矩阵 A 中每行非零元的数量
    dim 矩阵中存储网格向量的空间维度大小
    pos 数组存储 stencil 依赖关系点的空间位置，其每一维的位置和 dim 中的位置相对应
    用户按计算需求给 dim,pos 数组赋值，此处以 3d7 为例，空间维度为 20*20*20
*/
int nelem = 7;
int dim[3] = {20,20,20};
int pos[nelem][3];

pos[0][0] = 0;  pos[0][1] = 0;  pos[0][2] = 0;
pos[1][0] = 1;  pos[1][1] = 0;  pos[1][2] = 0;
pos[2][0] = -1; pos[2][1] = 0;  pos[2][2] = 0;
pos[3][0] = 0;  pos[3][1] = 1;  pos[3][2] = 0;
pos[4][0] = 0;  pos[4][1] = -1; pos[4][2] = 0;
pos[5][0] = 0;  pos[5][1] = 0;  pos[5][2] = 1;
pos[6][0] = 0;  pos[6][1] = 0;  pos[6][2] = -1;

// 创建矩阵 A 和空间向量 X
double *A  = malloc(dim[0] * dim[1] * dim[2] * nelem * sizeof(double));
double *X  = malloc(dim[0] * dim[1] * dim[2] * sizeof(double));
// 创建空间结果向量 B，其大小与空间向量一致
double *B  = malloc(dim[0] * dim[1] * dim[2] * sizeof(double));

// 根据应用场景给矩阵 A 和空间向量 X 进行赋值
...

// 初始化从核 athread
athread_init();

//此处为实数双精度数据，调用 swSparse_d_struct_mv()
//参数列表中依次为矩阵 A，空间计算向量 X，空间结果向量 B，空间大小数组 dim，stencil
依赖点数 nelem，stencil 依赖点空间位置数组 pos
swSparse_d_struct_mv(A , X , B , dim , nelem , pos);

// 调用完成后继续后面运算
...
```

8.4 LAPACK 线性代数计算库：特征值、LU

8.4.1 LAPACK 介绍

LAPACK（Linear Algebra Package）是数值线性代数的标准软件库，能够解决如线性方程组求解、线性最小二乘法问题求解、求特征值和奇异值等问题。LAPACK 还可以实现矩阵分解和条件数估计等相关计算。

LAPACK 包含驱动例程（driver routines）、计算例程（computational routines）和辅助例程（auxiliary routines）。其中，驱动例程用于解决一个完整问题；计算例程用于执行一个单独的计算任务；辅助程序用于执行分块算法的子任务，完成低水平计算。

LAPACK 提供了计算稠密矩阵和带状矩阵的功能，但是没有提供计算稀疏矩阵的功能。

1. 例程的级别

LAPACK 中的子例程分类如下。

驱动例程，它们中的每一个都解决一个完整的问题，如线性方程组的求解或者实对称矩阵的特征值的计算。推荐用户使用可以满足他们需要的驱动例程。

计算例程，它们中的每一个都独立解决一类计算任务，如 LU 分解或将实对称矩阵规约成三对角形式。每一个驱动例程都调用一系列的计算例程。

辅助例程，分为如下三类。

- 完成分块算法的一些子任务的例程，尤其是完成算法非分块版本的那些例程。
- 完成一些公共的低级的计算例程，如扩展矩阵、计算矩阵范数或者生成一个初等 Householder 矩阵。
- 对 BLAS 的一些扩展，如实现复平面旋转的例程，或者关于复型对称矩阵的矩阵-向量相乘操作。

2. 命名机制

每一个 LAPACK 的驱动和计算例程都有相同形式的名字 XYYZZZ，对一些驱动例程来说第 6 个字母可能是空。

第 1 个字母 X 指出数据类型，如表 8-16 所示。

表 8-16 数据类型 X

数据类型 X	含 义
S	单精度实型
D	双精度实型
C	单精度复型
Z	双精度复型

X之后的两个字母YY指出矩阵类型。这两个字母的编码大部分都应用于实型和复型矩阵，如表8-17所示。

表8-17　矩阵类型YY

矩阵类型YY	含　义	矩阵类型YY	含　义
BD	双对角	PO	对称或Hermitian正定
DI	对角	PP	对称或Hermitian正定，压缩存储
GB	一般带状	PT	对称或Hermitian正定三对角
GE	一般（例如，非对称，在一些情况下是矩形）	SB	（实型）对称带状
GG	一般矩阵，一般性问题	SP	对称，压缩存储
GT	一般三对角	ST	（实型）对称三对角
HB	（复型）Hermitian带状	SY	对称
HE	（复型）Hermitian	TB	三角带状
HG	上Hessenberg矩阵，一般性问题	TG	三角矩阵，一般性问题
HP	（复型）Hermitian，压缩存储	TP	三角，压缩存储
HS	上Hessenberg	TR	三角
OP	（实型）正交，压缩存储	TZ	梯形
OR	（实型）正交	UN	（复型）单位
PB	对称或Hermitian正交带状	UP	（复型）单位，压缩存储

最后的三个字母ZZZ指出所做的计算类型。例如，SGEBRD是一个单精度的例程，计算一个实型一般矩阵的双对角规约；DGEQRF是计算一个实型一般矩阵的QR分解。

8.4.2 rocSOLVER

rocSOLVER是在AMD开源ROCm平台之上实现的LAPACK例程，支持AMD GPU和DCU等硬件平台。rocSOLVER采用HIP实现，并针对AMD最新的GPU进行了优化。

所有的LAPACK和rocSOLVER例程都需要工作区内存（workspace memory）来存储它们的计算结果。与LAPACK不同的是，执行工作区的指针不会作为参数显式传递给rocSOLVER函数，rocSOLVER使用可配置的设备内存模型在后台进行管理。

rocSOLVER使用rocBLAS内存模型并与它集成在一起，工作空间内存及管理方案以rocblas_handle为基础。rocSOLVER有以下4种设备内存管理方案。

- 自动工作区管理：默认方案。设备内存在函数调用之间保留，如果函数需要更多的内存，将自动重新分配。
- 用户管理（预分配）：所需的工作区大小由用户在创建句柄之前指定为环境变量，并且在创建句柄后无法更改。
- 用户管理（手动）：可以使用rocBLAS辅助函数计算所需的工作区大小。
- 用户拥有：用户手动分配设备内存并调用rocBLAS辅助函数以将其作为工作区。

rocSOLVER使用rocBLAS定义的类型和枚举，表8-18仅给出rocSOLVER使用的部分类型。

表 8-18 rocSOLVER 使用的部分类型

类 型 列 表	含 义
rocblas_direct	指定多个 Householder 矩阵一起应用的顺序
rocblas_storev	指定如何将 Householder 向量存储在矩阵中
rocblas_svect	指定如何计算和存储奇异向量
rocblas_evect	指定如何计算特征向量
rocblas_workmode	用于在某些例程中使用快速算法
rocblas_eform	指定广义特征问题的形式
rocblas_erange	指定在部分特征值分解中找到特征值的范围类型
rocblas_eorder	指定特征值是否按块分组和排序
rocblas_layer_mode_flags	使用 rocblas_layer_mode 值的按位组合来指定日志记录层模式

例如，调用 rocsolver_dgeqrf()函数，实现矩阵的 QR 分解。

函数介绍：GEQRF 计算一般矩阵 $\boldsymbol{A}$ 的 QR 分解，具有如下形式：

$$\boldsymbol{A} = Q\begin{bmatrix}\boldsymbol{R} \\ 0\end{bmatrix}$$

其中，$\boldsymbol{R}$ 是上三角形（如果 $m<n$ 则为上梯形）矩阵，$\boldsymbol{Q}$ 是 $m \times n$ 正交阵，表示为 Householder 矩阵的乘积：

$$\boldsymbol{Q} = H_1 H_2 \cdots H_k,\ k = \min(m,\ n)$$

每个 Householder 矩阵由 $\boldsymbol{H}_i$ 给出：

$$\boldsymbol{H}_i = I - \text{ipiv}[i] \cdot\ v_i v_i'$$

其中，Householder 矩阵向量的前 i–1 个元素为 0，并且 $v_i v_i[i]=1$。

具体代码如下。

```
#include <algorithm>
#include <hip/hip_runtime_api.h>
#include <rocsolver/rocsolver.h>
#include <stdio.h>
#include <vector>

// 在 GPU 上计算矩阵的 QR 分解

void get_example_matrix(std::vector<double>& hA,rocblas_int& M,
                        rocblas_int& N,rocblas_int& lda) {
  // 输入矩阵 A
  const double A[3][3] = { {  12, -51,   4},
                          {   6, 167, -68},
                          {  -4,  24, -41} };
  M = 3;
  N = 3;
  lda = 3;
```

```
        // 初始化 hA，注意 rocSOLVER 的矩阵是一维格式，且以列优先格式存储
        hA.resize(size_t(lda) * N);
        for (size_t i = 0; i < M; ++i) {
            for (size_t j = 0; j < N; ++j) {
                hA[i + j*lda] = A[i][j];
            }
        }
    }

    // 调用 rocsolver_dgeqrf()分解一个矩阵 A
    int main() {
        rocblas_int M;              // 行数
        rocblas_int N;              // 列数
        rocblas_int lda;               // 主维度大小
        std::vector<double> hA;     // CPU 端的矩阵 hA
        get_example_matrix(hA, M, N, lda);

        // 初始化
        rocblas_handle handle;
        rocblas_create_handle(&handle);

        // 计算数组大小
        size_t size_A = size_t(lda) * N;
        size_t size_piv = size_t(std::min(M, N));

        // 分配 GPU 内存
        double *dA, *dIpiv;
        hipMalloc(&dA, sizeof(double)*size_A);
        hipMalloc(&dIpiv, sizeof(double)*size_piv);

        // 将数据从 CPU 端复制到 GPU 端
        hipMemcpy(dA, hA.data(), sizeof(double)*size_A, hipMemcpyHostTo-
Device);

        // GPU 端计算 QR 分解
        rocsolver_dgeqrf(handle, M, N, dA, lda, dIpiv);

        // 将计算结果从 GPU 端复制回 CPU 端
        std::vector<double> hIpiv(size_piv);
        hipMemcpy(hA.data(), dA, sizeof(double)*size_A, hipMemcpyDeviceTo-
Host);
        hipMemcpy(hIpiv.data(), dIpiv, sizeof(double)*size_piv, hipMemcpy-
DeviceToHost);
```

```
    // 输出计算结果
    printf("R = [\n");
    for (size_t i = 0; i < M; ++i) {
        printf("  ");
        for (size_t j = 0; j < N; ++j) {
            printf("% .3f ", (i <= j) ? hA[i + j*lda] : 0);
        }
      printf(";\n");
    }
    printf("]\n");

    hipFree(dA);
    hipFree(dIpiv);
    rocblas_destroy_handle(handle);
}
```

8.4.3 cuSOLVER

cuSOLVER 是面向 NVIDIA GPU 平台的计算库，用于解决密集和稀疏矩阵线性系统的问题。

cuSOLVER 的目的是提供类似 LAPACK 的功能，如密集矩阵的通用矩阵分解和三角形求解例程、稀疏最小二乘求解器和特征值求解器。此外，cuSOLVER 还提供了一个新的重构库，可用于求解具有共享稀疏性模式的矩阵序列。

cuSolver 包含以下三个独立的库文件。

- cuSolverDN：处理稠密矩阵因式分解和求解例程，如 LU、QR、SVD 和 LDLT。
- cuSolverSP：提供一组基于稀疏 QR 因子分解的新的稀疏例程。
- cuSolverRF：一种稀疏重新分解包，在求解一系列矩阵时可以提供非常好的性能。

cuSolverDN 和 cuSolverSP 支持 float、double、cuComplex 和 cuDoubleComplex 类型。前两种是标准 C 的数据类型，后两种是从 cucomplex.h 中导出的。cuSolverRF 仅支持 double 类型。表 8-19、表 8-20 和表 8-21 分别展示了三个独立库文件的不同类型。

表 8-19 cuSolverDN 类型

类　型	含　义
cusolverDnHandle_t	cuSolverDN 的上下文指针类型
cublasFillMode_t	指示填充密集矩阵的哪个部分
cublasOperation_t	指示需要使用密集矩阵执行哪种操作
cusolverEigType_t	指示求解器是哪种类型的特征值
cusolverEigMode_t	指示是否计算特征向量
cusolverIRSRefinement_t	指示哪种求解器类型用于计算特定的 cuSOLVER 函数
cusolverDnIRSParams_t	对不透明结构 cusolverDnIRSParams_t 的指针类型，具有迭代细化线性求解器的参数

续表

类　型	含　义
cusolverDnIRSInfos_t	对不透明结构 cusolverDnIRSParams_t 的指针类型，包含迭代细化线性求解器的调用信息
cusolverDnFunction_t	指示需要由 cusolverdnsetAdvoptions()配置的例程
cusolverAlgMode_t	指示由 cusolverdnsetAdvoptions()选择的算法
cusolverStatus_t	库函数返回的状态类型
cusolverDnLoggerCallback_t	一种回调函数指针类型

表 8-20　cuSolverSP 类型

类　型	含　义
cusolverSpHandle_t	cuSolverSP 的上下文指针类型
cusparseMatDescr_t	描述矩阵的形状和特性
cusolverStatus_t	库函数返回的状态类型

表 8-21　cuSolverRF 类型

类　型	含　义
cusolverRfHandle_t	cuSolverRF 的上下文指针类型
cusolverRfMatrixFormat_t	指示输入/输出矩阵格式的枚举
cusolverRfNumericBoostReport_t	表明在 cusolverRfRefactor()和 cusolverRfSolve()中是否使用了数字加强
cusolverRfResetValuesFastMode_t	指示用于 cusolverRfResetValues()例程模式的枚举
cusolverRfFactorization_t	指示哪种算法用于在 cusolverRfRefactor()例程中重构的枚举
cusolverRfTriangularSolve_t	指示哪种算法用于 cusolverRfSolve()例程的三角形求解
cusolverRfUnitDiagonal_t	指示单位对角线是否位于 cusolverRfSetupDevice()和 cusolverRfSetupHost()的输入/输出因子中
cusolverStatus_t	库函数返回的状态类型

调用 cusolverDnDgetrf()函数实现矩阵 ***A*** 的 LU 分解的主要代码片段如下。

```
    // 创建 cusolver 句柄，绑定一个流
    cusolverDnCreate(&cusolverH);
    cudaStreamCreateWithFlags(&stream, cudaStreamNonBlocking);
    cusolverDnSetStream(cusolverH, stream);
    // 分配设备端内存，复制数据
    ...
    // 计算 getrf 需要的空间大小，并在 Device 端分配内存
    cusolverDnDgetrf_bufferSize(cusolverH, m, m, d_A, lda, &lwork)
    cudaMalloc(reinterpret_cast<void **>(&d_work), sizeof(double) * lwork);
    // LU 因式分解
    cusolverDnDgetrf(cusolverH, m, m, d_A, lda, d_work, NULL, d_info);
    // 将结果从 Device 端复制回 Host 端
    cudaMemcpyAsync(LU.data(), d_A, sizeof(double) * A.size(), cudaMemcpy-
DeviceToHost, stream);
```

```
        cudaMemcpyAsync(&info, d_info, sizeof(int), cudaMemcpyDeviceToHost,
stream);
        cudaStreamSynchronize(stream);
```

8.5　线性方程组求解

考虑下面的线性方程组

$$Ax=b, A\in R^{n\times n}, b\in R^{n}$$

其中，$x\in R^{n}$ 为我们要求的解。

8.5.1　常用的求解算法

线性方程组的解法一般分为直接法和迭代法两大类。

直接法就是经过有限步算术运算，可求得线性方程组精确解的方法（假设计算过程中没有舍入误差），常用于求解低阶稠密矩阵方程组及某些大型稀疏矩阵方程组（如大型带状方程组）。常用的直接法包括高斯消元法、列主元消元法、LU 分解法、平方根法、追赶法等。

迭代法是用某种极限过程去逐步逼近线性方程组精确解的方法，主要用于求解大规模的方程组。常用的迭代法包括牛顿迭代法、共轭梯度法、广义极小残量法（GMRES）等。

本节主要介绍求解大规模方程组用到的迭代法，并对其常用方法的基本思想和优缺点进行对比。

1. 牛顿法

基本思想：根据泰勒公式得到 x 附近某个点展开的多项式可用来近似函数 $f(x)$的值，该多项式对应的函数为 $F(x)$，求得 $F(x)$的极小值作为新的迭代点，然后继续在新的迭代点做泰勒公式展开，直至求得的极小值满足一定的精度。

优点：二阶收敛，收敛速度快，Hessian 矩阵的逆在迭代过程中不断减小，可以起到逐步减小步长的效果。

缺点：牛顿法是一种迭代算法，每一步都需要求解目标函数的 Hessian 矩阵的逆矩阵，计算比较复杂，代价大。

2. 共轭梯度法

基本思想：把共轭性与最速下降方法相结合，利用已知点处的梯度构造一组共轭方向，并沿这组方向进行搜索，求出目标函数的极小点。

优点：不需要矩阵分解和求逆，只需上次迭代的步长和当前的梯度，即可计算下次的步长；计算量极低，且不占用额外的内存空间，适用于求解大规模线性方程。

缺点：实际使用时，不易选取初始点及初始方向、迭代步长、共轭参数。

3. 广义极小残量法

首先，Krylov 子空间迭代法的基本思想是在一个具有更小维数的子空间中寻找满足精度要求的近似解。典型代表如广义极小残量法，是最常用的求解非对称大规模稀疏线性方程组的方法之一。

基本思想：利用计算中的近似解在相应的 Krylov 子空间中残量范数极小的性质来完成迭代求解。

优点：收敛速度快，稳定性良好。

缺点：随着迭代步数的增加，每个迭代步数的运算量和存储量都会随之增加。

8.5.2 PETSc 的层次架构

PETSc（Portable, Extensible Toolkit for Scientific Computation）即科学计算可移植扩展工具包，是一个可移植可扩展的计算工具箱，主要用于在分布式存储环境中高效求解偏微分方程组（PDE）及相关问题。

PETSc 库的体系结构层次如图 8-1 所示。

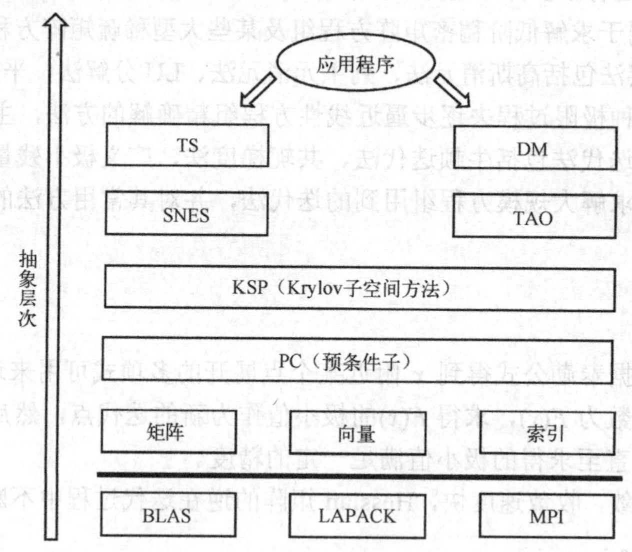

图 8-1 PETSc 库的体系结构层次

PETSc 底层调用 BLAS、LAPACK、MPI 等库，基本数据对象包含向量、矩阵和索引三种。

- 向量：包含排序和索引，结构化网格的分布阵列。
- 矩阵：稠密格式、不同压缩格式的稀疏矩阵，无矩阵格式，支持串行和并行两种存储格式。
- 索引：许多数据操作对象的集合，如无结构的网格向量的整合、分段、映射、边界通信等都由它管理。

PC（预条件子）主要是重组或变换系数矩阵，使得处理后的矩阵具有分块性或对角占优等更好的性质，从而减少存储及收敛性和稳定性的提高等，PC 技术是预处理技术之一，包括 Additive Schwarz、Block Jacobi、Jacobi、ILU 等。

KSP（线性求解器）是 PETSc 的核心部分，由 Krylov 子空间方法模块和 PC 模块构成，它对 PETSc 的所有线性方程组解法器，包括串行和并行、直接法和迭代法，提供了统一和高效的访问，对线性方程组 ***Ax=b***，只要给出定义该方程组的数据结构 ***A*** 与 ***b***，线性求解器（KSP）都可以通过一条简单的函数调用 KSPSolve()来获得解。PETSc 包含很多线性方程组的高效求解方法，如最小残差法（GMRES）、共轭梯度法（CG）、双共轭梯度法（CGS）等。

SNES（非线性求解器）用来求解大规模的非线性方程组的问题，建立在线性求解器和数据结构的基础上，主要包含牛顿迭代法、不确定类牛顿方法等。

TS（时间步进积分器）用来求解一些依赖时间的 ODE 方程，还可以求解时间离散化的 PDE 方程，如 Euler（one-step）、SSP（Runge-Kutta）等。

1. 基本向量运算

PETSc 中定义的向量比我们平常理解的数组有着更加丰富的内涵，它可以分段存储在分布式的存储系统中，以满足并行计算的需求，对外提供统一接口。另外，PETSc 面向信息获取、赋值、数据通信等访问操作及内积、求模、取最值等运算操作，提供了各种不同的向量操作。表 8-22 列出了 PETSc 的向量操作。

表 8-22　PETSc 的向量操作

函 数 名 称	操　作
VecAXPY (Vec y, PetscScalar a, Vec x);	$y = y + a * x$
VecAYPX (Vec y, PetscScalar a, Vec x);	$y = x + a * x$
VecWAXPY (Vec w, PetscScalar a, Vec x, Vec y);	$w = a * x + y$
VecAXPBY (Vec y, PetscScalar a, PetscScalar b, Vec x);	$y = a * x + b * y$
VecScale (Vec x, PetscScalar a);	$x = a * x$
VecDot (Vec x, Vec y, PetscScalar *r);	$r = \bar{x}^{T} * y$
VecTDot (Vec x, Vec y, PetscScalar *r);	$r = x' * y$
VecNorm (Vec x, NormType type, PetscReal *r);	$r = \Vert x \Vert_{type}$
VecSum (Vec x, PetscScalar *r);	$r = \sum x_i$
VecCopy (Vec x, Vec y);	$y = x$
VecSwap (Vec x, Vec y);	$y = x$ while $x = y$
VecPointwiseMult (Vec w, Vec x, Vec y);	$w_i = x_i * y_i$
VecPointwiseDivide (Vec w, Vec x , Vec y);	$w_i = x_i / y_i$
VecMDot (Vec x, PetscInt n, Vec y[ ], PetscScalar *r) ;	$r[i] = \bar{x}^{T} * y[i]$
VecMTDot (Vec x, PetscInt n, Vec y[ ], PetscScalar *r);	$r[i] = x^{T} * y[i]$
VecMAXPY (Vec y, PetscInt n, PetscScalar *a, Vec x[ ]);	$y = y + \sum_i a_i * x[i]$
VecMax (Vec x, PetscInt *idx, PetscReal *r);	$r = \max x_i$
VecMin (Vec x, PetscInt *idx, PetscReal *r);	$r = \min x_i$
VecAbs (Vec x);	$x_i = \vert x_i \vert$
VecReciprocal (Vec x);	$x_i = 1 / x_i$

续表

函 数 名 称	操 作
VecShift(Vec x, PetscScalar s);	$x_i = s + x_i$
VecSet (Vec x, PetscScalar alpha);	$x_i = \alpha$

2．基本矩阵运算

PETSc 同时提供了稠密矩阵和稀疏矩阵的基本运算功能，以及一些特殊格式（如“无矩阵”实现、无结构网格划分等内容）、用户提供的某些功能扩展和实现。PETSc 的矩阵运算和操作主要包括矩阵的创建、插值、聚集、各种算术运算和释放。PETSc 的各种矩阵运算和操作使用起来非常方便，用户无须关心矩阵的具体存储实现。表 8-23 列出了 PETSc 的矩阵操作。

表 8-23　PETSc 的矩阵操作

函 数 名 称	操 作
MatAXPY (Mat Y, PetscScalar a, Mat X, MatStructure s);	$\boldsymbol{Y} = \boldsymbol{Y} + \boldsymbol{a} * \boldsymbol{X}$
MatAYPX (Mat Y, PetscScalar a, Mat X, MatStructure s);	$\boldsymbol{Y} = \boldsymbol{a} * \boldsymbol{Y} + \boldsymbol{X}$
MatMult (Mat A, Vec x, Vec y);	$\boldsymbol{y} = \boldsymbol{A} * \boldsymbol{x}$
MatMultAdd (Mat A, Vec x, Vec y, Vec z);	$\boldsymbol{z} = \boldsymbol{y} + \boldsymbol{A} * \boldsymbol{x}$
MatMultTranspose (Mat A, Vec x, Vec y);	$\boldsymbol{y} = \boldsymbol{A}^{\mathrm{T}} * \boldsymbol{x}$
MatMultTransposeAdd (Mat A, Vec x, Vec y, Vec z);	$\boldsymbol{z} = \boldsymbol{y} + \boldsymbol{A}^{\mathrm{T}} * \boldsymbol{x}$
MatNorm (Mat A, NormType type, PetscReal *r);	$\boldsymbol{r} = \boldsymbol{A}_{\text{type}}$
MatDiagonalScale (Mat A, Vec l, Vec r);	$\boldsymbol{A} = \mathrm{diag}(\boldsymbol{l}) * \boldsymbol{A} * \mathrm{diag}(\boldsymbol{r})$
MatScale (Mat A, PetscScalar a);	$\boldsymbol{A} = \boldsymbol{a} * \boldsymbol{A}$
MatConvert (Mat A, MatType type, Mat *B);	$\boldsymbol{B} = \boldsymbol{A}$
MatCopy (Mat A, Mat B, MatStructure s);	$\boldsymbol{B} = \boldsymbol{A}$
MatGetDiagonaL (Mat A, Vec x);	$\boldsymbol{x} = \mathrm{diag}(\boldsymbol{A})$
MatTranspose (Mat A, MatReuse, Mat *B);	$\boldsymbol{B} = \boldsymbol{A}^{\mathrm{T}}$
MatZeroEntries (Mat A);	$\boldsymbol{A} = 0$
MatShift (Mat Y, PetscScalar a);	$\boldsymbol{Y} = \boldsymbol{Y} + \boldsymbol{a} * \boldsymbol{I}$

3．KSP

KSP 是 PETSc 的核心，Krylov 子空间方法与一个预处理子结合是大多数迭代求解线性方程组的方法。

典型方程组求解流程如下。

```
KSPCreate(comm,*ksp);                        #创建一个 KSP 的对象
KSPSetOperators(ksp,Amat,Pmat,flag);         #设置线性方程组的矩阵
KSPSetFromOptions(ksp);                      #设置运行时选项，主要是 KSP 和 PC 选项
KSPSolve(ksp,b,x);                           #运行求解器求解
KSPDestroy(ksp);                             #销毁对象
```

Krylov 子空间方法接收许多选项，为设置将要使用的 Krylov 子空间方法，需要调用以下命令：

```
KSPSetType (KSP ksp, KSPType method);
```

KSP 方法也可以使用选项数据库命令-ksp_type 来设置，部分选项及对应的 KSPType 如表 8-24 所示。

表 8-24 KSPType

方 法	KSPType	选项数据库名
Richardson	KSPRICHARDSON	richardson
Chebyshev	KSPCHEBYSHEV	chebyshev
Conjugate Gradient	KSPCG	cg
Conjugate Gradient Squared	KSPCGS	cgs
BiCGSTAB	KSPBCGS	bcgs
Generalized Minimal Residual	KSPGMRES	gmres
Conjugate Residual	KSPCR	cr
Least Squares Method	KSPLSQR	lsqr

Krylov 子空间方法常与一个预条件子结合使用，为了使用一种特殊的预条件方法，可用选项数据库命令-pc_type 选择或者用下面的命令来设置：

```
PCSetType (PC pc, PCType method);
```

部分选项及对应的 PCType 如表 8-25 所示。

表 8-25 PCType

方 法	PCType	选项数据库名
Jacobi	PCJACOBI	jacobi
Block Jacobi	PCBJACOBI	bjacobi
SOR (and SSOR)	PCSOR	sor
SOR with Eisenstat trick	PCEISENSTAT	eisenstat
Incomplete Cholesky	PCICC	icc
Incomplete LU	PCILU	ilu
Additive Schwarz	PCASM	asm
Generalized Additive Schwarz	PCGASM	gasm
Algebraic Multigrid	PCGAMG	gamg
Balancing Domain Decomposition by Constraints	PCBDDC	bddc
Linear solver	PCKSP	ksp
Combination of preconditioners	PCCOMPOSITE	composite
LU	PCLU	lu
Cholesky	PCCHOLESKY	cholesky
No preconditioning	PCNONE	none

例如，使用块 Jacobi 预处理器来并行求解 KSP 线性系统 $\boldsymbol{Ax}=\boldsymbol{b}$。矩阵 $\boldsymbol{A}$ 通过组装生成，先给出精确解 $\boldsymbol{u}$，通过 $\boldsymbol{A}*\boldsymbol{u}$ 计算出右端向量 $\boldsymbol{b}$，然后通过 KSP 求出近似解 x，最终对比 x 与 $\boldsymbol{u}$ 的误差。

具体代码如下。

```
#include <petscksp.h>
int main(int argc,char **args)
{
    Vec             x,b,u;          /* 近似解，右端项，精确解 */
    Mat             A;              /* 线性方程组系数矩阵*/
    KSP             ksp;            /* 线性求解器上下文 */
    KSP             *subksp;        /* 此处理器上的本地 KSP 上下文数组 */
    PC              pc;             /* 预条件子上下文 */
    PC              subpc;          /* 预条件子的子域上下文 */
    PetscReal       norm;               /* 解误差的范数 */
    PetscErrorCode ierr;
    PetscInt        i,j,Ii,J,*blks,m = 4,n;
    PetscMPIInt     rank,size;
    PetscInt        its,nlocal,first,Istart,Iend;
    PetscScalar     v,one = 1.0,none = -1.0;
    PetscBool       isbjacobi;

    // 初始化
    ierr = PetscInitialize(&argc,&args,(char*)0,help);if (ierr) return
ierr;
    ierr = PetscOptionsGetInt(NULL,NULL,"-m",&m,NULL);CHKERRQ(ierr);
    ierr = MPI_Comm_rank(PETSC_COMM_WORLD,&rank);CHKERRMPI(ierr);
    ierr = MPI_Comm_size(PETSC_COMM_WORLD,&size);CHKERRMPI(ierr);
    n    = m+2;

    // 创建和组装并行矩阵
    ierr = MatCreate(PETSC_COMM_WORLD,&A);CHKERRQ(ierr);
    ierr                                                                 =
MatSetSizes(A,PETSC_DECIDE,PETSC_DECIDE,m*n,m*n);CHKERRQ(ierr);
    ierr = MatSetFromOptions(A);CHKERRQ(ierr);
    ierr = MatMPIAIJSetPreallocation(A,5,NULL,5,NULL);CHKERRQ(ierr);
    ierr = MatSeqAIJSetPreallocation(A,5,NULL);CHKERRQ(ierr);
    ierr = MatGetOwnershipRange(A,&Istart,&Iend);CHKERRQ(ierr);
    for (Ii=Istart; Ii<Iend; Ii++) {
        v = -1.0; i = Ii/n; j = Ii - i*n;
        if (i>0)   {J = Ii - n; ierr = MatSetValues(A,1,&Ii,1,&J,&v,ADD_
VALUES); CHKERRQ(ierr);}
        if (i<m-1) {J = Ii + n; ierr = MatSetValues(A,1,&Ii,1,&J,&v,ADD_
VALUES); CHKERRQ(ierr);}
```

```
            if (j>0)   {J = Ii - 1; ierr = MatSetValues(A,1,&Ii,1,&J,&v,ADD_
VALUES); CHKERRQ(ierr);}
            if (j<n-1) {J = Ii + 1; ierr = MatSetValues(A,1,&Ii,1,&J,&v,ADD_
VALUES); CHKERRQ(ierr);}
            v = 4.0; ierr = MatSetValues(A,1,&Ii,1,&Ii,&v,ADD_VALUES);
CHKERRQ (ierr);
        }
        ierr = MatAssemblyBegin(A,MAT_FINAL_ASSEMBLY);CHKERRQ(ierr);
        ierr = MatAssemblyEnd(A,MAT_FINAL_ASSEMBLY);CHKERRQ(ierr);
        ierr = MatSetOption(A,MAT_SYMMETRIC,PETSC_TRUE);CHKERRQ(ierr);

        // 创建并行向量
        ierr = MatCreateVecs(A,&u,&b);CHKERRQ(ierr);
        ierr = VecDuplicate(u,&x);CHKERRQ(ierr);

        // 设置精确解，然后计算右端向量
        ierr = VecSet(u,one);CHKERRQ(ierr);
        ierr = MatMult(A,u,b);CHKERRQ(ierr);

        // 创建线性求解器 KSP 上下文
        ierr = KSPCreate(PETSC_COMM_WORLD,&ksp);CHKERRQ(ierr);

        // 设置运算符，这里定义线性系统的矩阵也用作预处理矩阵
        ierr = KSPSetOperators(ksp,A,A);CHKERRQ(ierr);

        // 将此程序的默认预处理器设置为块 Jacobi。可以在运行时使用选项 -pc_type 覆
盖此选择
        ierr = KSPGetPC(ksp,&pc);CHKERRQ(ierr);
        ierr = PCSetType(pc,PCBJACOBI);CHKERRQ(ierr);

        // 调用 PCBJacobiSetTotalBlocks() 来单独设置预处理器中每个块的大小
        // 这也可以通过运行时选项 -pc_bjacobi_blocks 来完成
        ierr = PetscMalloc1(m,&blks);CHKERRQ(ierr);
        for (i=0; i<m; i++) blks[i] = n;
        ierr = PCBJacobiSetTotalBlocks(pc,m,blks);CHKERRQ(ierr);
        ierr = PetscFree(blks);CHKERRQ(ierr);

        // 设置运行时选项
        ierr = KSPSetFromOptions(ksp);CHKERRQ(ierr);

        // 默认情况下，块 Jacobi 方法对问题的每个块使用相同的求解器
        // 判断 PETSc 对象是否属于特定的类型，下面仅给出每个块使用相同求解器的情况
        ierr=PetscObjectTypeCompare((PetscObject)pc,PCBJACOBI,&isbjacobi);
CHKERRQ(ierr);
```

```
        if (isbjacobi) {
          // 通过 KSPSetUP() 设置块 Jacobi 数据结构
          ierr = KSPSetUp(ksp);CHKERRQ(ierr);
          // 提取本地块的 KSP 上下文数组
          ierr = PCBJacobiGetSubKSP(pc,&nlocal,&first,&subksp);CHKERRQ(ierr);

          // 循环遍历本地块，为每个块设置各种 KSP 选项
          for (i=0; i<nlocal; i++) {
              ierr = KSPGetPC(subksp[i],&subpc);CHKERRQ(ierr);
              if (rank == 0) {
                  if (i%2) {
                      ierr = PCSetType(subpc,PCILU);CHKERRQ(ierr);
                  } else {
                      ierr = PCSetType(subpc,PCNONE);CHKERRQ(ierr);
                      ierr=KSPSetType(subksp[i],KSPBCGS);CHKERRQ(ierr);
                      ierr=KSPSetTolerances(subksp[i],1.e-6,PETSC_DEFAULT,
PETSC_DEFAULT,PETSC_DEFAULT);CHKERRQ(ierr);
                  }
              } else {
                  ierr = PCSetType(subpc,PCJACOBI);CHKERRQ(ierr);
                  ierr = KSPSetType(subksp[i],KSPGMRES);CHKERRQ(ierr);
                  ierr = KSPSetTolerances(subksp[i],1.e-6,PETSC_DEFAULT,
PETSC_DEFAULT,PETSC_DEFAULT);CHKERRQ(ierr);
              }
          }
        }
        // 调用 KSPSolver() 求解线性系统
        ierr = KSPSolve(ksp,b,x);CHKERRQ(ierr);

        // 检查误差
        ierr = VecAXPY(x,none,u);CHKERRQ(ierr);
        ierr = VecNorm(x,NORM_2,&norm);CHKERRQ(ierr);
        ierr = KSPGetIterationNumber(ksp,&its);CHKERRQ(ierr);
        ierr = PetscPrintf(PETSC_COMM_WORLD,"Norm of error %g iterations
%D\n", (double)norm,its);CHKERRQ(ierr);
        // 输出结果
        ierr = PetscPrintf(PETSC_COMM_WORLD, "Matrix output\n");CHKERRQ
(ierr);
        ierr = MatView(A,PETSC_VIEWER_STDOUT_WORLD);CHKERRQ(ierr);
        ierr = PetscPrintf(PETSC_COMM_WORLD, "x_Vec output\n");CHKERRQ
(ierr);
        ierr = VecView(x,PETSC_VIEWER_STDOUT_WORLD);CHKERRQ(ierr);
        ierr = PetscPrintf(PETSC_COMM_WORLD, "b_Vec output\n");CHKERRQ
(ierr);
```

```
        ierr = VecView(b,PETSC_VIEWER_STDOUT_WORLD);CHKERRQ(ierr);

        // 释放工作空间
        ierr = KSPDestroy(&ksp);CHKERRQ(ierr);
        ierr=VecDestroy(&u);CHKERRQ(ierr);  ierr=VecDestroy(&x);CHKERRQ
(ierr);
        ierr=VecDestroy(&b);CHKERRQ(ierr);  ierr=MatDestroy(&A);CHKERRQ
(ierr);
        ierr = PetscFinalize();
        return ierr;
    }
```

习　　题

1. 比较 BLAS 与 LAPACK 的区别和关系。
2. 根据本章提示的主要代码片段，实现 cuBLAS、cuSPARSE 与 cuSOLVER 的示例。
3. 调用 rocSPARSE 函数，实现矩阵不同稀疏存储格式的转换。
4. 设计算法，实现 COO 稀疏矩阵格式与 CSR 稀疏矩阵格式的相互转换。
5. 在 DCU 和 GPU 上实现 SpGEMM 的不同代码，比较同等规模矩阵下的运行时间。
6. 修改 8.5.2 节的 PETSc 案例，比较不同的 PC 与 KSP 选项对计算线性系统 $\boldsymbol{A}x=\boldsymbol{b}$ 的影响。
7. 调用 PETSc 的相关函数，求解大规模矩阵的特征值，并使用 rocSOLVER 验证结果的正确性。

第9章 异构混合架构上并行应用程序开发示例

面向异构混合架构的性能优化技术及基于此的基础数学库，最终是服务于上层的应用软件的。本章以 MISA-MD 大规模分子动力学模拟软件和 SUMMER-CD 并行团簇动力学模拟软件在 DCU 异构平台及有限体积法求解线性方程组在神威平台上的移植和优化工作为例，凝练其在异构移植与优化中通用的优化技术和优化技巧，为行业内的应用软件开发者提供参考。

其中，MISA-MD 重点考虑如何利用 DCU 的计算能力，提升程序的计算速度，侧重于面向体系结构的程序性能优化。而 SUMMER-CD 除涉及面向 DCU 架构的优化外，还讨论如何利用 MPI 技术，实现经典的基于空间分解的并行求解。两款软件在 DCU 平台上的实现均采用 HIP 编程语言实现，除了可以适配曙光 DCU，还可以轻松移植到 AMD GPU、NVIDIA GPU 等平台上。对有限体积法求解的优化，主要涉及神威从核 Athread 加速、向量化加速、计算通信隐藏等优化技术。本章的优化技术也可同样移植到新一代神威超算平台上。

9.1 MISA-MD 分子动力学模拟程序异构优化

9.1.1 分子动力学模拟概述

分子动力学模拟是指依靠牛顿力学来模拟系统中分子之间运动的方法，由系统中的微观样本经过积分等计算体现为宏观上的空间位置信息、热力学量等性质。本章的分子动力学模拟软件 MISA-MD 可用于模拟材料在辐照下，受到高能粒子撞击，发生级联碰撞，造成离位损伤，进而产生大量缺陷并不断演化的过程。由于计算高能粒子撞击对应的模拟体系往往较大，计算复杂度较高，因此对计算性能要求较高，需要开展面向异构的优化。

MD 的核心计算可以分为以下步骤。

- 对每一个粒子，遍历其一个截断半径范围内的邻居粒子，计算这些邻居粒子对其的作用力贡献。其中受力计算往往采用势函数（MISA-MD 在 CPU 上的性能测试中，势函数的计算占据了超过 80%的时间）。对势函数部分，依据模拟对象，这里用的是 EAM 势函数，但所涉及的计算和优化方法都是通用的。
- 得到每一个粒子的受力后，可以计算其加速度，计算速度增量，更新粒子位置，即求解牛顿运动方程。

- 重复迭代，计算受力，更新粒子位置，直至到达给定的模拟时间。

9.1.2　面向 DCU 的 MD 优化的挑战性及优化思路

考虑到 DCU 架构上的存储特点，即一般 DCU 和 CPU 都有自己的内存（注：包括目前美国的主流超算架构 Summit、Frontier 在内，它们也是采用 GPU 和 CPU 内存分离的设计）。基于这种存储和超算硬件架构，进行异构加速并行的一般性思路为：①将数据从 CPU 内存复制到 DCU 或 GPU 内存（称为 Host to Device 或者 H2D）；②启动 Kernel（核函数）在 DCU 或 GPU 上进行计算；③将数据从 DCU 或 GPU 内存复制回 CPU 端内存（Device to Host 或者 D2H）；④CPU 端进行必要的计算或通信。一般地，将 CPU 端称为主机端，对应的内存称为主机内存；DCU/GPU 端称为设备端，对应的内存称为设备内存。

对分子动力学算法设计而言，在 DCU/GPU 硬件上进行的势函数异构加速的计算也遵循该模式，即分四个步骤：粒子数据从主机内存复制到设备内存；启动一个核函数（或算子）进行势函数计算；计算结束后，数据从设备端复制回主机端；进行后续的 CPU 端的计算和 MPI 通信。

综上所述，在 DCU 和 GPU 平台上进行势函数计算的挑战性问题是，主机端与设备端来回的数据传输，可能会影响程序性能，必须设计高效的数据传输模式及其优化方法；面向 DCU 上的算子计算，需要研究高效的计算策略，进行访存模式的研究与计算优化的研究，最终充分利用设备的高访存带宽和计算能力。

9.1.3　主机-设备间通信及其优化

当粒子数据从主机端传输到设备端或从设备端传输回主机端时，其开销往往是不可忽视的。为了尽量减少主机端和设备端之间的数据传输开销，建立了一系列的通信优化方法，如下所述。

1．双缓冲优化

双缓冲区是一种常用于异构架构上的用于重叠计算和数据复制的优化方法。得益于 MISA-MD 的粒子存储数据结构，其采用连续的内存布局来进行粒子信息的存储，因此可以将粒子数组划分为 n 个数据块（一个数据块称为“batch”或者“批次”），之后每个数据块上对应的数据复制与计算任务可以分开处理。

如图 9-1 所示，可以在计算数据块 i 的同时，将数据块 $i-1$ 从设备端传输到主机端，并同时将数据块 $i+1$ 从主机端传输到设备端，从而实现计算与数据复制任务的重叠。

在实现上，采用两个 hipStream 来实现这种计算-设备间数据复制的重叠。创建的两个 hipStreams 记为 s_1 和 s_2，分别作为数据传输任务和计算任务的 handle。同时，设备端会创建两个缓冲区域 buffer_1 和 buffer_2，分别用于在设备端存储不同数据块对应的粒子信息。在势函数计算时，若数据块的编号为奇数，则 s_1 会被用于该数据块上的操作控制（包括复制操作同步、启动核函数进行计算等），同时主机端对应的粒子数据会被复制到设备端的 buffer_1 中；后续的设备端计算都是利用 buffer_1 中粒子数据进行的；计算完成后，也是将

$buffer_1$中的计算结果复制回主机端。若数据块的编号为偶数，则对应的数据传输和计算任务会利用s_2和$buffer_2$处理。由于两个 hipStream 之间的任务（包括计算和数据复制）是可以并发执行的，因此在这种方法下，双缓冲策略可以有效地将数据传输和计算重叠起来。

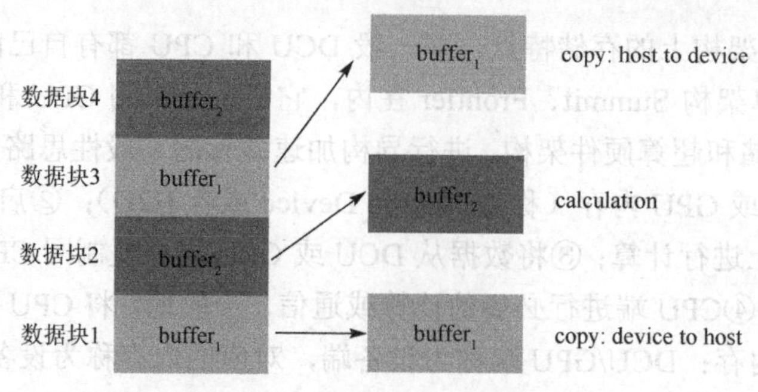

图 9-1　双缓存优化示意图

2．pinned memory

主机端的数据分配默认是可分页的，这可能会导致额外的数据复制（先将可分页的内存复制到一个临时页锁定内存，再传输到设备内存）。CUDA 和 ROCm 都提供了页锁定内存（pinned memory 或者 page-lock memory）下的快速数据传输模式。因此，通过申请 pinned memory，可以直接将粒子数据放到 pinned memory 中，计算时可直接将其从页锁定内存复制到设备内存中，从而省去从可分页内存到临时的页锁定内存间额外复制的开销。

3．SoA（Struct of Array）数据排布

在之前的 CPU 版本的分子动力学的计算中，粒子是以 AoS（Array of Struct）格式进行组织的（如图 9-2 所示），主要是为了便于编程与扩展。但是，这种数据排布方式在 GPU 或者异构平台上，可能会带来额外的数据复制开销。例如，在计算势函数的电子云密度时，实际上只需要粒子的类型（type）与位置（x）数据，计算完成后只需将电子云密度数据（rho）复制回主机端即可。但是，在 AoS 下，在计算之前，需要将整个粒子数组从主机端传输到设备端；同时在计算结束后，整个粒子数组也需要被传输回主机端。在这种模式下，很多不必要传输的数据（如粒子受力和速度等）也被传输了，从某种程度上说，这是对超算数据传输带宽的一种浪费。

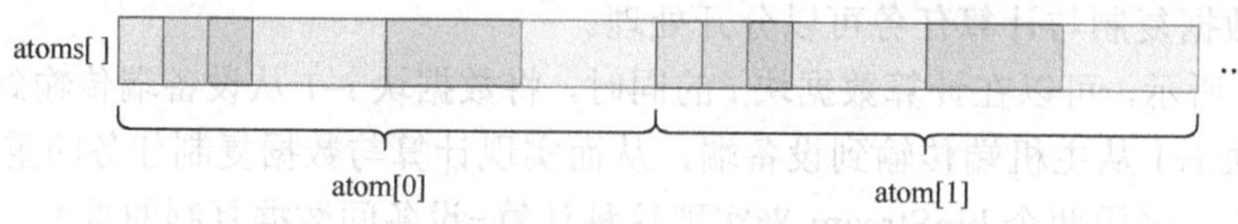

图 9-2　AoS 数据布局方式

通过调整粒子存储的数据结构（为了兼容性，我们让粒子数据的存储同时支持 AoS 和 SoA 两种内存布局方式），使粒子的存储支持 SoA 的形式（如图 9-3 所示）。这样改进之后，在考虑电子云密度的计算时，只需将 x 和 type 数组复制到设备端，并从设备端复制 rho 数组到主机端即可。相比于 AoS 模式，其可以有效避免不必要的数据复制。

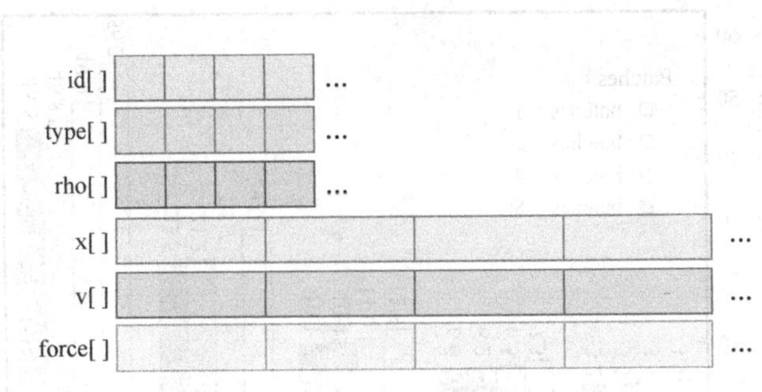

图 9-3　SoA 数据布局方式

4. 通信优化效果

在下面的性能测试中，涉及 5 个不同的模拟体系，即模拟的 box 尺寸为 80（1.024×10^6 个粒子，命名为"Case 80"）、100（2×10^6 个粒子，命名为"Case 100"）、120（3.456×10^6 个粒子，命名为 "Case 120"）、160（8.192×10^6 个粒子，命名为"Case 160"）和 200（1.6×10^7 个粒子，命名为"Case 200"）的体系。MD 模拟步骤被设定为 100。对每个测试 Case 下的每个测试案例，三次运行并计算平均执行时间。

图 9-4 展示了通信优化方法的测试结果。与基准的 DCU 版本相比，独立的 pinned 内存优化可以实现大约 67%的通信性能提升。如果再加上 SoA 数据结构改进的优化，与基准的 DCU 版本相比，还可以继续获得 253%到 268%的通信性能提升，以及降低超过 83%的数据复制开销。这主要是因为 SoA 数据结构可以有效减少需要复制的数据量。

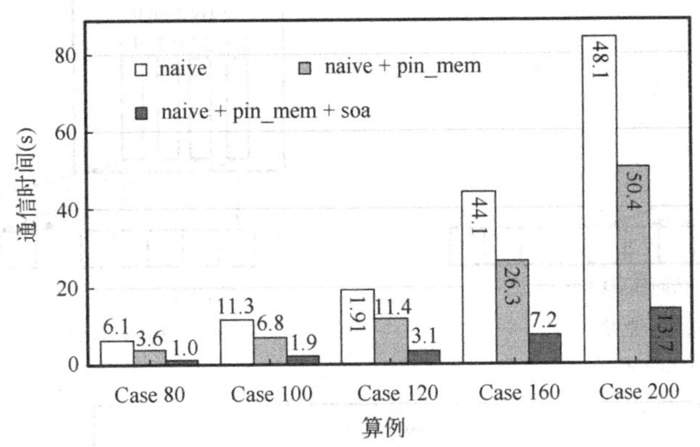

图 9-4　通信优化方法的测试结果

继续添加双缓冲区优化，进行核函数计算与数据复制的重叠。为了分析计算-通信重叠的性能影响，我们测试并分析了不同批次数量下的总计算时间。在每个批次中，MD 模拟 box 的一个子区域（数据块）被传输到 DCU 端进行粒子的受力计算。如图 9-5 所示，当采用更多的批次时，更多的通信开销可以被粒子受力的计算所隐藏，因此可以获得更多的性能提升。例如，与 batches = 1（数据块数量为 1）相比，当 batches 设置为 8 时，此性能测试可以获得 19.95%到 23.57%的额外性能提升。

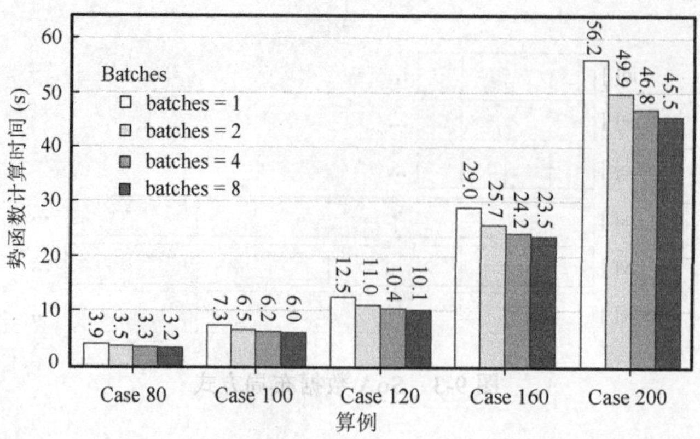

图 9-5　双缓冲计算与通信重叠优化结果（采用不同算例下的势函数计算时间作为衡量标准）

9.1.4　并行计算策略

数据复制部分优化后，可以考虑核心计算部分的优化。为此，我们设计了三种并行计算策略：一个线程计算一个粒子受力的策略（thread-atom）、一个 wavefront 计算一个粒子受力的策略（wavefront-atom 或 wf-atom），以及一个 Block 计算一个粒子受力的策略（block-atom）。

如图 9-6 所示，其中，thread-atom 不仅考虑了线程访问中心粒子的访存合并，还考虑了邻居粒子的访存合并。而另两种计算策略仅仅考虑了邻居粒子的访存合并效果，而且可能会存在分支分歧。综合分析，thread-atom 策略的访存性能会更好。

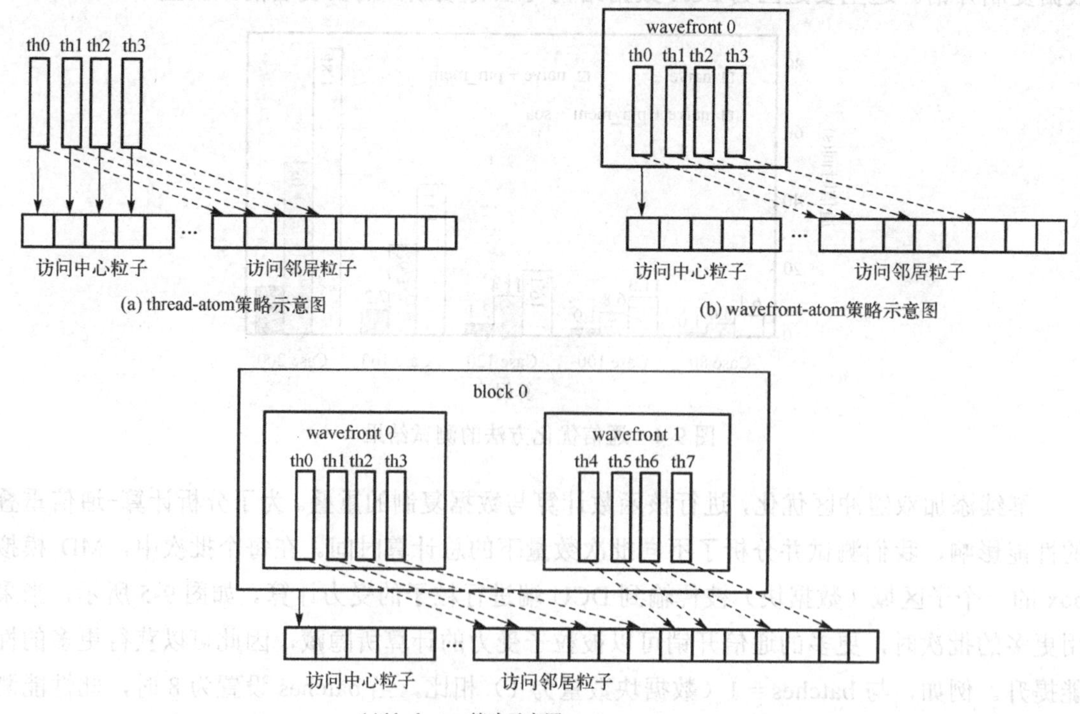

图 9-6　三种并行计算策略对应的访存示意图

如图 9-7 所示，开展了三种并行计算策略的性能测试。对所有的测试案例（测试算例同 9.1.3 节），thread-atom 策略比 wavefront-atom 和 block-atom 策略分别平均快了 26.7%和 57%。

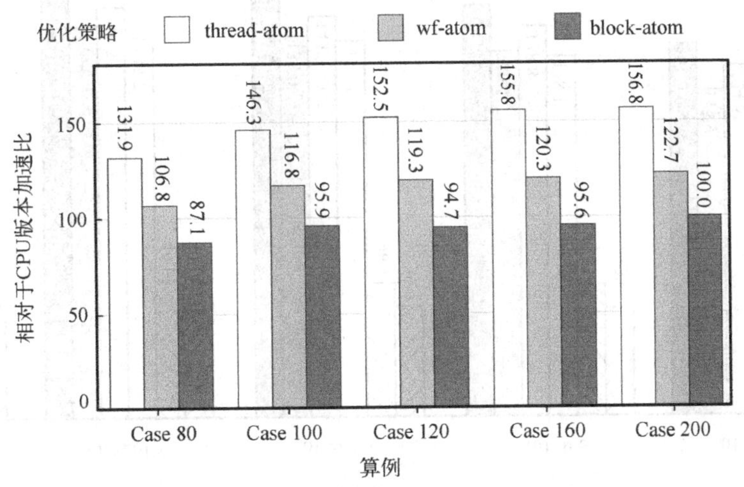

图 9-7　三种并行计算策略在不同算例下的加速比性能（相对于 CPU 版本）

9.1.5　其他访存优化技术

除了以上的不同计算策略对核心计算方程的性能影响，我们针对 thread-atom 计算策略进行了进一步的性能优化。主要考虑三点：一是采用 SoA 数据结构带来的收益，减少了不必要的数据 load 和 store 开销；二是将访问邻居粒子的偏移索引进行排序，实现临近的邻居粒子能够马上被访问，从而提高 cache 的数据重用能力；三是采用 LDS 来存储偏移索引，这样就不用每次都从设备内存中加载，而是直接从 LDS 中读取，提高了偏移索引的访问效率。以上三个优化依次叠加，分别提升了程序的 63%、7%和 5.7%的性能。最终，通过一系列优化，我们的 MISA-MD 程序，相对于 CPU 版本，有了 130 多倍的性能提升（如图 9-8 所示）；而作为对比，基准的 DCU 版本只有不到 40 倍的性能提升。

通过以上 MISA-MD 性能优化过程，我们可以发现，访存性能的优化对程序性能提升是十分重要的。实际上，很多程序的优化都是关于访存优化的。在 DCU 上，需要重点设计好计算策略和数据结构，充分利用硬件的访存合并特性和 cache 的数据重用能力。此外，还可以通过 LDS 进行常用数据的缓存，避免过多的直接访存操作。同时，主机端和设备端之间的数据传输也可能是程序的性能瓶颈，可以考虑采用 pinned memory、双缓冲等机制；同时充分考虑好数据组织方式，做到尽量减少数据传输量和数据传输次数。

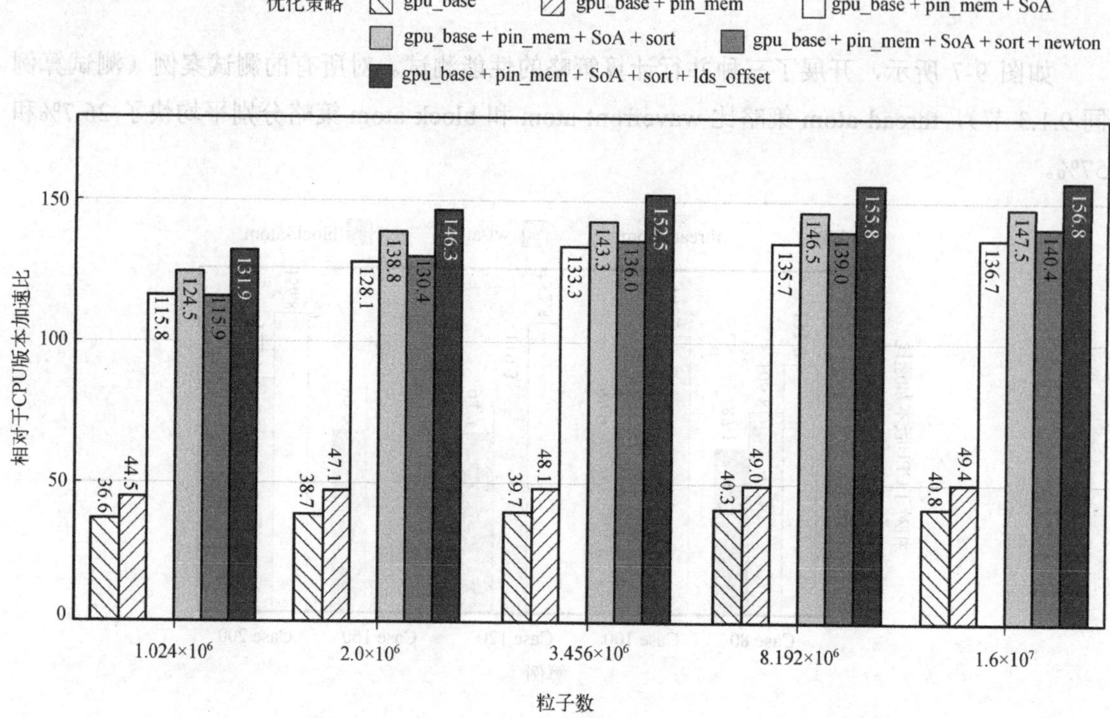

图 9-8　多种优化下，MISA-MD DCU 版本相对于 CPU 版本的加速比

9.2　SUMMER-CD

9.2.1　软件介绍

对裂变气体的微观演化行为进行精细化模拟能够帮助我们了解及预测核燃料工况条件下的辐照性能。团簇动力学方法是近年来在核燃料研究领域快速发展的数值模拟方法，能够有效地进行裂变气体在核燃料内的动力学行为模拟，但因其计算量的需求十分庞大，限制了其应用的场景及模拟尺度。SUMMER-CD 基于空间团簇动力学模型，结合多种优化方法，在曙光超算异构体系架构上进行了加速团簇动力学算法的设计。

9.2.2　物理模型

团簇动力学是基于平均场速率理论发展而来的数值模拟方法，通过建立不同尺寸团簇浓度的速率方程，来计算团簇的尺寸分布及随时间的演化过程。由于其对不同尺寸团簇的动力学行为能够进行良好的描述，因此是描述裂变气体气泡（气体原子团簇）演化的有效模型，目前已应用于裂变气体扩散、气泡成核、高燃耗结构下的裂变气体释放等方面的研究。

团簇动力学使用一个主方程对缺陷团簇浓度随时间的变化进行描述，方程各项表示团簇在反应中的各种过程，最终转化为对一组刚性微分方程组的求解。主方程的表达式如下：

$$\frac{\mathrm{d}C_i}{\mathrm{d}t}=G_i+\sum_j w(j,i)C_i-\sum_j w(i,j)C_i-L_i \tag{9-1}$$

其中，等式左边表示尺寸是 i 的缺陷的浓度随时间的变化量（即数密度）；等式右边第一项是级联碰撞过程产生尺寸为 i 的缺陷的速率，第二项是其他尺寸的缺陷团簇反应生成尺寸为 i 的团簇的反应速率；第三项是尺寸为 i 的缺陷团簇反应生成其他尺寸团簇的反应速率，第四项是材料内固有缺陷对缺陷 i 的吸收项。

上述演化方程是一个耦合的微分方程组，这个微分方程组能够较精确地给出这个系统中点缺陷及其团簇的演化行为。若考虑在较短的时间范围内，材料中产生的缺陷团簇尺寸较小，并且数量较少，那么可以很容易地利用数值算法求解微分方程组。若考虑在较长时间范围内，材料中产生的缺陷团簇较大，同时数量较多，即使产生仅包含一种组分的缺陷团簇（如 Xe 泡、He 泡），方程数量也可达到10^6。若在材料中产生包含两种组分的缺陷团簇，则方程数量可达到10^{12}。同时，可动缺陷种类的增加也会极大地增加方程的复杂性。

在裂变气体演化过程中考虑气体原子演化的 4 个过程：裂变反应产生气体原子，气泡成核，气体原子被气泡捕获，辐照诱导气体原子重溶回基体中。对气泡成核采用均相机制，即气泡成核是由扩散驱动的气体原子相互作用而形成的，并通过单个原子的射出逐步发生重溶。这里，重溶速率记为α，捕获速率记为β。同时模型中只考虑单气体原子可动，主方程的展开形式如下式所示。

$$\begin{cases}\dfrac{\partial C_1}{\partial t}=D\nabla C_1+yF-2\beta_1 C_1-\displaystyle\sum_{i=2}^{n-1}\beta_i C_i+\sum_{i=2}^{n}\alpha_i C_i\\[2ex]\dfrac{\partial C_2}{\partial t}=2\beta_1 C_1-(\beta_2-\alpha_2)C_2\\[2ex]\dfrac{\partial C_{n-1}}{\partial t}=\beta_{n-2}C_{n-2}-(\beta_{n-1}\alpha_{n-1})C_{n-1}\\[2ex]\dfrac{\partial C_n}{\partial t}=\beta_{n-1}C_{n-1}-\alpha_n C_n\end{cases} \tag{9-2}$$

其中，捕获速率β的表达式为

$$\beta=4\pi\left(R_1+R_A\right)D_1C_1 \tag{9-3}$$

其中，R_1是单气体原子半径，R_A是气泡半径，$R_A=\left(3i/4\pi\omega\right)^{\frac{1}{3}}$，$\omega$为气体密度，$i$为气体原子数量，$D_1$是单气体原子扩散速率，$C_1$是单气体原子浓度。

重溶速率α的表达式为

$$\alpha=\frac{1}{V}\beta\mathrm{e}^{-\frac{E_b}{kT}} \tag{9-4}$$

其中，V是原子体积，$V=\Omega^3/4$；Ω是晶格常数；E_b是气体原子反应的结合能；k是玻尔兹曼常数；T是温度。

9.2.3 三层并行模型

基于空间依赖的团簇动力学模型是以网格为单元，将空间区域分割开来，并在每个网格内对不同尺寸的气体团簇随时间的浓度及数密度变化进行求解的。本节基于全尺寸空间依赖的团簇动力学模型，结合曙光超算 CPU-DCU 异构架构特点，设计了团簇动力学计算模拟的三层并行模型（three-hierarchy parallel model）。

1．区域级并行（domain parallelization）

基于网格划分的空间依赖团簇动力学模型，有效地将空间信息代入团簇动力学模型中，并可以根据模拟材料的模型尺寸，扩充网格的边界与数量，但在进行大规模模拟时，随着网格数量的增长，计算量与内存量的增长使得单计算节点无法满足计算需求。基于上述问题，以网格划分为基础，进行区域级并行模型设计。

区域级并行是以 MPI 进程的方式实现的，将划分的网格均匀地分配给每个进程，如图 9-9 所示，每个进程确定自己所需计算的网格区域、本地网格的初始化信息，同时，由于团簇动力学方程求解中扩散项的计算需要周围格点的团簇信息，因此需要建立本地 ghost 区域，包含邻居进程的部分网格及网格内的团簇信息，并在每个时间步计算前，与邻居进程通信更新 ghost 区域内的团簇信息，如图 9-10 所示。

2．网格级并行（grid parallelization）

第二层并行以单进程内本地区域的每个网格为划分单元进行，分配至 DCU 每个线程上，如图 9-11 所示，由于 DCU 以线程为最小计算单元，在每个 CU 内部，由多个线程组成一个 wavefront 执行计算任务，因此它十分适合数据并行的计算模型。而团簇动力学模型中的单个网格计算任务，是进行不同尺寸团簇的一系列参数计算，不同网格的计算流程大致相同，符合数据并行计算模型的基本特征，因而将本地区域每个网格的计算任务逐个分配至 DCU 每个线程上执行，可以有效地发挥 DCU 的计算性能。

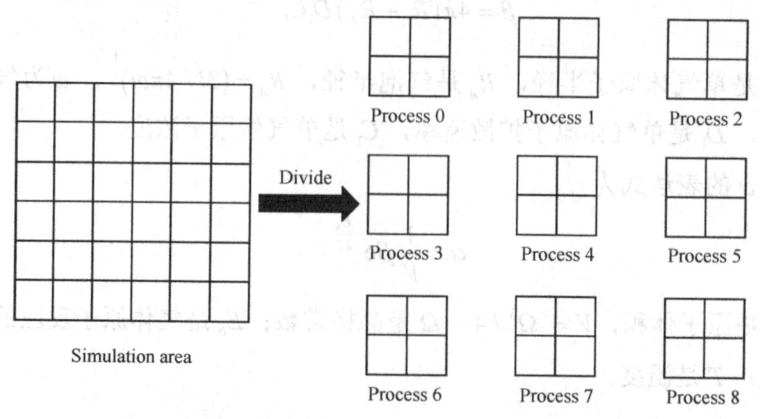

图 9-9　区域级并行示意图（Process 代表 MPI 进程）

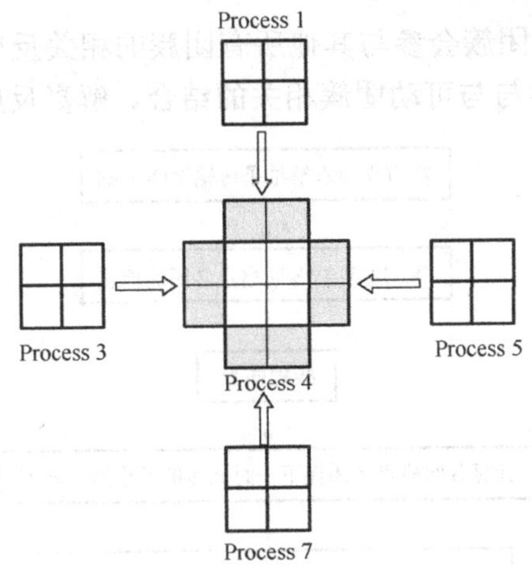

图 9-10　进程间通信示意图（灰色区域为 Process 4 的 ghost 区域，即邻居进程通过进程通信传递到本地的格点信息数据的副本）

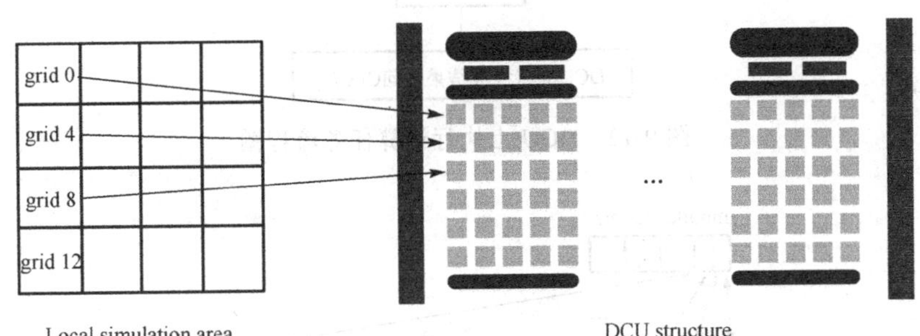

图 9-11　网格级并行示意图（DCU 结构包含多个 CU 结构，灰色方块代表逻辑上的线程结构）

另外，由于进程内的本地网格的部分信息是由 CPU 在计算任务前后与邻居进程通信更新的，因此在每个时间步内需要与 DCU 进行数据交换，确保 DCU 上以最新数据计算。而在 DCU 执行计算任务时，单个网格的计算数据依赖于周边网格的扩散项团簇信息，为了消除计算的数据依赖，将 DCU 上的整体计算流程划分为两部分，第一部分仅做数据的更新，第二部分执行计算任务，整体流程如图 9-12 所示。

3. 团簇尺寸级并行（cluster-size parallelization）

对核燃料裂变气体的全尺寸空间依赖团簇动力学模型，由于气体团簇尺寸通常在几纳米至几百纳米，在考虑单 Xe 团簇时，单个网格团簇数量就要达到 10^4～10^6，对单个线程的计算任务来说，依然较为繁重，且通常情况下，由于计算节点与 DCU 上的内存限制，在上述团簇数量条件下，DCU 内存可承载的网格数量通常远小于 DCU 上最优线程数量的要求，无法完全发挥 DCU 的计算特性优势。因此，在三层并行模型中的第三层，将计算任务按团簇尺寸进一步划分，分配至不同计算线程上执行。

如式（9-2）所示，基于空间依赖的团簇动力学模型，需要在求解方程前，将方程各项系数计算好，其中包含各尺寸团簇的浓度变化初值、浓度变化偏微分、反应速率系数等，组装成方程矩阵。由于模型的限定，方程中的扩散项由可动团簇相关信息计算得来，团簇间的反应也是由可动团簇驱动的，这使得可动团簇相关的计算量要远大于其他尺寸的团簇。

如图 9-13（a）所示，可动团簇会参与其他所有团簇的相关反应，而其他尺寸团簇在模型中，假定是不可动的，仅参与与可动团簇相关的结合、解离反应。

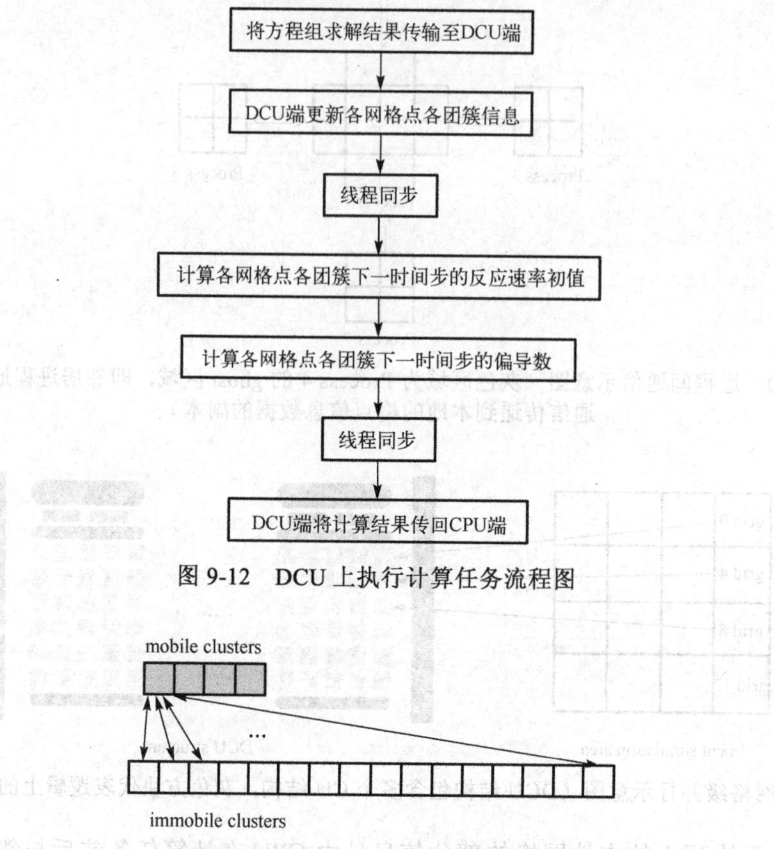

图 9-12　DCU 上执行计算任务流程图

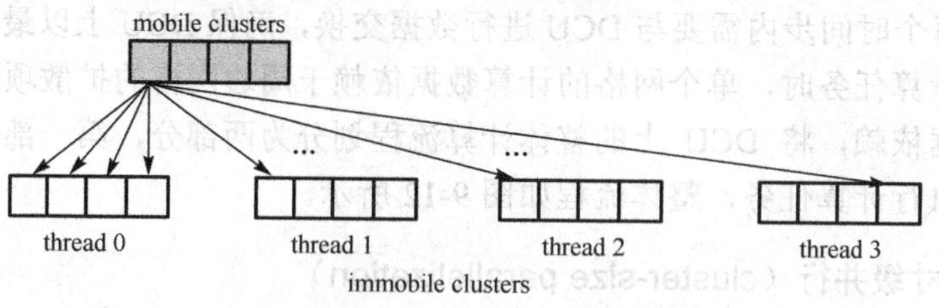

(a) 可动团簇与不可动团簇间的反应关系

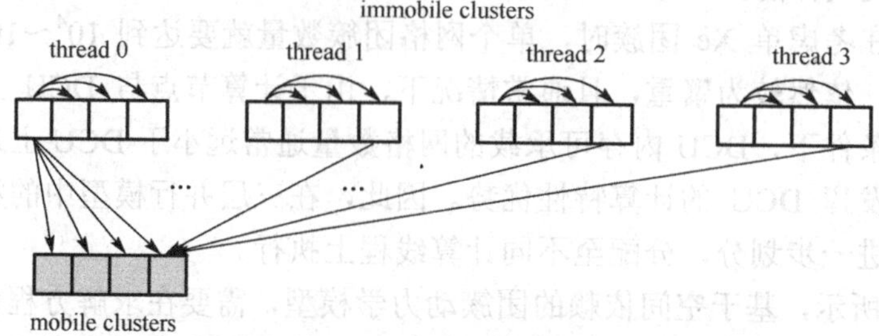

(b) 将不可动团簇任务划分后计算可动团簇相关参数的示意图

(c) 将不可动团簇任务划分后计算不可动团簇相关参数的示意图

图 9-13　团簇尺寸级并行示意图（其中灰色方块表示可动团簇，白色方块表示不可动团簇，连线表示存在反应关系）

为保障线程间计算任务的负载均衡，团簇尺寸的划分仅对不可动团簇进行划分，将不可动团簇均匀分配至每个线程，同时将计算任务划分为两部分。第一部分，如图 9-13（b）所示，计算可动团簇相关的参数计算，每个线程计算可动团簇与线程负责的不可动团簇相关的计算任务，全部线程计算完成后，由定义的主线程进行可动团簇参数的计算结果合并。第二部分，如图 9-13（c）所示，每个线程计算线程负责的不可动团簇相关的参数计算，其中包含不可动团簇与可动团簇及其他不可动团簇的结合、解离反应等。线程的分配数量可随着网格数和团簇数量的变化而灵活变化至 DCU 最优线程数。

9.2.4　自适应异构数据传输

在目前设计的核燃料裂变气体团簇动力学求解算法中，DCU 负责团簇浓度初值计算、方程组系数计算等，CPU 端负责偏微分方程组的求解及与邻居进程的通信，因此在每个时间步，CPU 与 DCU 之间需要进行数据交换，来更新各自的数据。频繁的 CPU 与 DCU 之间的数据交换对计算效率是一个很大的影响，本书基于核燃料裂变气体模拟的特点，设计了自适应异构数据传输（adaptive CPU-DCU data transfer）方法。

核燃料裂变气体的演化过程中，气体团簇的长大是一个缓慢的过程，大尺寸的气体团簇的形成通常需要几小时甚至几个月的时间，因此在模拟初期，大尺寸团簇并不会参与运算，只有在模拟中后期，大尺寸才逐渐参与。基于这一特点，在模拟过程中，依据当前时间步气体团簇浓度，得到每个网格浓度存在变化的最大团簇尺寸，记录在标记数组中，如图 9-14 所示。数据交换过程中依据标记数组进行 CPU 与 DCU 之间的数据传递，如网格 2 浓度变化最大尺寸值为 5，则传递尺寸 1～尺寸 5 的气体团簇信息，整体流程如图 9-15 所示。在每个时间步内，进行标记数组的更新，从上一时间步记录在标记数组中的值开始判断浓度变化的最大团簇尺寸，并将新的团簇尺寸值存入标记数组中，如图 9-16 所示。

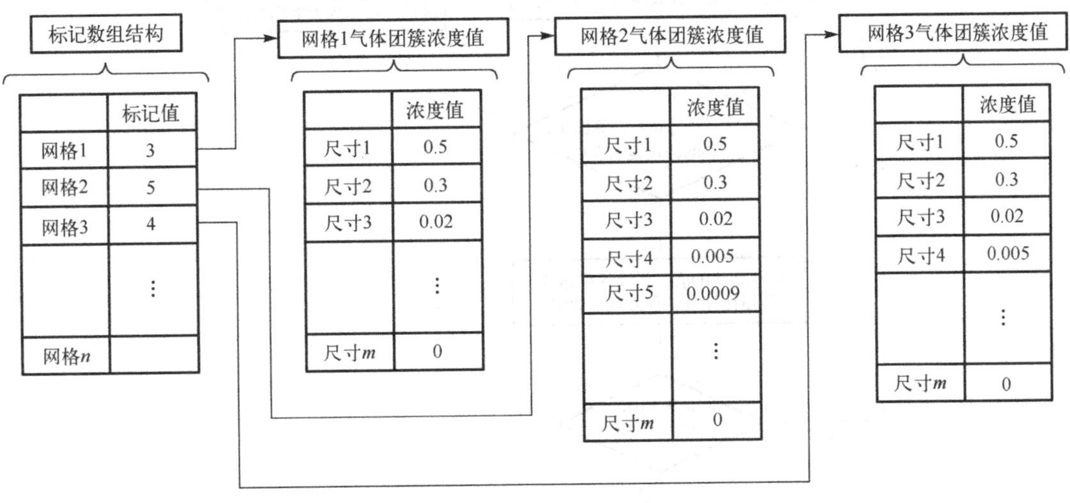

图 9-14　标记数据结构示意图（网格 1 标记值为 3，表示网格 1 气体团簇浓度存在变化的最大尺寸值为 3，连接线表示标记数据结构每行对应的网格气体团簇浓度值结构）

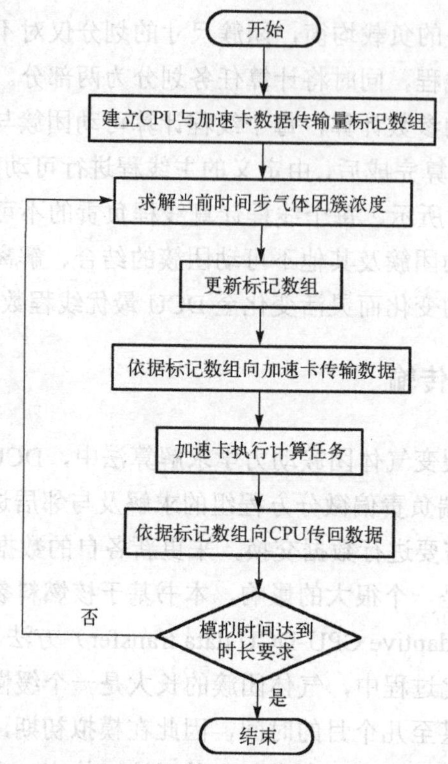

图 9-15　依据标记数组进行 CPU-DCU 数据传输流程图

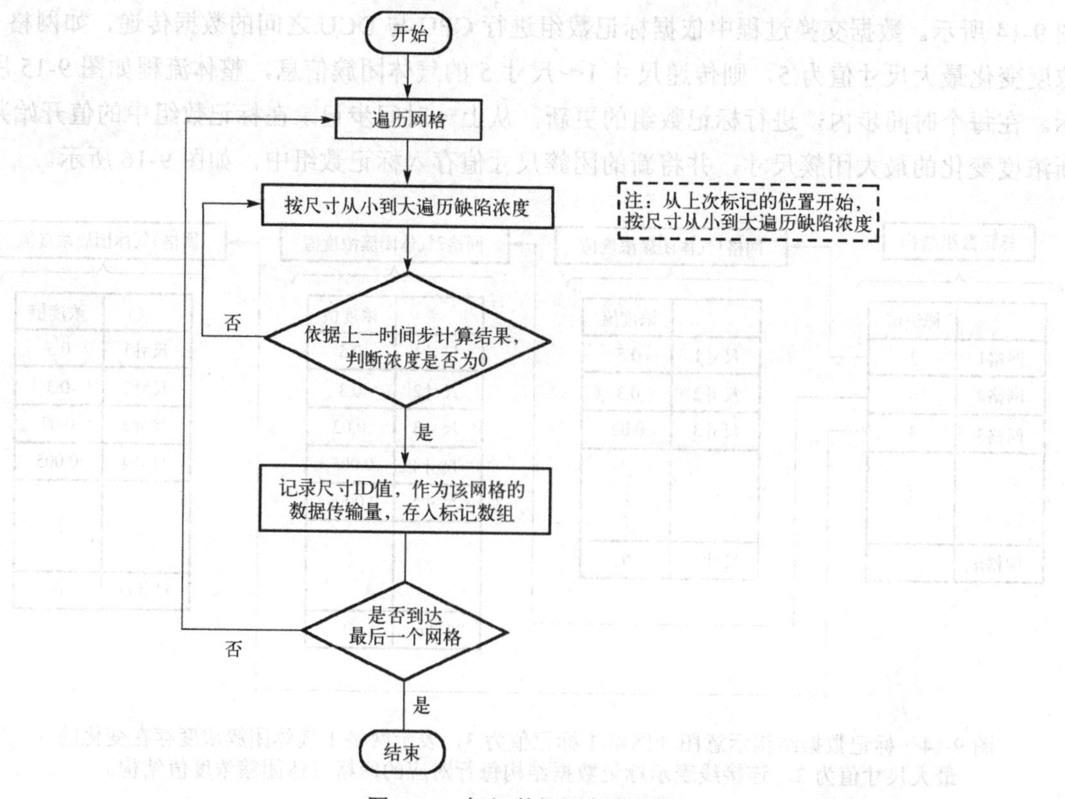

图 9-16　标记数据更新流程图

9.2.5　基于 Stream 的计算通信重叠

CPU 与 DCU 之间的数据传输是在 DCU 上进行核燃料裂变气体 CD 计算带来的额外开销，严重影响计算效率。为了进一步优化数据交互部分，本节将 CPU 与 DCU 之间的数据传输和 CPU 的计算任务进行重叠，来掩盖部分 CPU 与 DCU 之间的通信时间，以提高计算效率。将 DCU 计算后的结果向 CPU 传输的部分与 CPU 进行方程矩阵填装的计算任务进行拆分，形成“流”的作业方式，有效地掩盖部分 CPU-DCU 通信时间。下面展示了这一算法的伪代码。

```
算法：基于 Stream 的计算-通信重叠算法
stream_num : number of streams
stream_block_size : the size of grid that during memery copy in each stream
grid_num : the number of grids in local area
i ← 0
xi ← 0
Memcpy_CPU_2_DCU()
DCU_Compute()
while i<stream_num do
    Memcpy_DCU_2_CPU_Async(stream[i], stream_block_size)
end while
while xi<grid_num do
    if xi % stream_block_size == 0 then
        Memcpy_Synchronize(stream[xi/stream_block_size])
    end if
assemble_matrix()
end while
```

9.3　有限体积法求解圣维南方程组在神威·太湖之光上的优化

9.3.1　物理模型简介

圣维南方程组是一个用于精确刻画洪水在河道中演化的方程组，在水文模拟领域常用于计算河道洪水演化过程。使用圣维南方程组进行河道汇流模拟，可以有效提高模拟程序对流域水系在时间和空间尺度上的描述与模拟能力，同时能够提高模拟结果的精度，对模拟精度要求较高的场景有着重要的应用价值。

使用有限体积法求解偏微分方程组，需要将计算区域进行网格划分，每个网格周围有一个互不重叠的控制体，将待求的控制方程在每一个控制体上积分，继而可以得到一组在控制体上满足守恒规律的离散方程。

有限体积法求解圣维南方程组的过程可以描述为：首先，把整段流域平均划分成 n 个不重复的网格，每个网格看成一个控制体单元；然后，将待求的微分方程组在每一个控制体单元内积分，整理得到一组离散方程；最后，根据控制体单元两侧边界的通量值来求解这组离散方程，即可得到待求变量水深 h 和流量 hu 的一组形如式（9-5）的迭代表达式。

$$\begin{pmatrix} h_i^{n+1} \\ (\mathrm{hu})_i^{n+1} \end{pmatrix} = \begin{pmatrix} h_i^{n} \\ (\mathrm{hu})_i^{n} \end{pmatrix} - \frac{\Delta t}{\Delta x}\left(F_{i+\frac{1}{2}}^{-} - F_{i-\frac{1}{2}}^{+}\right) \tag{9-5}$$

这里先将河道平均划分为 n 个网格（如图 9-17 所示），每个网格作为一个控制体单元，得到一系列格点 $C_1, C_2, \cdots, C_i, \cdots, C_n$；再将待求的微分方程在每一个控制体内进行积分，推导出一组在控制体上满足守恒规律的离散方程，整理后即可根据控制体单元两侧边界的通量值迭代求解这组方程，得到待求变量 $h(t,x)$ 和 $q(t,x)$ 的一组形如式（9-6）、式（9-7）的迭代表达式，此时就可以通过依次更新、迭代时间步求解得到各时刻、各个控制单元，即沿程各点的水力要素信息。

$$U_i^{n+1} = (h_i^{n+1}, (\mathrm{hu})_i^{n+1}) \tag{9-6}$$

$$U_i^{n+1} = U_i^n - \frac{\Delta t}{\Delta x}\left(F_{i+\frac{1}{2}} - F_{i-\frac{1}{2}}\right) \tag{9-7}$$

由于计算每个单元的平均值需要两侧边界的通量值，因此，将河道划分为 n 个单元后，还需要在两侧再补充两个控制单元，用于第一个和最后一个控制单元的更新，而补充的两个单元的模拟值则由用户设定的周期性边界条件进行更新。本处的计算模型主要是为了让读者理解其中的数据依赖和求解过程中的相关流程，便于理解后续的优化。

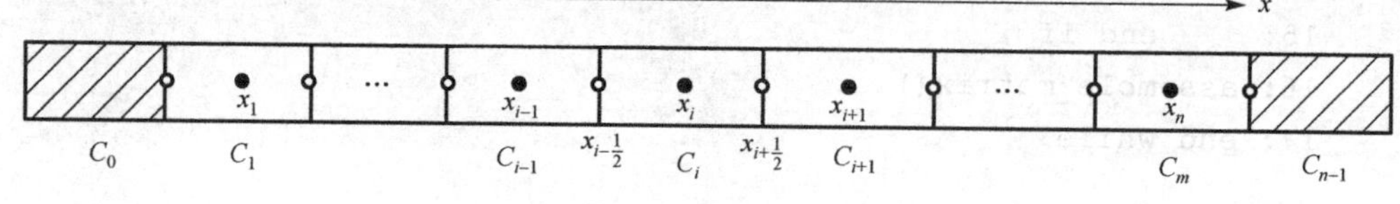

图 9-17　河道划分示意图

9.3.2　使用 Athread 线程库加速

Athread 线程库是针对 SW26010 处理器的主从加速编程模型所设计的加速库，相比 OpenACC 而言编程难度更大，但可以灵活、快捷地对核组内的从核进行控制和调度，提供更加细粒度的并行性，能够充分发挥从核阵列的加速性能，从而深入挖掘程序的优化潜力。

与 OpenACC 的执行模型相似，使用 Athread 线程库进行加速也是将计算热点函数加载到从核阵列上执行。主核加速线程库提供了用于控制线程组初始化、创建、分配任务和终止环境等供主核程序使用的操作接口，而从核加速线程库则提供了用于从核线程标识、核组内同步和 DMA 读写等供从核程序使用的操作接口。

在主程序中，首先要声明从核函数的接口，并调用 athread_init()函数来完成加速线程的初始化。当主程序运行到需要加速的代码段时，调用 athread_spawn(slave_fun,(void*)param)方法，创建从核线程组，将从核函数加载到从核上执行，如图 9-18 左侧创建线程组之前的流程所示。

之后从核完成局存内部本地变量的定义、绑定线程号、从主存读取数据、执行从核函数中的计算任务，然后将结果回传给主核所在的主程序，如图 9-18 右列从核内部的流程所示。

等到核组内所有从核都计算完毕后，在主核中调用 athread_join()函数来回收结果，然后主核继续运行其他代码段。最后，当不再需要使用从核进行加速时，调用 athread_halt()函数终止从核环境。

对串行圣维南方程组求解程序的加速，先进行计算热点分析，得到计算热点函数在于 FPlus 函数和 FMinus 函数。要使用 Athread 线程库进行加速，就要先把这两个函数分别单独写成从核函数 func_FPlus_hu()和 func_FMinus_hu()，当主程序根据时间步长 dt 进行迭代计算时，每当执行到计算流量 hu 的通量处时，就相应调用 Athread 接口，令从核执行对应的从核函数，使用从核阵列加快计算的速度，流程如图 9-18 所示。在实现中，采用的是主从动态并行设计模式，即主核负责给各个从核分配各自的计算任务，完成加载操作，并等待接收计算结果，从核阵列负责完成对核心段的加速计算。

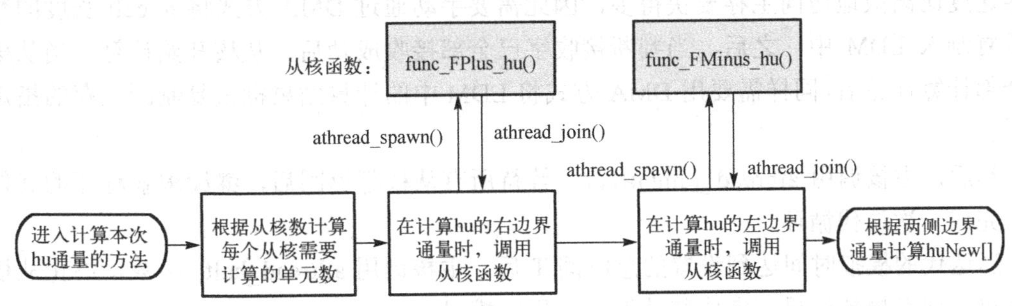

图 9-18　程序使用 Athread 线程库进行加速的流程图

对两个从核函数 func_FPlus_hu()和 func_FMinus_hu()的编写，实现的大致步骤可以表示如下。

- 定义 LDM 中的本地变量。
- 获得从核 ID 和要计算的单元数 n。
- 根据单元数 n 在 LDM 中开辟存储空间。
- 将要计算的数据通过 DMA 方式从主存读入 LDM 中。
- 判断所有数据是否都已成功读入 LDM 中。
- 完成核心段的计算。
- 将计算结果通过 DMA 方式从 LDM 传回主存中。
- 判断所有结果是否都已成功传回主存。
- 释放在 LDM 中开辟的存储空间。

从核函数的具体实现伪代码如图 9-19 所示，以 func_FPlus_hu()从核函数为例。主核中调用从核函数之前，需要先准备好从核函数的参数，这里定义为各从核需要计算的单元数 n_cell 和积分迭代次数 *n*，主核根据当前核组内可用的线程数来平分计算的单元数。

算法： func_FPlus_hu()从核函数计算控制单元右边界通量

输入： 自定义 slave_param 类型的结构体 FPlus_param

输出： 无

```
function func_FPlus_hu(slave_param FPlus_param)
    n_cell, N_slave ← FPlus_param->[param]
    athread_get(a_host ← a_slave)
    wait()
    I_slave ← compute(a_slave, ...)
    athread_put(I_slave → I_host)
wait()
end function
```

图 9-19　从核函数的具体实现伪代码

从核开始执行从核函数后，首先获得自己的线程 ID，解析主核传来的参数，然后根据 n_cell 的长度开辟 LDM 中本地变量的存储空间。由于从核访问 LDM 相当于访问 L1 cache，访存速度比离散地访问主存要快得多，因此需要手动通过 DMA 方式将 n_cell 长度的数据批量复制入 LDM 中。之后，当判断接收字已全部接收成功后，从核开始计算。当从核完成全部计算任务后，同样需要用 DMA 方式将 LDM 中的计算结果批量复制回主存的指定数组中。

然后，主核调用 athread_join()函数，等待所有从核都返回后，继续求解程序的其他操作，完成一次迭代循环。

当迭代的模拟时间达到设置的总时间 T 后，主核调用 athread_halt()函数，终止从核线程环境，保存模拟结果，完成整体汇流过程的模拟。

9.3.3　SIMD

神威·太湖之光的 SW26010 处理器支持 SIMD 扩展，主核和从核支持的 SIMD 向量宽度均为 256 位。在圣维南方程组求解程序中，计算变量都是单精度浮点数，根据官方提供的编译系统用户手册，可以使用数据类型为 floatv4 的向量，把现有的计算改写为 64*4 的向量运算，即一次向量操作处理 4 个单精度浮点运算。

9.3.4　双缓冲机制

多缓冲技术常用于消除图像在屏幕上的闪烁问题、网络传输中对数据的接收丢失问题和计算机的多级缓存机制等方面。以在图像显示上的应用为例，一帧画面的绘制时间可能大于屏幕的刷新时间，导致观众在观看时会感觉画面是不连续的。为了解决这个问题，一般会在内存中设置多个图像缓冲区，当前显示的一帧画面存储在一个缓冲区中，而在显示这一帧的过程中，同时将下一帧图像提前加载到另一个缓冲区中，这样下一帧绘制的时间会大大降低，加快了图像的显示过程。

同样，双缓冲机制也可以用到从核函数计算的加速上，双缓冲思想的本质是预取下一次要处理的数据。在传统的从核函数的实现中，外层循环是对计算单元的遍历，在每一次循环中，首先以 DMA 方式将本次要进行计算的数据从主存复制到 LDM 中，然后对这些数据进行计算，计算完毕后，以 DMA 方式将计算结果送回主存，如图 9-20 左侧的流程图所示。

而加入双缓冲机制后，先将以 128 个单元为一组当成计算单位，外层循环是对所有单元的遍历，即从核要计算的单元数除以 128，在每一次外层的第 i 个循环中，预取下一次即第 $i+1$ 个循环计算所需的数据，但判断第 $i+1$ 次的数据是否已经取成功是放在第 $i+1$ 个循环中进行的；同样地，在第 i 次循环中，把第 i 次的计算结果回传到主存后，只判断第 $i-1$ 次的计算结果是否回传成功了，即延迟判断是否发送成功，如图 9-20 右侧的流程图所示。

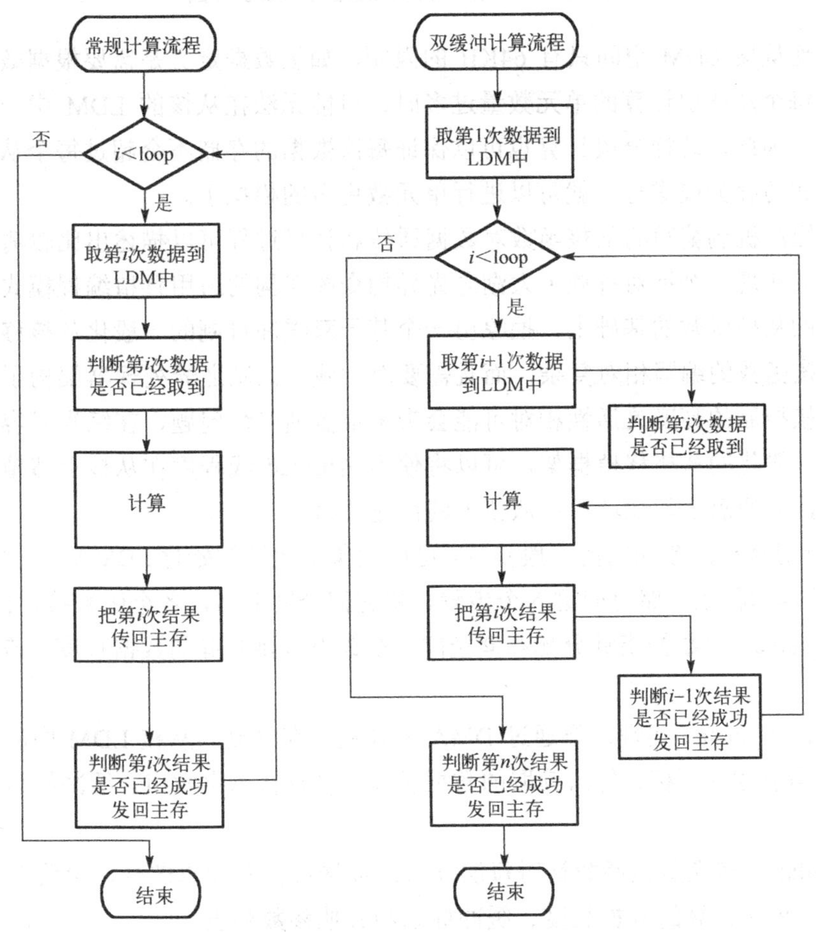

图 9-20　使用双缓冲前后计算段执行逻辑的对比

可以看到，图 9-20 中的两个深色框是只有第 1 次和第 n 次循环需要额外完成的操作，在第 i 个循环中，计算前判断第 i 次的数据是否都已经取到，但真正执行复制入第 i 次的操

作是在第 i-1 个循环中，这样做就相当于在等待 DMA 操作成功时，多加了一次计算，实现了通信和计算的重叠，将除第 1 次和第 n 次 DMA 读写操作外的通信开销都隐藏掉了，如图 9-21 所示，减少了通信开销。

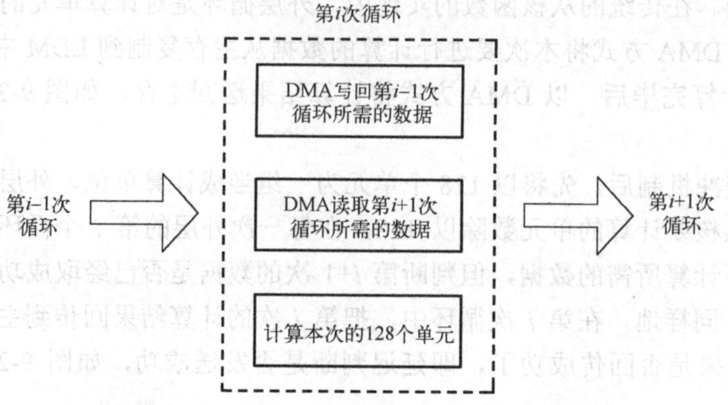

图 9-21　双缓冲机制下的通信隐藏示意图

另外，受从核 LDM 空间只有 64KB 的限制，如果数据定义是需要根据数据量去开辟空间的，当每个从核要计算的单元数量过多时，可能无法在从核的 LDM 中一次性开辟全部所需空间。因此，这样分段计算也可以保证每次数据的存储不会超过每个从核的空间限制，将计算和访存分段进行，就可以进行单元数更多的模拟了。

基于双缓冲机制编写的从核函数对数据通信和计算过程可以描述出比较清晰的逻辑框架，为了能够实现一个针对神威·太湖之光异构众核架构的通用移植编程模式，将实现的基于双缓冲的从核函数的基础上，抽象出一个基于双缓冲机制的一般化从核移植框架。

由于从核函数的编写相对复杂，而且需要对神威·太湖之光处理器架构了解得比较深入，其对从核控制的高度灵活性相对可能会带来很多细节性问题，在编程时容易出错，因此实现一个一般化的从核移植框架，可以将使用 Athread 线程库在从核上移植的过程表示得更加清晰，方便后续其他项目在从核上的快速移植。

首先，针对从核函数编写的一般步骤，可以抽象出数据初始化、DMA 读取数据、计算、DMA 写回数据和释放存储空间这 5 个步骤，将它们分别编写，各个函数接口的定义如下。

① init_slave：为数据指针分配存储空间，参数为需要开辟的数据长度，该函数不是必需的。

② get_from_host：实现需要通过 DMA 方式从主存复制入从核 LDM 中的方法，参数为从核 ID、当前循环下标、每次读取的数据长度、接收状态字数组、缓冲标识和其他参数列表。

③ calculate：实现从核函数针对每次读取的数据进行的计算部分，参数为从核 ID、当前循环下标、每次计算的数据长度、缓冲标识和其他参数列表。

④ put_to_host：实现需要通过 DMA 方式将计算结果回传到主存中的方法，参数为从核 id、当前循环下标、每次写回的数据长度、写回状态字数组、缓冲标识和其他参数列表。

⑤ free_slave：当存在函数 init_slave 时，需要实现相对应的释放空间的方法，参数为开辟的数据长度，该函数不是必需的。

有了以上这些步骤的函数接口，再结合已实现双缓冲机制时的逻辑框架，可以整合成如图 9-22 所示的基于双缓冲机制的从核函数的一般化执行流程。

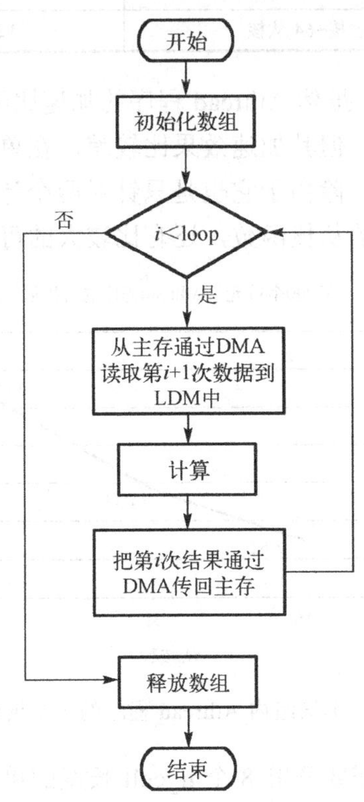

图 9-22　基于双缓冲机制的从核函数的一般化移植框架

然后，在后续进行其他算法的移植时，将这些接口依次实现；最后，将它们的函数指针作为参数传递给一般化的从核移植框架，即可完成从核函数的快速编写。

这个移植框架本身实现了基于双缓冲策略的访存优化，给出了清晰的从核函数的编程框架，同时保证了开辟的数组空间不会超过从核 64KB 的容量限制，降低了优化的编程难度，对访存规律、计算量大的算法具有很好的适应性。

9.3.5　优化效果

对基于 Athread 线程库使用从核阵列加速后的圣维南方程组求解程序进行测试，串行程序和加速后的程序都使用 sw5cc 编译器进行编译。

对用 Athread 线程库加速后的程序进行可扩展性测试，测试规模为：32000 个控制单元，模拟水文时间为 60 秒；提交作业时，串行程序使用单主核单进程，其余基于 Athread 加速的作业都使用的是单主核和不同数量的从核，测试结果如表 9-1 所示。

表 9-1　基于 Athread 线程库的加速程序的可扩展性测试结果

程　序	计 算 规 模	运行时间（秒）	加　速 比
串行程序	单进程	307.94	1.00
用 Athread 库加速后的程序	单主核+16 从核	40.39	7.62
	单主核+32 从核	21.47	14.34
	单主核+64 从核	12.01	25.64

如图 9-23 所示，可以看到，虽然 Athread 程序的加速比随着从核数的增加呈线性增长，对串行程序有一定的加速效果，但其加速效果比较差，在单核组内使用 64KB 从核时，对从核的使用效率甚至不到 40%，除由于它也是只针对两个计算热点进行加速外，还因为是仅仅按照规定的移植步骤编写的从核函数，还有比较大的可优化空间。

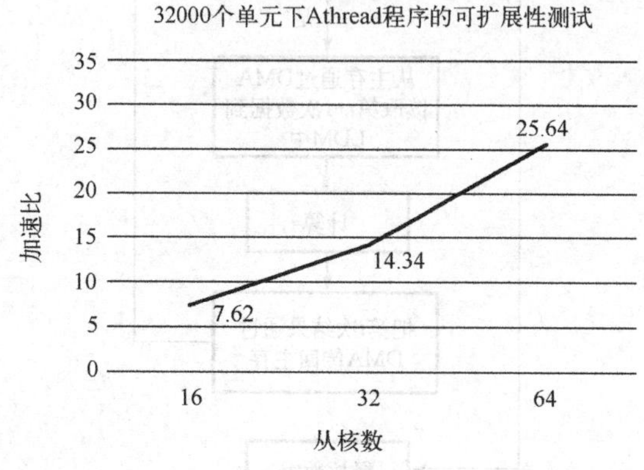

图 9-23　单核组内 Athread 程序的可扩展性测试

由于该算法在从核函数内需要开辟 8 个 n_cell 长度的单精度浮点类型数组，而未使用双缓冲的 Athread 程序受限于从核 LDM 只有 64KB 的空间限制，当模拟单元数目过大时，在从核函数中无法开辟计算所需的空间。因此，这里的测试规模最大只能选择 327680 个单元，模拟时间选择 60 秒；提交作业时，使用的都是单个节点上的 4 个主核和 256 个从核，测试结果如表 9-2 所示。对不同优化策略的性能提升，发现 SIMD 向量化的提升十分明显，这表明对计算密集型的应用，通过合理的向量化，可以获得数倍的性能提升。

表 9-2　基于 Athread 版本的不同优化方式的加速效果测试结果

程　序	计 算 规 模	运行时间（秒）	相对于 Athread 程序的加速比
Athread 程序	4 主核+256 从核	310.15	1.00
双缓冲		307.95	1.01
SIMD 向量化		82.36	3.76
SIMD+双缓冲		82.11	3.78